Armin Rempfler, Regula Grob,
Marianne Landtwing Blaser
und Ute Schönauer (Hrsg.)

Komplexität und Systemisches Denken im Geographieunterricht

Geographiedidaktische Forschungen
Herausgegeben im Auftrag des Hochschulverbandes für Geographiedidaktik e.V. von M. Hemmer, Y. Krautter und J. C. Schubert
Schriftleitung: S. Höhnle

Armin Rempfler, Regula Grob, Marianne Landtwing Blaser und Ute Schönauer (Hrsg.):
Komplexität und Systemisches Denken im Geographieunterricht - Ausgewählte Tagungsbeiträge zum HGD-Symposium 2022 in Luzern

Geographiedidaktische Forschungen
Herausgegeben im Auftrag des
Hochschulverbandes für Geographiedidaktik e.V.
von
Michael Hemmer
Yvonne Krautter
Jan C. Schubert
Frühere Herausgeber waren Jürgen Nebel (bis 2017),
Hartwig Haubrich (bis 2013), Helmut Schrettenbrunner (bis 2013)
und Arnold Schultze (bis 2003).

83

Armin Rempfler, Regula Grob,
Marianne Landtwing Blaser
und Ute Schönauer (Hrsg.)

Komplexität und Systemisches Denken im Geographieunterricht

Ausgewählte Tagungsbeiträge zum HGD-Symposium 2022 in Luzern

Hochschulverband
für Geographiedidaktik hgd

Bibliografische Information der Deutschen Nationalbibliothek:
Die Deutsche Nationalbibliothek verzeichnet diese Publikation in der Deutschen Nationalbibliografie; detaillierte bibliografische Daten sind im Internet über dnb.dnb.de abrufbar.

Herstellung und Verlag: BoD – Books on Demand, Norderstedt

ISBN 978-3-7597-3537-9

Vorwort

Angelehnt an das Hauptbasiskonzept System der DGfG-Bildungsstandards im Fach Geographie sind Komplexität und Systemisches Denken konstitutiv für einen wirksamen Geographieunterricht. Die beiden Begriffe sind eng miteinander verknüpft, weil hochgradig komplexe Natur-, Sozial- und Mensch-Umwelt-Systeme sich vor allem durch systemisches Denken kognitiv tiefgründig und adäquat erfassen lassen. Neben der Fähigkeit, mit dieser faktischen Komplexität kompetent umzugehen, bedarf ein reflektiertes, ethisch begründetes raumbezogenes Handeln zusätzlich der hohen Kompetenz im Umgang mit ethischer Komplexität.
Die Auseinandersetzung mit dem gewählten Begriffspaar hat Tradition in der deutschsprachigen Geographiedidaktik. Lange verlief sie eher theoretisch-konzeptionell und unterrichtspraktisch. Das Feld empirischer Arbeiten ist hingegen jung. Im Vergleich zur Kognitionspsychologie und zu anderen Fachdidaktiken hat die „empirische Wende" in diesem Themenfeld verzögert, ab etwa 2010, eingesetzt, sich inzwischen aber stark beschleunigt.
Das HGD-Symposium, das vom 7. bis 9. Oktober 2022 in Luzern stattfand, widmete sich mit dem Schwerpunktthema „Komplexität und Systemisches Denken" den vielfältigen Facetten dieses Begriffspaars. Übergeordnet standen zwei zentrale Fragen im Vordergrund:

- Wo stehen wir in Bezug auf theoretisch-konzeptionelle und empirische Erkenntnisse?
- Was bedeuten diese Erkenntnisse für die schulpraktische Umsetzung?

Das Programm der Tagung wurde durch weitere thematisch nicht gebundene Vorträge und Poster in insgesamt 16 Vortragssessions (46 Vorträge) und einer Postersession (16 Poster) ergänzt. Sämtliche eingereichten Beiträge liegen in einem separaten Abstract-Band dokumentiert vor (https://zenodo.org/records/7276547). Vortragende, die sich explizit mit dem Schwerpunktthema befassten, wurden eingeladen, eine längere Version ihres Vortrags für den vorliegenden Tagungsband einzureichen. Die im Rahmen eines Herausgeber-Review-Verfahrens begutachteten und folgend präsentierten Beiträge weisen ein breites Spektrum aus der Theoriebildung und Konzeptentwicklung, der empirischen Lehr-/Lernforschung und der Implementationsforschung auf.

Im ersten Beitrag *Komplexität und Integrative Geographie – Warum lineares Denken in einer nicht-linearen Welt gefährlich ist* vermittelt **Beate M. W. Ratter** (Professorin für Integrative Geographie, Universität Hamburg) ein modernes Verständnis komplexer adaptiver Systeme aus fachwissenschaftlicher Sicht. Dabei stützt sie sich auf eine sowohl lange und umfangreiche Auseinandersetzung mit systemtheoretischen Fragen als auch deren praxisnaher Umsetzung im Rahmen integrativer Forschungsprojekte. Sie zeigt in ihrem Beitrag eindrücklich auf, warum die Unterscheidung von Struktur- und Verhaltenskomplexität, die Beachtung von Agenten sowie die kritische Überprüfung einer teils veralteten Vorstellung von Systemen heute und in Zukunft so wichtig ist.

Orit Ben-Zvi Assaraf (Professorin für Science Education, Ben-Gurion University of the Negev, Israel) gibt im zweiten Beitrag *Understanding Complexity in Biology Education* einen Einblick in das Verständnis und aktuelle Studien zum Systemischen Denken in der Biologiedidaktik (bzw. der übergeordneten Disziplin Science Education), die neben der Kognitionspsychologie die längste Tradition in empirischen Zugängen zu diesem Thema aufweist. Aus dieser Sicht definiert sie zunächst komplexe Systeme anhand von acht Merkmalen, geht dann auf Herausforderungen im Lehren und Lernen über komplexe biologische Systeme ein und diskutiert schließlich drei Instruktionsstrategien, mit denen die Fähigkeit zum Systemdenken im biologischen Kontext wirksam verbessert werden kann.

Kontrastierend zu den ersten beiden theoretisch-konzeptionell und empirisch ausgerichteten Beiträgen präsentiert **Thomas Hoffmann** (Honorarprofessor für BNE, Leuphana Universität und Fachleiter Geographie am Studienseminar Karlsruhe) einen Lehr-/Lerngang zum Systemdenken: *Zehn Stufen zum systemischen Denken im Kontext nachhaltiger Entwicklung. Ein interkulturell einsetzbarer unterrichtspraktischer Lehr-/Lerngang*. Dieser wurde theoriebasiert und unterrichtspraktisch motiviert entwickelt. Er entstand im Rahmen eines internationalen Think Tanks (ESD ExpertNet), wurde entsprechend als interkulturelles Projekt angegangen und besteht aus zehn aufeinander aufbauenden, in Umfang und Schwierigkeit sich steigernden Lernstufen.

Pola Serwene (Akademische Mitarbeiterin am Institut für Umweltwissenschaften und Geographie, Universität Potsdam) untersuchte in ihrer Dissertation das Verhältnis zwischen fachlich-inhaltlichen Kontexten und (übergeordneten) Konzepten mit dem Ziel, Erkenntnisse über den Aufbau eines Konzeptverständnisses bei Lernenden zu gewinnen. Mit ihrem Beitrag *Wie lernen mit Fachkonzepten? Ergebnisse einer Design-Based-Research-Studie zum fachlich-konzeptuellen Lernen im bilingualen Geographieunterricht* stellt sie im Hauptteil Vorgehen und ausgewählte Erkenntnisse zum fachlich-konzeptuellen Lernen dar. Daran anknüpfend widmet sie sich der Frage, inwiefern diese auf das Hauptbasiskonzept «Mensch-Umwelt-System» übertragbar sein könnten.

Jan Hiller und Stephan Schuler (Akademischer Mitarbeiter bzw. Professor für Geographiedidaktik, PH Ludwigsburg) präsentieren das exkursionsdidaktische Projekt *Die Gestaltung digitaler Lernumgebungen für komplexe Nachhaltigkeitsprobleme an außerschulischen Lernorten fördern – Konzeption und Evaluation didaktischer*

Aufgabentypen im Projekt ExpeditioN Stadt. Es umfasst die praxisnahe Entwicklung digital unterstützter Lernumgebungen wie auch deren Erprobung und Evaluation mittels Design-Based-Research-Ansatz. Erste Evaluationsergebnisse sind insofern vielversprechend, als Lehrkräfte mit den angebotenen Tools offenbar befähigt werden, selbst digitale Lernumgebungen zu gestalten, die eine intensive Auseinandersetzung mit komplexen Nachhaltigkeitsthemen ermöglichen.

Im sechsten Beitrag geht es um die Entwicklung und Validierung eines Tests zur Messung systemischer Denkfähigkeit in BNE-Kontexten: *Der „SysCo-ESD" Test zur Messung von nachhaltigkeitsbezogener Systemkompetenz in Forschung und Praxis*. Entsprechend weist das Team (**Nina Roczen[1], Frank Fischer[2], Janis Fögele[2], Johannes Hartig[1] und Rainer Mehren[2]**) psychometrische und geographiedidaktische Expertise auf ([1]Wissenschaftliche Mitarbeiterin bzw. Professor für Pädagogisch-Psychologische Diagnostik, Leibniz-Institut für Bildungsforschung und Bildungsinformation/DIPF; [2]wissenschaftlicher Mitarbeiter bzw. Professoren für Geographiedidaktik, PH Karlsruhe bzw. Universität Münster). Ziel ist ein kompaktes und in Forschung und Schulpraxis leicht einzusetzendes Instrument.

Einer völlig anderen Facette systemischer Denkvermittlung, nämlich der Relevanz von Sprache, widmen sich **Miriam Schöps und Anne-Kathrin Lindau** (Wissenschaftliche Mitarbeiterin bzw. Professorin für Geographiedidaktik, Martin-Luther-Universität Halle-Wittenberg). Die vorgestellte Studie *Komplexität im Geographieunterricht sprachlich aushandeln – Eine Annäherung aus gesprächsanalytischer Perspektive* geht innerhalb des Projekts „Sprache(n) im Geographieunterricht" u.a. der Frage nach, mit welchen Ausprägungen und Anforderungen von Komplexität Lernende im Geographieunterricht konfrontiert werden. Nebst theoretischer Einordnung werden Fragestellung, Design, Datenanalyse sowie exemplarisch Ergebnisse und Interpretationen dargelegt und diskutiert.

Auch **Johannes Heuzeroth und Alexandra Budke** (Wissenschaftlicher Mitarbeiter bzw. Professorin für Geographiedidaktik, Universität zu Köln) beschäftigen sich in ihrem Beitrag *Metakognition und systemisches Denken – Wirkung von Sprache und metakognitiven Methoden auf die Entwicklung von Kausalbeziehungen im Geographieunterricht* mit der Bedeutung von Sprache bei der Auseinandersetzung mit komplexen Themen, allerdings in Verbindung mit Metakognition. Sie fragen sich, welche Auswirkungen der Einsatz metakognitiver Strategien und Unterrichtsmethoden auf die Konstruktion von inhaltlich-sprachlich kohärenten komplexen Kausalbeziehungen durch SchülerInnen hat. Als Fazit wird ein Modell zum Einsatz von Metakognition für die Entwicklung von Kausalstrukturen zum Systemdenken präsentiert.

Die empirisch belegte hohe Bedeutung der Lehrkraft bei der Anbahnung systemischen Denkens nimmt **Annabelle Koch** (Wissenschaftliche Mitarbeiterin, Bereich Didaktik der Geographie, Justus-Liebig-Universität Gießen) mit dem Beitrag *Eine qualitative Analyse prozessdiagnostischer Fähigkeiten von Lehrkräften in systemorientierten geographischen Lernsituationen* in den Blick. Sie stellt Theoriehintergründe, Forschungsfragen, Design und erste Ergebnisse ihres Dissertationsprojekts vor, das qualitativ-explorativ ausgerichtet ist. Methodischen Kern der Untersuchung bilden Videovignetten aus einer Vorläuferstudie, die SchülerInnen bei der Bearbeitung von Mysterys zeigen und anhand derer die ProbandInnen Förderdiagnosen stellen. Die vorläufigen Ergebnisse zeichnen ein heterogenes Bild.

Die Hauptzahl der bis dato publizierten Studien zum Systemdenken im geographischen Kontext beschäftigt sich mit faktischer Komplexität. Diese Tatsache wird durch die schwerpunktmäßige inhaltliche Ausrichtung der hier vorliegenden Beiträge bestätigt. Erst zögerlich zeichnet sich eine erweiterte Fokussierung auf die sog. „ethische Komplexität“ ab. Sie scheint umso dringlicher und ergiebiger, als das Fach Geographie wie kaum ein anderes das Potenzial aufweist, sich einer „doppelten Komplexität“ anzunehmen. **Eva Marie Ulrich-Riedhammer[1], Stefan Applis[2] und Rainer Mehren[1]** ([1]Wissenschaftliche Mitarbeiterin bzw. Professor für Geographiedidaktik, Universität Münster; [2]apl. Professor für Geographiedidaktik, Friedrich-Alexander-Universität Erlangen-Nürnberg) befassen sich aus einer theoretischen und empirischen Perspektive mit diesem Thema: *Die Integration der doppelten Komplexität in einen lösungsorientierten Ansatz – Theoretische Fundierung und erste empirische Befunde*. Ziel ist es einerseits zu klären, wie die für den Geographieunterricht geforderte doppelte Komplexität in einen lösungsorientierten Ansatz integriert werden kann, und andererseits zu analysieren, wie dieser Ansatz in Lehrerfortbildungen diskutiert wird.

Georg Gudat (Wissenschaftlicher Mitarbeiter, Didaktik der Geographie, Friedrich-Schiller-Universität Jena) exploriert und reflektiert im Rahmen seiner Dissertation Bedingungen, Möglichkeiten und Facetten eines kritischen Geographieunterrichts in Bezug auf die Bildungstheorie Theodor W. Adornos. Entsprechend schließt er den Reigen mit dem Theoriebeitrag *Denken in, über und jenseits von Systemen – zum Potenzial dialektischen Denkens im Geographieunterricht*. Systemisches Denken berge trotz eines reflektierten Systembegriffs per se die Gefahr, Komplexität und Vielfältigkeit der Wirklichkeit auf ein relativ einfaches Schema zu reduzieren, argumentiert der Autor darin. Dialektisches Denken, in kritischem Verhältnis zum Systemdenken stehend, sieht er entsprechend als eine alternative bzw. ergänzende Denkweise.

Aus Sicht der HerausgeberInnen vermitteln die Beiträge ein buntes Potpourri vielfältiger Zugriffe und Betrachtungsweisen, die eine breite und differenzierte

Diskussion des Schwerpunktthemas erlauben und den Umgang damit theoretisch und empirisch zunehmend belastbarer und unterrichtspraktisch handhabbarer machen mögen. Die Zusammenstellung dient primär zwei Zielsetzungen, zum einen der Standortbestimmung, um den Status quo aktueller Forschung und Entwicklung innerhalb der geographiedidaktischen Community festzuhalten, zum anderen der Möglichkeit, Desiderata in diesem Themenfeld auszumachen und weiterführende Arbeiten gezielt(er) auszurichten. Allen Autorinnen und Autoren möchten wir für die Bereitschaft, zu diesem Sammelband beizutragen, herzlich danken. Ebenso gedankt sei der studentischen Hilfskraft, Frau Sarina Pfaffenzeller, für wertvolle Unterstützung bei der Layout-Bearbeitung.

Luzern, im Frühjahr 2024

Armin Rempfler, Regula Grob, Marianne Landtwing Blaser und Ute Schönauer

Inhaltsverzeichnis

Beate Ratter

Komplexität und Integrative Geographie – Warum lineares Denken in einer nicht-linearen Welt gefährlich ist

Systeme, verstanden als zusammengesetzte Entitäten, sind mentale Konstrukte, die helfen, komplizierte Zusammenhänge einer maßstabsverschachtelten, vernetzten Welt zu entwirren. Die Komplexitätstheorie adaptiver Systeme begreift Systeme als dynamisch, nicht-linear und aus einzelnen interagierenden Elementen bestehend, die den Systemverlauf (mit)bestimmen. Kleine Veränderungen in den Ausgangsbedingungen können im Verlauf der Systementwicklung zu großen Unterschieden führen. Diesem Verständnis von Komplexität folgend, wird das Verhalten des jeweiligen Systems selbst und nicht seine Struktur als komplex bezeichnet. Das Systemverhalten kann also nicht über das Verstehen der einzelnen Elemente erklärt werden. Drei Aspekte sind in diesem Zusammenhang wichtig: Die Unterscheidung in Struktur- und in Verhaltenskomplexität, die Berücksichtigung von Agenten und deren Interaktion sowie die Überprüfung des noch immer vorherrschenden mentalen Bilds von Systemen. Ihre Relevanz in der Komplexitätstheorie wird in diesem Beitrag untersucht.

„Das Wichtigste, was man über Komplexität wissen muss, ist ganz einfach: Es kommt immer noch was nach."
WOLF LOTTER (2006, S. 46)

1. Einleitung

Noch ein Text über Komplexität. Echt jetzt? Dabei sind doch schon ganze Bibliotheken mit Artikeln, Büchern und Zeitschriftensammlungen vollgeschrieben, die erklären, was Komplexität bedeutet, bedeuten könnte oder bedeuten soll. Es lässt sich nichts fundamental Neues über diesen Begriff schreiben, der in unserer Welt so omnipräsent ist. Warum also noch einmal erklären, dass die Komplexitätstheorie adaptiver Systeme aus der Chaostheorie entwickelt wurde? Warum noch einmal schreiben, dass *komplex* nicht einfach nur noch komplizierter als kompliziert bedeutet und dass lineares Denken bei der Analyse nicht-linearer, dynamischer Systeme nicht wirklich weiterhilft? Warum nochmal die Wissenschaftsgeschichte der Systemtheorien nachzeichnen, um zu verdeutlichen, dass, wie schon Aristoteles gesagt hat: das Ganze mehr ist als die Summe seiner Teile?

In der Geographie haben wir die Tendenz als WissenschaftlerInnen an Altem festzuhalten. Egal welche Paradigmenwechsel sich in der theoretischen Wissenschaftsgeschichte vollziehen, noch immer lernen (und lehren) wir, noch immer betrachten wir die Welt als ein aus Einzelelementen zusammengesetztes System, deren Verbindungen – als Wirkungspfeile dargestellt – das System zusammenhalten und es gleichzeitig von seiner umgebenden Umwelt unterscheiden helfen soll. Man spricht von Gesellschaftssystemen und vom Politischen System, man liest von Fluss- und Küstensystemen oder vom Ökosystem, man hört von systemischen Risiken oder vom Mensch-Natur-System. Unser Blick auf die Welt der Geographie ist von Systemen beherrscht. Dabei sind Systeme nichts anderes als Hilfskonstrukte – eine Denkrichtung –, um die Welt in möglichst kleine Einzelteile zu zerlegen. Systemdenken ist eine Heuristik. Und diese Heuristik ist überholt, soweit sie in der Idee eines linearen, deterministischen, aus einzelnen Teilen zusammengesetzten Rationals verharrt, und sofern sie nicht-lineare, dynamische Systeme beschreiben oder erklären möchte. GERNOT ERNST geht sogar so weit zu behaupten, dass „[...] die wissenschaftlichen Fakten, die im Schulunterricht vermittelt werden, [...] meist auf Ergebnissen und Weltbildern des 19. und frühen 20. Jahrhunderts [beruhen]. Dazu kommen stereotype Darstellungen in den Medien, ... nüchtern gesehen, hat also ein großer Teil der Bevölkerung einen Kenntnisstand von vor 1900 mit einigen modernen, aber nicht verstandenen Versatzstücken“ (ERNST 2009, S. 8).

Trotzdem ist bis heute die klassische Systemtheorie in der Geographie eine der dominanten Heuristiken, mit der man sich einer Erklärung der Welt nähert. Dabei hat sich nicht nur die Welt weiterentwickelt – auch die Systemtheorien haben sich weiter ausdifferenziert. Die Überraschungen, das Unvorhersehbare, die Sprünge im Systemverlauf haben uns längst – teilweise schmerzhaft – erfahren lassen, dass nicht-lineare Wechselwirkungen in multi-komponenten (Vielteilchen-)Systemen Synergien und Effekte zeigen, die sich weder auf einzelne Ursachen zurückführen noch längerfristig vorhersagen lassen (MAINZER 2009, S. 223).[1] Wissenschaftlich ist es inzwischen längst anerkannt, dass viele unserer ökologischen, sozialen, wirtschaftlichen und politischen Probleme globaler, komplexer und nicht-linearer Natur sind.[2] Aber eben nur theoretisch.

Es gibt also doch noch einen guten Grund, einen weiteren Text über Komplexität zu schreiben. Mein Ziel ist es, das Bild in unseren Köpfen mal kräftig durcheinander zu rütteln und anzuregen, dass bei jedem einzelnen Mal, wenn von *komplex* die Rede zu sein scheint, provokant zurückzufragen: Welche Komplexität ist hier eigentlich gemeint?

Deshalb werde ich hier aber nicht die Geschichte der Systemtheorie**n** (sic! Mehrzahl) nacherzählen, das lässt sich vortrefflich an anderer Stelle nachlesen (SIMON, TRETTER 2015; SIMON 2011). Ich werde nicht die Vielfalt der Komplexitätstheorie**n** diskutieren und versuchen zu erklären, was LEWIN von GELL-MANN, was KAUFFMANN

---

[1] „Non-linear interactions in multi-component ('complex') systems often have synergetic effects that can neither be traced back to single causes nor be forecast in the long run“ (MAINZER 2009, S. 223).

[2] „It is now recognized that many of our ecological, social, economic, and political problems are also of a global, complex, and non-linear nature“ (MAINZER 2009, S. 219).

von WALDROP oder HOLLAND, was CASTI oder VESTER von LUHMANN unterscheidet.[3] Auch darüber wurde an vielen anderen Stellen bereits geschrieben (EGNER 2008a; GARE 2000; MANSON 2001; RATTER 2006; ROPOHL 2012; TURNER, BAKER 2019). Ich lege den Fokus meines Beitrags ganz bewusst auf drei Aspekte, die aus meiner Sicht in Bezug auf die Komplexitätstheorie verstanden als Theorie komplexer adaptiver Systeme zentral sind:
1. Die Unterscheidung zwischen Struktur- und Verhaltenskomplexität, 2. Die Relevanz von Agenten für einen sich verändernden Systemverlauf sowie 3. Die Pfeile zwischen den Kästchen, da sie das Entscheidende sind und nicht die Kästchen. Vielleicht schaffe ich es darzustellen, dass lineares Denken in einer nicht-linearen Welt gefährlich sein kann und dass eine reflektierte Anwendung der Komplexitätstheorie im Kontext der Integrativen Geographie und der Analyse von Mensch-Natur-Interaktionen gewinnbringend ist.

2. Unterscheidung zwischen Struktur- und Verhaltenskomplexität

Die Komplexitätstheorie adaptiver Systeme hat in den vergangenen Jahrzehnten in einer ganzen Reihe von unterschiedlichen Disziplinen, auch jenseits der Mathematik, Physik und Informatik, zum Beispiel in der Medizin, der Hirnforschung, Biologie, Ökonomie und den Rechtwissenschaften die Aufmerksamkeit auf sich gezogen. Nach zwei Jahrhunderten des Gleichgewichtsparadigmas stehen die Bildung von neuen Strukturen, die Entfaltung überraschender Muster sowie die Dynamik in natürlichen und in sozialen Systemen im Fokus des Forschungsinteresses. In der klassischen Systemtheorie werden Systeme als „... a set of interacting units or elements that form an integrated whole intended to perform some function" (SKYTTNER 1996, S. 35) verstanden. Konzeptionell betrachtet ist der klassische Systemansatz durch das Konzept des Reduktionismus gekennzeichnet. Einfach betrachtet ist sein Rational dadurch bestimmt, dass er ein System untersucht, indem er seine konstituierenden Elemente trennt und versucht, diese Teile funktionell zu verstehen. Aber komplexe Systeme können nicht durch das Verstehen der einzelnen Elemente verstanden werden. Komplex, aus dem anglophonen Sprachgebrauch übernommen, wird meist umgangssprachlich dafür genutzt, den Aspekt des ‚noch komplizierter als kompliziert' auszudrücken. Dieser komparative Superlativ hat mit der

[3] Siehe LEWIN (1992, dt. 1993): „Complexity: Life at the Edge of Chaos"; GELL-MANN (1994): „The Quark and the Jaguar"; KAUFFMANS Hauptwerk (1993): „The Origins of Order: Self-Organization and Selection in Evolution" und populäre Darstellungen, wie z. B. KAUFFMAN (1995): „At Home in the Universe"; WALDROP (1992): „Complexity: The Emerging Science at the Edge of Order and Chaos"; HOLLAND (1995): „Hidden Order: How Adaption Builds Complexity"; VESTER (2002): „Unsere Welt – ein vernetztes System"; CASTI (1994): „Complexification: Explaining a Paradoxical World through the Science of Surprise"; aber auch LUHMANN (1984): „Soziale Systeme – Grundriss einer allgemeinen Theorie" und „Die Gesellschaft der Gesellschaft" (1997).

Wortbedeutung in der Komplexitätstheorie adaptiver Systeme wenig gemein. Komplex ist nicht bloß komplizierter als kompliziert. Komplex beschreibt mehr – aber welches Mehr?

Eine wichtige und grundlegende Unterscheidung beim Thema Komplexität ist die Unterscheidung in Verhaltens- und Strukturkomplexität. Sowohl in der Natur als auch in Gesellschaften haben wir es mit nicht-linearen, dynamischen Vielteilchen-Systemen zu tun. Ein System wird hier definiert als ein Ensemble von Elementen mit einer Gesamtheit von (Wirkungs-)Beziehungen, über deren Intensität sich auch eine Abgrenzung zur Umwelt ergibt. In dieser funktionellen Vorstellung entscheidet nicht die Identität eines Elements darüber, ob es als einem System zugehörig betrachtet wird, sondern seine wechselseitigen Beziehungen zu anderen Elementen definieren die Konstruktion eines Systems und dessen Abgrenzung oder Unterscheidung (Differenz) zu anderen Systemen bzw. zu seiner Umwelt.

Dieser systemische Ansatz wird typischerweise in der klassischen Geo-, Landschafts-, Ökosystemforschung für die Zerlegung (Gliederung, Strukturierung) eines Forschungsgegenstands in einzelne Systeme genutzt, die sich überwiegend auf die Elemente und deren Zuteilung zu einzelnen Teil- oder Subsystemen bezieht. Nach Leser, einem der wohl prominentesten Vertreter der (landschafts-)ökologischen Systemforschung, versteht man unter Komplexität den Aspekt der ‚Zusammengesetztheit'. Der Komplexitätsgrad eines Systems bestimmt sich nach Leser aus der Angabe der Teile/Elemente sowie der Interaktion bzw. Relationen zwischen den Teilen/Elementen, diese wiederum können durch die Anzahl der abhängigen und unabhängigen Variablen ausgedrückt werden (vgl. Leser 1997). Oder einfacher ausgedrückt, je mehr Elemente involviert sind, desto komplexer ist ein System. Diese Vorstellung beschreibt das Konzept *Strukturkomplexität*.

Ein System im Sinne der Strukturkomplexität ist umso komplexer, je größer die Zahl der beteiligten Komponenten und dementsprechend je mannigfaltiger die Beziehungen zwischen den Elementen sind. Nach Schamanek (1998) lässt sich Strukturkomplexität als ein weitestgehend quantitativer Ansatz verstehen. Die Verwendung des Begriffs Komplexität basiert hier auf einem quantitativen Verständnis, demzufolge der Grad der Komplexität mit der Zahl von Systemelementen und deren Relationen untereinander gleichzusetzen ist und sich proportional zu diesen verändert. Je komplexer ein System ist, desto komplizierter ist seine Konstitution. Diesem Systemverständnis immanent ist ein Bedürfnis nach der Messbarkeit von Komplexität und der Reduktion von Komplexität, die sich auf eine Betrachtung von Schlüsselvariablen des Systems und eine Untersuchung grundlegender (simplifizierenden) Regeln der Interaktion zwischen ihnen beschränkt. Diesem Verständnis folgt Leser, und allein bei diesem Verständnis von Komplexität kann man von einer Komplexitätsreduzierung sprechen. Nur Strukturkomplexität lässt sich – in der Betrachtung – reduzieren, in dem man einfach eine gewisse Anzahl an beteiligten Elementen isoliert, ignoriert oder negiert. Damit ‚reduziert man Komplexität', aber eigentlich reduziert man nur den Ausschnitt der Betrachtung.

Im Gegensatz zur Strukturkomplexität beschreibt die *Verhaltenskomplexität* das Verhalten im Systemverlauf. Systeme sind nicht statisch, sie wandeln sich ständig und sie sind durch plötzlich auftauchende Phänomene, durch Emergenz, gekennzeichnet, die immer wieder neue Verhaltensweisen offenbaren und unerwartete Überraschungen hervorbringen. Systeme können, müssen aber nicht komplex sein. Die Komplexitätstheorie adaptiver Systeme untersucht Systeme, die nicht notwendigerweise aus vielen verschiedenen Elementen aufgebaut sind, die miteinander interagieren, und zwar auf nicht-lineare Weise. Und dies gilt nicht nur für Vielteilchen-Systeme, das gilt auch für ganz simple Systeme. Komplex im Sinne der Komplexitätstheorie adaptiver Systeme bedeutet „werdend, entstehend, sich verändernd, emergent".

Ein anschauliches Beispiel für ein einfach zusammengesetztes System, das sich komplex verhält, ist das Doppelpendel. Hier handelt es sich um ein ganz simples System, das aus einer Kugel besteht, die über ein Verbindungsstück mit einer anderen Kugel verbunden ist. Bringt man die Kugeln zum Schwingen, dann schwingen die Pendel eines Doppelpendels erst erratisch, dann beinahe im Gleichklang, dann wieder chaotisch etc. (vgl. Abb. 1). Das Adjektiv komplex beschreibt hier das Verhalten des Systems, während das Doppelpendel wiederum ein komplexes System ist, das überhaupt nicht kompliziert ist.

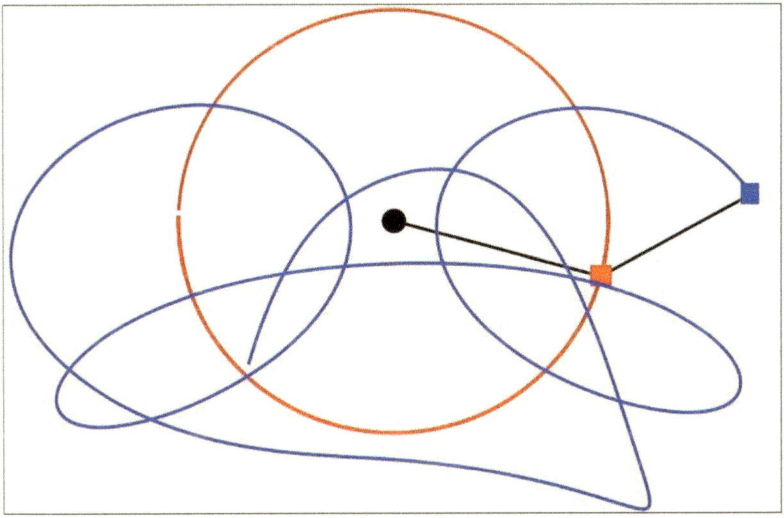

Abb. 1 | Phasenverhalten eines Doppelpendels[4] von SCHAWE 2014

[4] Die bewegte Animation des Doppelpendels lässt sich hier anschauen: https://blog.schawe.me/double-pendulum.html (31.10.2023).

Im Sinne der Verhaltenskomplexität kommt es weniger auf die quantitativen als auf die qualitativen Merkmale eines Systems und dessen Verhalten an. Ein System kann sehr einfach strukturiert sein und dennoch ein komplexes Verhalten aufweisen. Die Komplexität ergibt sich folglich nicht aus der steigenden Anzahl der Komponenten und den Relationen zwischen ihnen, sondern aus den Eigenschaften des Systems an sich, die über nicht-lineare Prozesse zu emergentem Verhalten führen. Die Eigenschaften eines (verhaltens-)komplexen Systems lassen sich nicht aus den Eigenschaften der konstituierenden Elemente erschließen (siehe auch MANSON 2001).
Bedenkt man nun, dass sich die (Grund-)Konzepte der Komplexitätstheorie adaptiver Systeme mathematisch simulieren und berechnen lassen ($X_{n+1} = \mu X_n (1-x_n)$), aber auch metaphorisch auf Systembetrachtungen in der Geographie übertragen werden können, eröffnen sich weitere Perspektiven. Diese Art von Systemen, die aus interagierenden Agenten bestehen, können z. B. unter bestimmten Bedingungen formal analysiert werden (CASTI 1994, S. 7ff). Ein Ansatz bestünde in der Simulation. Sie ist möglich, wenn die Agenten in einem System nur über begrenzte lokale Informationen verfügen, wenn sie in ihrer Informationsverarbeitung eingeschränkt sind und wenn das System selbst nur aus einer bestimmten Anzahl von interagierenden Agenten besteht – nicht zu wenige, um potenziell interessante Strukturen anzuregen und nicht zu viele, um formal eine Simulation zu ermöglichen. Die Simulation stellt eine Möglichkeit dar, das Verhalten eines Systems rückwärts zu verstehen – ein sogenanntes Hindcast-Modell –, aber sie sollte nicht mit Strategien zur Vorhersage der Systementwicklung verwechselt werden. Eine Simulation ist nicht mehr und nicht weniger als ein Modell von Weltsystemen, das hilft Zusammenhänge und Prozesse zu verstehen.
Interessant wird diese Perspektive insbesondere für die Integrative Geographie, die sich mit Fragen der Interaktion und der Dynamik zwischen Mensch und Natur auseinandersetzt (RATTER 2006). Definiert man Natur und Gesellschaft als zwei nicht-lineare, interagierende Vielteilchen-Systeme, so treffen diese Aspekte für sie selbst und auch für ihre Beziehungen zu. Aber interessant für die Integrative Geographie ist dabei nicht allein die Frage *Was* sind Systeme?, sondern vor allem auch *Wie* sind Systeme? Genereller betrachtet stellt sich vor diesem Hintergrund zusätzlich die Frage: Warum brauchen wir einen konzeptionellen Gestaltwechsel in der Geographie?

3. Agenten, nicht Akteure allein, verändern den Systemverlauf

In der Geographie – sowohl in der Physischen als auch in der Humangeographie – beschäftigen wir uns überwiegend mit Vielteilchen-Systemen, die aus einer Vielzahl von einzelnen Elementen zusammengesetzt sind, deren Interaktion zu Emergenzen führen und damit den Systemverlauf nicht vorhersehbar machen. Diese Systeme weisen Schlüsseleigenschaften wie Dynamik, Nicht-Linearität und Emergenz auf und diese Eigenschaften sind für ein grundlegendes Verständnis von dynamischen Systemen zentral. Die Entwicklung von Systemen verweist auf deren

Geschichte und Kontingenz, und die Identifizierung von Bifurkationspunkten, Verhaltenssprüngen und Überraschungen ist eine wichtige Aufgabe, um das Verhalten eines dynamischen Systems zu analysieren. In der Mensch-Natur-Interaktionsforschung versuchen wir zu verstehen, wie nicht-lineare Systeme, mit den Wechselbeziehungen zwischen den Teilchen, funktionieren. Der Systemverlauf kann bewusst und damit aktiv beeinflusst werden, zum Beispiel durch Akteure, die bestimmte Entscheidungen treffen und dementsprechend handeln. Der Systemverlauf wird aber auch indirekt durch das Zusammenspiel der vielen Teilchen, durch Emergenz, beeinflusst (vgl. Abb. 2).

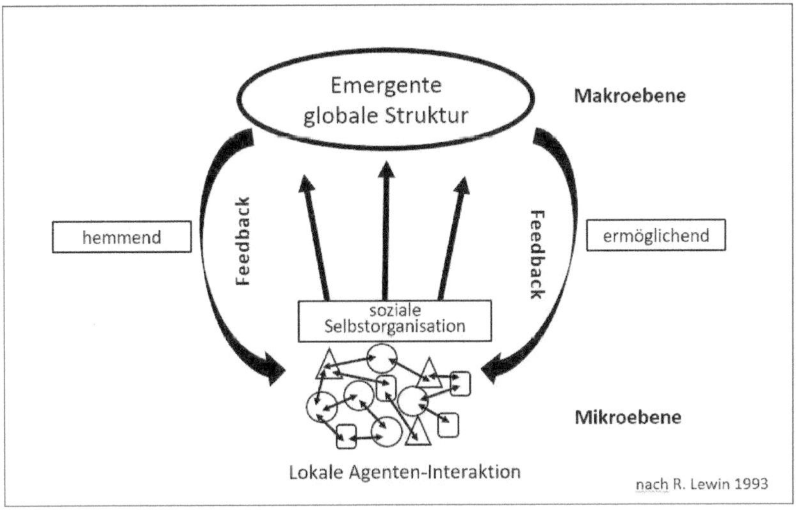

Abb. 2 | Interaktion von Agenten auf der Mikroebene führt zu emergenten Strukturen auf der Makroebene (erweitert nach LEWIN 1993)

Das intentional orientierte Handlungskonzept in den Sozialwissenschaften greift im komplexitätstheoretischen Verständnis nicht weit genug. Es sind nicht allein und ausschließlich die Akteure, die ein System (mit)bestimmen, denn die Interaktion der Agenten auf der Mikroebene führt zu Emergenzen auf der Makroebene. Deshalb sind sie so wichtig zu berücksichtigen (MANSON 2001). Ein Agent ist nicht dasselbe wie ein Akteur. Akteur (Handelnder) ist der übergeordnete Begriff. Der Agent ist ein spezieller Typus von Akteur. Er ist ohne Wissen über das System als Ganzes. Seine Aktivitäten können sich indirekt (vermittelt) auf Bereiche außerhalb seiner lokalen Ebene auf das System auswirken. Dabei konnotiert der Begriff Agent nicht zufällig das semantische Feld der Spione und der Spionage. Die Ähnlichkeiten der Agenten bzw. Spione im Systemkampf der ehemaligen Großmächte verweist ebenfalls nur auf ein begrenztes Wissen der Agenten über ihr eigenes Operationsgebiet. Ihre lokalen Aktivitäten auf der Mikroebene können eine sich abzeichnende globale Bedeutung auf der Makroebene des Systems aufweisen (RATTER 2001, S. 57ff). Agenten bestimmen den Fortgang des Systems mit, ohne selbst intentional wirklich „Entscheider" im System zu sein, und das unterscheidet sie vom Akteur.

In der Komplexitätstheorie adaptiver Systeme liegt der Fokus der Betrachtung auf den Agenten und deren Interaktion, auf sogenannte Feedbacks und auf dem Lernen der Systemelemente sowie die daraus resultierende Emergenz, die alle den Systemverlauf mitbestimmen (RATTER 2012). Der Systemverlauf, die Trajektorie des nicht-linearen Systems, die Sprünge und Ungewissheit durch die Interaktion der konstituierenden Agenten gestalten die Planbarkeit und das Management von diesen komplexen Systemen sehr schwierig. Nicht der intentional agierende Akteur steht im Fokus, sondern die Agenten mit ihren begrenzten ‚Operationsgebieten'. Komplexe Systeme enthalten viele autonome Teilnehmer, die miteinander interagieren, z. B. die menschliche Gesellschaft und Wirtschaft, Insektenkolonien, zelluläre Automaten auf Computern oder auch einige chemische Systeme. Aus all diesen Systemen ergibt sich ein globales Verhalten aus den lokalen Interaktionen zwischen den Teilnehmern. Dieses Verhalten wird vor dem Hintergrund der Hypothese untersucht, dass es einige gemeinsame strukturelle Merkmale aufweist, die wichtiger sind als die spezifischen Details der einzelnen Systeme. Die Komplexitätstheorie adaptiver Systeme zielt darauf ab, die Entstehung vielfältiger Phänomene auf der Makroebene durch die nicht-lineare und dynamische Interaktion zwischen Elementen auf der Mikroebene zu erklären (MAINZER 2007) (vgl. Abb. 2). Der Komplexitätsforscher CORNING meint hierzu: "Emergenz ist der Grund, warum es Wirbelstürme, Ökosysteme und komplexe Organismen wie den Menschen gibt, ganz zu schweigen von Verkehrsstaus und Rockkonzerten. In der Tat ist der Begriff geradezu ehrfurchtgebietend" (CORNING 2002, S. 2).

In Gesellschaften lassen sich Akteure von Agenten unterscheiden. Der Akteur besitzt Gestaltungsmacht und eine Intention, den Systemverlauf zu verändern. Ob dies wirklich Erfolg hat, hängt allerdings nicht allein von ihm selbst ab. Einzelne lokal handelnde Personen, Akteure, können Pioniere oder Initiatoren von Entwicklungen auf der Makroebene des Systems sein. Ein Agent hingegen ist ein Element des Systems, das lokal agiert und das System nicht direkt global beeinflussen kann oder will. Agenten sind in ihrem Handeln eingeschränkt, ihre Handlungen haben jedoch einen systemverändernden Charakter durch Interaktion, Iteration und Wiederholung ihrer Handlungen. Sie bilden räumliche Cluster, quasi symbiotische Einheiten oder interagierende Komplexe (CASTI 1994).

Ähnliche Ausgangsbedingungen, aber nur kleine Veränderungen bei der lokalen Interaktion einzelner Agenten, können zu einem völlig anderen Systemverlauf führen. Aus dieser Interaktion der Agenten entstehen Makro-Strukturen, Überraschungen, Emergenzen, also Phänomene, die sich aus der Interaktion der konstituierenden Elemente eines Systems entwickeln. Mit ganz simplen Regeln ent-

wickeln sich ganz komplizierte Strukturen. Kleine Abweichungen der simplen Regeln generieren gänzlich divergierende Strukturen, die sich nicht vorhersagen lassen. Emergente Phänomene sind auch kontraintuitiv, weil das Verhalten des Ganzen nicht auf das Verhalten einzelner Teile zurückgeführt oder durch diese erklärt werden kann (Beispiel: Kristallbildung, Verkehrsstau).
Ein Verkehrsstau kann das Emergenz-Resultat aus der Interaktion vieler Autofahrer sein, der entsteht, ohne dass eine zentrale kausale Ursache, wie z. B. ein Autounfall, eine Baustelle oder kaputte Brücke, gibt, sondern lediglich dadurch, dass die Autofahrer einfache Regeln befolgen: Sie werden langsamer, wenn sie ein nahes Auto sehen, und werden schneller, wenn nicht. Wenn sich mehrere Autos in einer Gruppe zusammenfinden, bewegen sie sich langsam, was dazu führt, dass die Autos hinter ihnen langsamer werden und ein Stau entsteht. Das faszinierende Moment besteht in dem Paradoxon, dass, obwohl sich alle Autos vorwärts bewegen, die Staus dazu tendieren, sich rückwärts zu bewegen. Dieses Verhalten ist für Wellenphänomene typisch: Das Verhalten der Gruppe unterscheidet sich vom Verhalten der einzelnen Personen, aus denen die Gruppe besteht (siehe WILENSKY 1997). Entscheidend sind nicht nur die Teilchen, sondern die Regeln, die die Beziehung zwischen den Teilchen regeln. Und das bringt mich zum dritten Aspekt, dem Überdenken unseres mentalen Bilds von Systemen.

4. Die Pfeile sind entscheidend, nicht die Kästchen

Nicht-linear, dynamisch, emergent, ... unsere Welt lässt sich allein über die Heuristik des Zusammengesetzten nicht erklären. Die Überlegungen innerhalb der Komplexitätstheorie fordern und zwingen „[...] zu einem Nachdenken über die bisherige Gewissheit der Gültigkeit einfacher Kausalitäten" (EGNER 2008b, S. 40). Die Komplexitätstheorie adaptiver Systeme ist durchaus „[...] Ausdruck eines Paradigmenwechsels im Kuhnschen Sinne" (KAPPELHOFF 2000, S. 252), und dennoch bestimmten bis heute die zahlreichen Bilder von Systemen, in Form von Kästchen und Pfeilen, das geographische Systemverständnis und zementieren damit eine starre und überholte Vorstellung von der Welt als System. Ist das wichtig? Ja! Denn nach ROLAND BARTHES (2005) sind Bilder in der Wissenschaft Überführungen von Ergebnissen, Beobachtungen und Erkenntnissen, die nicht nur bloß Fakten darstellen, sondern gleichzeitig inkorporiert werden und so unser Denken mitbestimmen. In ihrem Buch über Klimabilder führt BIRGIT SCHNEIDER (2018) sehr anschaulich aus, dass eine zentrale Einsicht der Kunstgeschichte und Wissenschaftstheorie darin besteht, dass auch die Bilder der Naturwissenschaften ihre Gegenstände nicht neutral, passiv und unmittelbar wiedergeben. BIRGIT SCHNEIDER schreibt, dass „die Stillstellung der Erkenntnisse in Form grafischer Konventionen, [...] mit an der Konstitution von Wissen [wirkt]" (SCHNEIDER 2018, S. 10). Für die Systemvorstellungen in der Geographie bedeutet dies, dass wir uns fragen müssen, was die Abbildungen bedeuten, die wir sehen und die wir für die Darstellung unseres Wissens benutzen.

Und was die konventionalisierte Darstellung von Systemen in Form von Kästchen und Pfeilen in ihrer Aussagekraft begrenzt. „Wo endet die Bedeutung? Und wenn die Bedeutung endet, was ist hinter dem Ende?“ (SCHNEIDER 2018, S. 10).

In der konventionalisierten Darstellung von Systemen als Kästchen und Pfeile sind die Pfeile zwischen den Kästchen irgendwie geartete Wirkpfeile. Aber erstens ist es entscheidend, welche Wirkung sich zwischen den Kästchen entfaltet und zweitens ist ein System mehr als die Summe seiner Teile und der Verbindungen zwischen den Kästchen. In komplexen Systemen stehen die Prozesse und Eigenschaften, das Verhalten eines Systems, im Vordergrund und nicht die einzelnen Elemente oder deren Anzahl. Das Verhalten eines komplexen Systems kann nicht ausschließlich aufgrund der Eigenschaften der ihm immanenten Elemente reduktionistisch verstanden werden, denn es zeigt neue, emergente Eigenschaften. Basierend auf den schon dargestellten Aspekten der Komplexitätstheorie adaptiver Systeme ist die Form und Gestaltung der Wirkungen zwischen den Elementen nicht linear und unterliegt nicht einfachen physikalischen Kräften. Die Wirkungen zwischen den Kästchen können Sprünge (Frosch) oder nicht-lineare Wirkungen darstellen (Schnecke), sie müssen Überraschungen einkalkulieren (Blitz) und sie sollten Unsicherheiten als genuinen Teil des Systemverhaltens verstehen (vgl. Abb. 3).

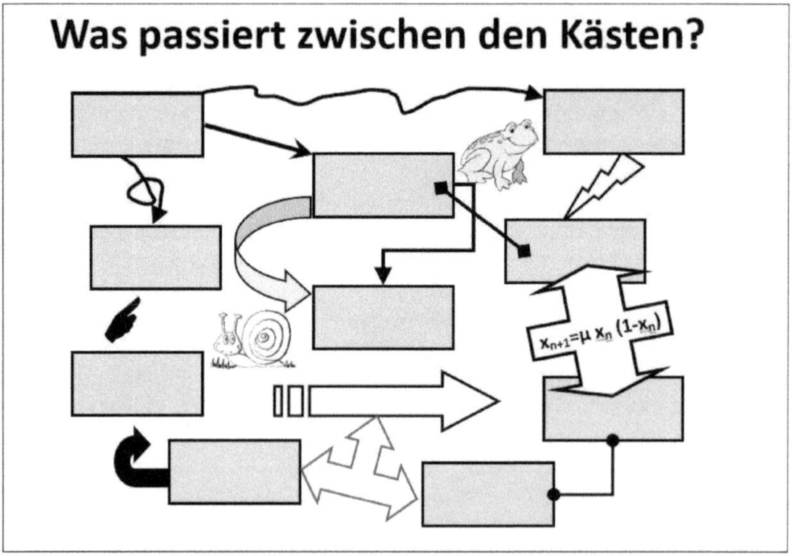

Abb. 3 | Was bedeuten die Pfeile zwischen den Kästen (aus: RATTER, TREILING 2008, S. 36)

Insofern ist es an der Zeit, dass wir in der Geographie (endlich) von den simplen Kästchen und Pfeilen wegkommen und neue Ikonographen zur Darstellung von

Systemen schaffen. Denn die herkömmlichen Bilder von Systemen halten uns in der Vorstellung gefangen, dass die Welt aus einzelnen Elementen besteht, die irgendwie kausal linear zusammenhängen. Das spannende ist jedoch das WIE hängen sie zusammen? Das entscheidende Moment aus Sicht der Komplexitätstheorie adaptiver Systeme ist eben das Verhalten der Systeme, die Interaktion zwischen den Elementen und die Wirkweise der Pfeile. Der Mathematiker und Komplexitätsforscher H.O. PEITGEN konstatierte 2005 in einem Vortrag zur Faszination dynamischer Systeme: „Die Komplexitätstheorie lehrt uns, dass wir nicht überrascht sein sollen. Wir sollen nach einer Alternative suchen – Es könnte auch ganz anders sein!" (siehe auch PEITGEN, RICHTER 1986).

5. Fazit jenseits von Boxen und Pfeilen

Während die klassische Systemtheorie Systeme als mechanistisch und auf kausalen Zusammenhängen basierend begreift, versteht die Komplexitätstheorie adaptive Systeme als nicht mechanistisch und nicht vorhersehbar, in ständiger Entwicklung begriffen und voller Überraschungen.
Die Komplexitätstheorie**n** (*sic!* Mehrzahl) stellen kein vereinheitlichtes Theoriegebäude dar, sondern sind eher ein Bündel unterschiedlicher system- und evolutionstheoretischer Vorstellungen, auf deren Grundlage unterschiedliche Annahmen und Perspektiven vorgenommen werden. In der Komplexitätstheorie adaptiver Systeme ist die Struktur eines Systems, die Anzahl der beteiligten Elemente, nur von eingeschränkter Bedeutung. Es geht um das Verhalten von Systemen, das sowohl in simplen als auch in komplizierten Vielteilchen-Systemen komplex sein kann. Damit liefert die Komplexitätstheorie eine mögliche Antwort auf überholte Gleichgewichtsvorstellungen, da sie gerade Diskontinuitäten, Nicht-Linearität und Zufälle als typisch für den Entwicklungsprozess eines Systems fokussiert und zu verstehen versucht.
Während im traditionellen geographischen Systemverständnis der Fokus auf den Elementen eines Systems lag, hilft die Komplexitätstheorie, nach neuen Fragen zu suchen und das System*verhalten* zu hinterfragen. Bei der Analyse eines Systems werden die Dynamik und das komplexe Verhalten nicht länger ignoriert. Diese Sichtweise gilt für natürliche Systeme und kann auch auf soziale Systeme angewandt werden (siehe KAPPELHOFF 2002; DÖRNER 1989; DÖRNER 1995; EPSTEIN, AXTELL 1996). Aus der Erkenntnis resultierend, dass die Anfangsbedingungen die Entwicklung eines Systems ernsthaft beeinflussen können, ergibt sich auch ein neues Verständnis für Vorhersagen. Da kleinste Unterschiede in den Anfangsbedingungen zu großen Unterschieden führen können, die sich im Laufe der Zeit auf das Systemverhalten noch weiter auswirken, sind der Vorhersage konzeptionell immanente Grenzen gesetzt. Wir können die Anfangsbedingungen nie mit eindeutiger Genauigkeit kennen, also können wir auch nicht wissen, wie sich das System entwickeln wird. Alles, was wir haben können, ist eine Annäherung an das Systemverhalten

für das kommende Zeitintervall. Ohne die Berücksichtigung von Agenten, deren Interaktion und der Emergenz, kann eine System-Trajektorie nicht umfassend genug verstanden werden. Daraus folgt, dass die Komplexitätstheorie keine Ethik begründet, aber dass sie eine gute Begründung dafür liefert, dass lineares Denken in einer nicht-linearen Welt gefährlich sein kann (vgl. MAINZER 1997, S. 324).
Überraschungen müssen als systemimmanent akzeptiert und in der Planung berücksichtigt werden. Dies gilt insbesondere für eine Verknüpfung von physischen- und humangeographischen Fragestellungen. Wenn wir akzeptieren, dass die Elemente eines Systems interagieren, und zwar auf nicht-lineare, dynamische Art und Weise, dann müssen wir auch den Glauben daran aufgeben, dass eine „gute" Planung von Systemverläufen möglich ist. Wir sollten aufhören zu denken, dass Vorhersagen über die Zukunft Sicherheit bringen und dass Planung längerfristig uneingeschränkt erfolgreich sein kein. Dieser neue Blick auf nicht-lineare Vielteilchen-Systeme, bei denen die wiederholte Interaktion der einzelnen Elemente auf der Mikroebene zu überraschenden, emergenten Strukturen auf der Makroebene führen können, zeigt, wie wichtig Management statt Planung ist. Aus diesem Grund habe ich an anderer Stelle den Neologismus "Planagement" zur Diskussion gestellt (RATTER 1998; RATTER 2001). Der Sinn dieser Wortkombination besteht darin, eine wichtige Erfahrung ins Gedächtnis zu rufen: Die schwierigste und wesentliche Aufgabe des Planers ist die alltägliche Handhabung seines Plans, das Management der in seinem Plan angelegten Probleme, Spannungen, Widersprüche. "Planagement" weist darauf hin, dass der fortlaufende Prozess mit dem Planentwurf nicht abgeschlossen ist, sondern unausgesetztes Monitoring, anhaltende Evaluation des Systemverlaufs in den natürlichen und den sozialen Prozessen Teil sein muss, um erfolgreich zu sein. Sozio-kulturelles Monitoring kann Friktionen und Widerstände frühzeitig erkennen und moderieren helfen.
Managen heißt handhaben, gestalten, zustande bringen, geschickt bewerkstelligen, organisieren und betreuen oder auf dem Weg begleiten (vgl. DUDEN 2020). Der Begriff adressiert demnach deutlich eine prozesshafte Komponente, die es erlaubt, auch Unsicherheiten, Überraschungen, Wandel, Turbulenzen und Konflikte aktiv in den Management-Begriff einzubeziehen (vgl. MITCHELL 1997). Dieses Problem hat bereits HOLLING (1978) angesprochen, der das Konzept des "Adaptiven Umweltmanagement" einführte. "Adaptiv" steht hierbei für die Fähigkeit des Managers, veränderte Umstände zu erkennen und auf sie zu reagieren. Umwelt-, Ressourcen-, Katastrophen- etc. -Management ist ein andauernder Experimentierprozess, indem Partizipation nicht nur mit einem demokratischen Grundverständnis begründet werden muss. Je mehr Betroffene an einem Entwicklungsprozess beteiligt werden, desto größer ist die Wahrscheinlichkeit, dass die Planziele internalisiert und auch im täglichen Handeln umgesetzt werden können. LAU (2006, S. 115) schreibt hierzu: „Man kann nicht steuern, sondern nur kitzeln. Man versucht, Rahmen oder Impulse zu setzen, damit das System etwas damit tut. Man kann nicht vorhersehen, was das System macht, aber darauf setzen, dass es irgendwas macht.

Sie müssen Ihren Steuerungsbegriff aufgeben und die Hoffnung, das System komplett zu verstehen. Aber wenn eine Interaktion etwas bewirkt, können Sie versuchen, etwas daraus zu lernen."

Dieser Aspekt ist für die Integrative Geographie und die Erforschung von Mensch/Natur-Interaktionen besonders relevant. Wenn wir den Trugschluss von Stabilität und Sicherheit überwinden und akzeptieren, dass ein nicht-lineares Verständnis gekoppelter Natur- und Gesellschaftssysteme neue Aspekte des Erkennens sozial-ökologischer Systeme liefern kann (BECKER 2003), ergibt sich ein konstruktiver Beitrag zum Umgang mit zukünftigen Entwicklungen, mit Anpassungsfähigkeit und der Bewältigung von Krisen. „Wer komplex denkt, sieht das Ganze, den Zusammenhang. [Nur] ist das ein wenig anstrengend" (LOTTER 2006, S. 49).

Ein instruktives Beispiel haben wir beim zufälligen Eintrag einer ortsfremden Art (der Indo-Pazifische Rotfeuerfisch) in den westlichen Atlantik (ein Ökosystem) untersucht (HOLDSCHLAG, RATTER 2013). Durch einen Zufall – ein folgenschwerer Unfall – wurde Mitte der 1980er Jahre der Rotfeuerfisch (*Pterois volitans*) aus einem Aquarium in Florida ins Meer freigesetzt. Während sich das Ökosystem durch die exponentielle Verbreitung des eingeschleppten Fischs geradezu dramatisch veränderte, zeigte die Veränderung des Gesellschaftssystems nur verzögerte – ja schneckenartige – Anpassungsprozesse. Mitte der 1990er Jahre wurde die Spezies in den bahamaischen Gewässern gesichtet, ab 2004 dokumentiert und bis 2006 wurde bereits eine Verdoppelung der Population geschätzt. Nach langsamem Beginn beschleunigte sich die Ausbreitung süd- und ostwärts, mittlerweile besiedelt die Gattung einen Meeresraum von Rhode Island (USA) bis zum Panamakanal. Ihre rasante, zunehmende Verbreitung verändert auch den Systemverlauf des Ökosystems. Der mit giftigen Stacheln ausgestattete Fisch hatte anfangs keine regionalen Fressfeinde und bedrohte die karibischen Korallenfische. Noch ist das Wissen um die Invasionsdynamik und die ökologischen Auswirkungen, z. B. für Biodiversität und Ressourcenreichtum der Riffe, durch Unsicherheit gekennzeichnet. Inzwischen weiß man aber, dass verschiedene Hai-Arten den Fisch als Nahrungsquelle entdeckt haben.

Die Inselbevölkerung auf den Bahamas reagierte nur schleppend – zuerst mit Angst, Ablehnung und Schock. Ein Fischer erlag den Folgen eines unbeabsichtigten Auftretens auf den gift-stacheligen Fisch. Die Tourismusindustrie reagierte mit Panik und Angst um ihren Wirtschaftssektor, und im Gesellschaftssystem stellte sich nur langsam in den nachfolgenden Jahren eine Lernkurve ein. Nationale Aufklärungskampagnen der Fischereibehörde, Kochshows in den Medien und Sportfischwettbewerbe führten allmählich zu einer Gewöhnung an die fremde Art. Trotzdem wurde nur teilweise aus dem Feuerfisch eine essbare Delikatesse für die Bahamaer. Für die Fischer ist der gift-stachelige Fisch wegen des hohen Fang- und Verarbeitungsaufwands ein unwirtschaftliches Gut (HOLDSCHLAG, KRAUSE, RATTER 2016). Während Rotfeuerfische im indo-pazifischen Ursprungsgebiet als eine Delikatesse betrachtet werden, bleibt er in der Karibik ein fremder Stressor für das Natur- und Gesellschaftssystem.

Ein weiteres, aktuelles Beispiel aus dem Risiko- und Katastrophenmanagement ist die Ahrtalkatastrophe im Sommer 2021. Sie war das Ergebnis des komplexen Zusammenwirkens unterschiedlicher Faktoren im Natur- und im Gesellschaftssystem. Ein Naturereignis (der stationäre Starkregen) traf auf eine vom Menschen gestaltete Natur (Entwaldung am Oberlauf eines durch Kanalisation verengten Kerbtals), auf eine Gesellschaft, die vergessen hatte, dass Flüsse anschwellen können (es gab vergleichbare historische Extremhochwasser in 1804 und 1910 mit 63 bzw. 52 Todesopfern), die mit den Warnsignalen nicht umzugehen wusste (Gestörte Warnwege, Warn-Apps und Wetterwarnungen, die ins Leere liefen), auf individuelles Fehl-Verhalten und ein überfordertes Katastrophenschutz-Management. Auch wenn inzwischen belegt ist, dass das stationäre Starkregenereignis den Auswirkungen des Klimawandels zuzuschreiben ist (siehe Kreienkamp et al. 2022), ist es das Zusammenspiel von Feedback, Interaktion und Emergenz im System, die gesellschaftliche Fehlreaktion, die das Naturereignis zur Katastrophe werden ließ (DKKV 2022).

Die Mensch/Natur-Interaktion konkretisiert sich räumlich, historisch, kulturell. In der Interaktion werden bestimmte Eigenschaften immer wieder neu bewertet, und so können Gesellschaften auch immer wieder neue Lern- und Anpassungskurven zeigen (siehe auch Becker, Jahn 2003). Das Ideal der Mensch/Umwelt-Beziehung besteht nicht im Gleichgewicht, sondern in der Anpassung und einer offenen, auf Überraschungen vorbereiteten Zukunftsvorsorge. Die Zukunft kann nicht geplant werden, sondern Zukunftsgestaltung sollte im Interesse der Nachhaltigkeit in ein adaptives Management übergehen und verlangt Partizipation. Und noch einmal, gewissermaßen zur Bekräftigung: Es kommt in der Tat auf die Details an – auf die Kenntnis bestimmter regionaler Besonderheiten, auf Wissen und Traditionen von Regionalkulturen, auf die Interaktion von Agenten und auch auf systementscheidende Akteure – sowie auf mögliche Stellschrauben, an denen zur Veränderung oder Gestaltung des Systemverlaufs gedreht werden kann. Denn es können kleine Fluktuationen im Systemverlauf sein, die sich als systementscheidend herausstellen (Ratter 2001, S. 268).

Ein neuer Blick auf nicht-lineare, dynamische Vielteilchen-Systeme mit komplexem Verhalten hilft uns zu erkennen, dass man Systeme nicht planen kann, aber kitzeln. Dazu brauchen wir nicht zuletzt neue Bilder und Vorstellungen in unseren Köpfen, die nicht bei den Kästchen mit den Pfeilen stehenbleiben. Das nächste Mal, wenn Sie eine Darstellung von Kästchen und Pfeilen sehen, dann fragen Sie nach der Legende – Was bedeuten die Pfeile zwischen den Kästchen? Die Faszination der Komplexitätstheorie liegt in der Erkenntnis, dass es nicht darum geht, die Welt als nur komplizierter als kompliziert zu bewerten, sondern darum, Überraschungen zu akzeptieren und produktiv zu nutzen, Selbstähnlichkeiten auf verschiedenen Maßstabsebenen zu sehen und nach Emergenzen und deren Entstehung und Funktion zu suchen.

„Man muss nicht alles verstehen,
aber ein Versuch kann nicht schaden."
H.M. ENZENSBERGER (2006, S. 22)

Abschließend noch ein Vorschlag für ein mögliches Schulprojekt

Laden Sie Ihre Mathematik-KollegIn und Ihre Biologie-KollegIn zu einem gemeinsamen Projekt ein und schauen Sie mit den SchülerInnen gemeinsam die zweiteilige Dokureihe „Supercodes – Die geheimen Formeln der Natur", Terra X, ZDF mediathek. Teil 1 Bauplan der Erde, Teil 2 Unsichtbare Kräfte. Videolänge: 43 min (Datum: 02.05.2021).

In diesem sehr anschaulichen und spannenden Beitrag werden die komplexen Zusammenhänge in unserer Welt thematisiert und an vielen Beispielen illustriert und erklärt. Die Welt, die uns Menschen umgibt, scheint perfekt zu funktionieren, ihre Formen, Muster und Strukturen existieren nicht zufällig. Warum sind Früchte häufig rund, was haben Kängurus und Brücken gemeinsam? Es zeigt die Faszination der Mathematik nicht als Weltformel, aber als Schlüssel dafür, dass manches nicht zufällig ist, dass Mathematik hilft, so einiges zu erklären versteht und dass man sich die Gesetze der Natur zu Nutze machen kann.

Diskutieren Sie gemeinsam die Beiträge aus unterschiedlichen Perspektiven und lassen Sie dann die SchülerInnen Komplexität und komplexes Verhalten, Muster, Selbstähnlichkeiten und Emergenz in ihrer eigenen Alltagswelt entdecken.

6. Literatur

BARTHES, R. (2005): Rhetorik des Bildes. In Ders.: Der entgegenkommende und der stumpfe Sinn. Suhrkamp Verlag: Frankfurt a.M.

BECKER, E. (2003): Soziale Ökologie: Konturen und Konzepte einer neuen Wissenschaft. In: MATSCHONAT, G., GERBER, A. (Hrsg.): Wissenschaftstheoretische Perspektiven für die Umweltwissenschaften. Margraf Publishers: Weikersheim. S. 165-195. http://www.isoe.de/ftp/hohenheim.pdf.

BECKER, E., JAHN, T. (2003): Umrisse einer kritischen Theorie gesellschaftlicher Naturverhältnisse. In: BÖHME, G., MANZEI, A. (Hrsg.): Kritische Theorie der Technik und der Natur. Wilhelm Fink: München. S. 91-112, http://www.isoe-publikationen.de/ftp/darmstadt.pdf.

CASTI, J. L. (1994): Complexification – Explaining a Paradoxical World through the Science of Surprise. Harper Collins: New York.

CORNING, P. A. (2002): The Re-Emergence of „Emergence": A Venerable Concept in Search of a Theory. In: Complexity 7(6), S. 18-30.

DKKV, DEUTSCHES KOMITEE KATASTROPHENVORSORGE E.V. (Hrsg.) (2022): Die Flutkatastrophe im Juli 2021. Ein Jahr danach: Aufarbeitung und erste Lehren für die Zukunft. DKKV-Schriftenreihe Nr. 62: Bonn.

DÖRNER, D. (1989): Die Logik des Misslingens – Strategisches Denken in komplexen Situationen. Rowohlt Verlag: Reinbek.

DÖRNER, D. (1995): Logik des Misslingens. In: ERDMANN K-H., KASTENHOLZ H. G. (Hrsg.): Umwelt- und Naturschutz am Ende des 20. Jahrhunderts. Springer: Berlin. S. 59-82.

DUDEN (2020): Duden - Fremdwörterbuch. 12. Auflage. Bibliographisches Institut: Berlin.

EGNER, H. (2008a): Gesellschaft, Mensch, Umwelt - beobachtet: ein Beitrag zur Theorie der Geographie. Erdkundliches Wissen. Band 145. Steiner Verlag: Stuttgart.

EGNER, H. (2008b): Komplexität. Zwischen Emergenz und Reduktion. In: EGNER, H., RATTER, B., DIKAU, R. (Hrsg.): Umwelt als System – System als Umwelt. oekom: München. S. 39–54.

EGNER, H., RATTER, B. (2008): Wozu Systemtheorie(n)? In: EGNER, H., RATTER, B., DIKAU, R. (Hrsg.): Umwelt als System – System als Umwelt. oekom: München. S. 9-20.

EGNER, H., RATTER, B. M. W., DIKAU, R. (Hrsg.) (2008): Umwelt als System – System als Umwelt. oekom: München.

EISENHARDT, P., KURTH, D., STIEHL, H. (1995): Wie neues entsteht – Die Wissenschaften des Komplexen und Fraktalen. Rowohlt: Hamburg.

ENZENSBERGER, H. M. (2006): SchreckensMänner: Versuch über den radikalen Verlierer. Suhrkamp: Frankfurt am Main.

EPSTEIN, J. M., AXTELL, R. (1996): Growing artificial societies: Social science from the bottom up. Brookings/MIT Press: Washington DC.

ERNST, G. (2009): Komplexität Chaostheorie und die Linke. Schmetterling Verlag: Stuttgart.

Gare, A. (2000): Systems Theory and Complexity: Introduction. In: Democracy & Nature 6(3). S. 327-339, DOI: 10.1080/10855660020020221.

GELL-MANN, M. (1994): The Quark and the Jaguar: Adventures in the Simple and the Complex. W.H. Freemann/Owl Book: New York.

HOLDSCHLAG, A., RATTER, B. M. W. (2013): Multiscale system dynamics of humans and nature in the Bahamas. Perturbation, knowledge, panarchy and resilience. In: Sustainable Science 8 (3). S. 407-421. DOI: 10.1007/s11625-013-0216-6.

HOLDSCHLAG, A., KRAUSE, L., RATTER, B. M. W. (2016): Bioinvasion des Pazifischen Rotfeuerfisches (Pterois volitans) und sozial-ökologische Anpassung in den Bahamas. In: Geographische Rundschau. Heft 10. S. 44-50.

HOLLAND, J. H. (1995): Hidden Order: How Adaption Builds Complexity. Basic Books: University of Michigan.

HOLLING, C. S. (1978): Adaptive environmental assessment and management. John Wiley & Sons: Chichester, New York, Toronto.

KAPPELHOFF, P. (2000): Komplexitätstheorie und Steuerung von Netzwerken. In: SYDOW, J., WINDELER, A. (Hrsg.): Steuerung von Netzwerken. Westdeutscher Verlag: Opladen, S. 347-389.

KAPPELHOFF, P. (2002): Komplexitätstheorie: Neues Paradigma für die Managementforschung. In: Theorien des Managements. 12. Jg. S. 49-101.

KAUFFMAN, S. A. (1993): The origins of order. Self-organization and selection in evolution. Oxford University Press: New York.

KAUFFMAN, S. A. (1995): At home in the Universe: the search for laws of complexity. Penguin: London, New York.

KREIENKAMP, F. et al. (2022): Rapid attribution of heavy rainfall events leading to the severe flooding in Western Europe during July 2021. World Weather Attribution. https://www.worldweatherattribution.org/wp-content/uploads/Scientific-report-Western-Europe-floods-2021-attribution.pdf.

LAU, P. (2006): Alles funktioniert - Der Geist, der Körper, die Welt. Man muss nur lernen, damit umzugehen. In: brand eins 8(1). S. 111-116.

LEWIN, R. (1992): Complexity – Life at the edge of chaos. Macmillan Publishing Company: New York, Toronto.

LEWIN, R. (1993): Die Komplexitätstheorie – Wissenschaft nach der Chaosforschung. Hoffmann und Campe: Hamburg.

LESER, H. (1997): Landschaftsökologie – Ansatz, Modelle, Methodik, Anwendung. 4. neu bearbeitete Auflage. Verlag Eugen Ulmer: Stuttgart.

LOTTER, W. (2006): Einfach mehr. Jeder liebt die Vielfalt, doch kaum jemand mag die Komplexität. In: brand eins 8(1). S. 46-55.

LUHMANN, N. (1984): Soziale Systeme: Grundriss einer allgemeinen Theorie. Suhrkamp: Frankfurt a. M.

LUHMANN, N. (1997): Die Gesellschaft der Gesellschaft. Suhrkamp: Frankfurt a. M.

MAINZER, K. (1997): Thinking in complexity. Springer: Berlin, Heidelberg.

MAINZER, K. (2007): Der kreative Zufall. Wie das Neue in die Welt kommt. C.H. Beck: München.

MAINZER, K. (2009): Challenges of Complexity in the 21st Century. An Interdisciplinary Introduction. In: European Review (17)2. S. 219-236, DOI: 10.1017/S1062798709000714.

MANSON, S. M. (2001): Simplifying complexity: a review of complexity theory. In: Geoforum 31(3). S. 405-414, DOI: 10.1016/S0016-7185(00)00035-X.

MITCHELL, B. (1997): Resource and environmental management. Addison Wesley Longman Ltd.: Harlow.

PEITGEN, H. O., RICHTER P. H. (1986): The beauty of fractals – Images of complex dynamical systems. Springer Science & Business Media: Berlin.

RATTER, B. M. W. (1996): Complex resource management – Requirements for sustainable development on small Caribbean Islands. In: Geographische Zeitschrift 84(2). S. 114-124.

RATTER, B. M. W. (1998): From planning to management - Complex resource management as an adaptive concept in small islands' land use systems (Paper presented at ISISA - Conference: Islands of the world V "Small Islands in the new millennium: Problems and prospects of island living", Mauritius, July 1-5, 1998).

RATTER, B. M. W. (2001): Natur, Kultur und Komplexität: Adaptives Umweltmanagement am Niagara Escarpment Ontario, Kanada. (Reihe: Umweltnatur- & Umweltsozialwissenschaften) Springer Verlag: Berlin, Heidelberg et al.

RATTER, B. M. W. (2006): Komplexitätstheorie und Geographie – Ein Beitrag zur Begründung einer anderen Sicht auf Systeme. In: Mitteilungen der Österreichischen Geographischen Gesellschaft. 148. Jg. S. 109-124.

RATTER, B. M. W., TREILING, THOMAS (2008): Komplexität oder was bedeuten die Pfeile zwischen den Kästchen? In: EGNER, H., RATTER, B. M. W., DIKAU, R. (Hrsg.): Umwelt als System – System als Umwelt. oekom: München. S. 23-37.

RATTER, B. M. W. (2012): Complexity and Emergence - key concepts in non-linear dynamic systems. In: GLASER, M., KRAUSE, G., RATTER, B. M. W., WELP, M. (Eds.): Human-nature interactions in the Anthropocene: Potentials of social-ecological systems analysis. Routledge: New York. S. 90-104.

RATTER, B. M. W. (2013): Surprise and Uncertainty. Framing Regional Geohazards in the Theory of Complexity. In: Humanities 2(1). S. 1-19, DOI: 10.3390/h2010001.

Ropohl, G. (2012): Allgemeine Systemtheorie: Einführung in transdisziplinäres Denken. Edition sigma: Berlin.

SCHAMANEK, A. (1998): Umwelt Management Austria: Einführung in Komplexe Dynamische Systeme. Unveröffentlichtes Manuskript. www.ams.smc.univie.ac.at/~schamane/kds/ov.html.

SCHAWE, H. (2014): Doppelpendel. https://blog.schawe.me/double-pendulum.html.

SCHNEIDER, B. (2018): Klimabilder – eine Genealogie globaler Bildpolitiken von Klima und Klimawandel. Verlag Matthes & Seitz: Berlin.

SIMON, K. (2011): Systemtheorie und Umweltsysteme. In: GROß, M. (Hrsg.): Handbuch Umweltsoziologie. VS Verlag für Sozialwissenschaften Wiesbaden. S. 121-139, DOI: 10.1007/978-3-531-93097-8_6.

SIMON, K., TRETTER, F. (Hrsg.) (2015): Systemtheorien und Humanökologie - Positionsbestimmungen in Theorie und Praxis. oekom: München.

SKYTTNER, L. (1996): General Systems Theory. An Introduction. Macmillan: London.

TURNER, J., BAKER, R. (2019): Complexity Theory: An Overview with Potential Applications for the Social Sciences. In: Systems 7 (1). S. 4pp, DOI: 10.3390/systems7010004.

VESTER, F. (2002): Unsere Welt, ein vernetztes System. 11. Auflage. dtv Verlag: München.

WALDROP, M. M. (1993): Complexity – The Emerging Science at the Edge of Order and Chaos. Touchstone Simon & Schuster: New York.

WILENSKY, U. (1997): NetLogo Traffic Basic model. Center for Connected Learning and Computer-Based Modeling, Northwestern University, Evanston, IL. http://ccl.northwestern.edu/netlogo/models/TrafficBasic.

Orit Ben-Zvi Assaraf

Understanding Complexity in Biology Education

1. Introduction

In recent years and decades, the study of complex systems has become an integral part of science education curricula in many countries and at different school levels. This is unsurprising considering the nature of the world today's students live in a world increasingly governed by complex systems that are dynamic, self-organizing, and continually adapting (JACOBSON, WILENSKY 2006). The prominence of complexity was recently acknowledged when the 2021 Nobel prize in Physics was awarded to three researchers „for groundbreaking contributions to our understanding of complex physical systems" in the field of earth science regarding earth's climate and how humanity influences it (THE NOBEL PRIZE FOUNDATION 2021). Complex systems are a fundamental aspect of all the biological sciences, be they processes that take place inside the organism at various levels (molecular and cellular levels up to the organ and system levels), interactions between different organisms, or interactions between organisms and their environment (HMELO-SILVER et al. 2007).

In the following sections of this text, complex systems will be defined (section 2.1), before challenges in teaching and learning about complex systems (section 2.2), the modeling of respective student competences (section 2.3) and their assessment (section 2.4) will be introduced.

Based on these considerations, three instructional strategies for fostering the development of systems thinking of students emerge from the body of literature and will be described and discussed in section 3. The instructional strategies include modeling, cross-level reasoning, and the use of systems language. Modeling allows students to visualize complex systems, reveal interrelations of components, view dynamics and emergent behaviors, define boundaries, and incorporate multiple levels of hierarchy (e.g. WILSON et al. 2020). Cross-level reasoning allows students to link emerging phenomena in higher levels with structures and processes in lower levels and make causal explanations across levels of organization (e.g. KNIPPELS, WAARLO 2018). Systems language allows students to recognize that different systems share common characteristics which can be applied to all complex systems (BEN-ZVI ASSARAF, KNIPPELS 2022).

The three strategies presented in section 3 were tested individually. There remains a gap in the literature regarding how these strategies interact with each other when combined. This aspect is therefore given special attention in section 4, where an idea for further research is presented.

2. Complex systems and systems thinking in biology education

2.1 Characteristics of complex systems

A complex system is composed of various elements that interact via simple local rules and give rise to certain functions (GILISSEN et al. 2020). These interactions are characterized by feedback loops and are usually nonlinear (YOON et al. 2018). Examining complex systems from different fields reveals that they share a set of common properties and general principles. GILISSEN et al., 2019, for instance, defined eight system characteristics based on previous work by other researchers and their work with system biologists and biology teacher educators. According to their definitions:

1) Components: Biological systems consist of different components which play a role in the system.
2) Interactions: Large-scale patterns emerge from the interactions of lower-level components (YOON et al. 2018). Cells, tissues, organs, and organ systems interact to sustain life.
3) Hierarchy: These interactions can be observed in different levels of organization (PAVÉ 2006).
4) Emergence: Interactions at one level give rise to emerging patterns in higher levels. By studying the patterns and interactions of the components, researchers can better understand how complex systems adapt, self-organize, fluctuate, and maintain equilibrium (YOON et al. 2018).
5) Boundaries: A system can be identified by determining the system boundaries. The boundaries distinguish the system from its environment.
6) Input and output: The input and output of the system are regulated across these boundaries. Some systems have well-defined boundaries, such as cell membranes, while others do not have clear borders like populations, or influences of environmental factors on genes and traits. Homeostatic mechanisms keep a stable internal environment by controlling what is accepted and expelled from it.
7) Feedback: Homeostasis relies on feedback loops.
8) Dynamics: The dynamics of complex systems emphasize feedback loops that regulate processes and stabilize or destabilize systems (HASKEL-ITTAH et al. 2020; VERHOEFF et al. 2013; YOON et al. 2018).

Since complex systems are ubiquitous in biology, understanding biological phenomena necessitates proficiency in systems thinking (GILISSEN et al. 2019; VERHOEFF et al. 2018). Systems thinking is a way to understand, explain and interpret complex and dynamic systems. It is a set of skills that can be taught separately and a learning strategy that explicitly considers system characteristics in trying to understand and predict natural phenomena (VERHOEFF et al. 2018).

2.2 Challenges in teaching and learning about complex biological systems

Complex systems have a hierarchical structure, with multiple components that interact dynamically, nonlinearly, and simultaneously, within or across levels. Such interactions, moreover, are often implicit, occurring over time, at varying microscopic and macroscopic levels, and with indirect causality that is difficult for students to trace and grasp (HMELO-SILVER, AZEVEDO 2006; SCHNEEWEIß, GROPENGIEßER 2019). Thus, for instance, in the context of Ecology, middle school learners were found to favor direct cause-effect relationships rather than indirect cause-effect relationships (JORDAN et al. 2013; MAMBREY, TIMM et al. 2020). ZANGORI et al. (2017) explored secondary biology class students' understanding of the carbon cycle, pointing to students' difficulties in demonstrating cyclic causality where cause and effect may exchange.

Difficulties addressing the multiple levels of a complex system's hierarchy in that students tend to refer only to the organism level and neglecting to consider the molecular, cellular and ecological levels have been noted by many researchers (e.g DÜSING et al. 2019; KEYNAN et al. 2014). A potential cause of difficulties in systems understanding that has often been noted by researchers is fragmented knowledge (DÜSING et al. 2019; MAMBREY, SCHREIBER et al. 2020; ZANGORI et al. 2017). Thus, for instance, SNAPIR et al. (2017) and TRIPTO et al. (2017) revealed that although students' systems thinking does increase over the three years of high school, most students do not seem to incorporate their (earlier) knowledge regarding the cell into their models of the human body as complex phenomenon. A prominent and challenging aspect of the dynamism of complex biological systems is homeostasis. Studies have shown that students tend to not mention internal feedback loops (WELLMANNS, SCHMIEMANN 2022) and fail to consider dynamic stability (ZION, KLEIN 2015).

2.3 Modeling systems thinking skills

Systems thinking skills have various dimensions: Identifying and describing system components and how they interrelate; identifying system organization; analyzing system behavior and modeling system evolution (MAMBREY et al. 2020; MEHREN et al. 2018). Several models have been proposed in the research literature as a potential means with which to talk to students explicitly about complex systems. A conceptual framework was proposed by HMELO-SILVER et al. (2017), who modified the earlier Structure Behavior Function (SBF) model (GOEL et al. 1996) to create the Components Mechanisms Phenomena (CMP) conceptual framework. This framework entails a perception of all categories of a system, including the structures (components) within the system and the specific processes and interactions

(mechanisms) that occur between them, which lead to the phenomena – the macro-scale of processes and patterns within a system.
Alongside the SBF and CMP models, an additional model was developed by BEN-ZVI ASSARAF and ORION (2005) – the Systems Thinking Hierarchy (STH) model. The STH model proposes that the way students think about and understand a system can be arranged in ascending order of advancement into three sequential levels: (A) analyzing the system components; (B) synthesizing system components; and (C) implementation.
SNAPIR et al. (2017) used the CMP framework to assess the development of systems understanding of the human body in high school biology students. They adapted and expanded the CMP model by further dividing each CMP dimension into multiple, increasingly complex levels, and evaluated the development of human body systems understanding in high school students. In this longitudinal study, the development of high school biology students' understanding of body systems was manifested by a shift from the basic categories to the more complex ones in each of the CMP model's constituents (components, mechanisms, phenomena). TRIPTO et al. (2016; 2017; 2018) used the STH model to analyze the development of systems thinking amongst 10th grade students learning about the human body.
These frameworks serve as a means of externalizing and assessing the development of students' systems thinking. Thus, for instance, when explaining complex systems within the CMP framework, referring to phenomena and mechanisms indicates more advanced systems thinking than referring to the components of the system (HMELO-SILVER et al. 2017).

2.4 Assessing systems thinking

To address how the integration of the various strategies supports the development of students' systems thinking, the author employs two sets of pre and post-test activities: concept maps and repertory grids. *Concept maps* are diagrams that indicate interrelationships between concepts and represent conceptual frameworks within a specific domain of knowledge (NOVAK, GOWIN 1984). They are a powerful instrument for knowledge integration and externalization, helping students advance to higher levels of system thinking, while also allowing researchers access to their externalized mental system models (DAUER et al. 2013; HMELO-SILVER et al. 2017; NESBIT, ADESOPE 2006; SCHWENDIMANN, LINN 2016). Concept maps have already been used in multiple studies to assess developments in the complexity of students' conceptual understanding of abstract concepts in biology (BERGAN-ROLLER et al. 2020; CHANG 2007; TRIPTO et al. 2016; TRIPTO et al. 2017; TRIPTO et al. 2018). The *Repertory grid* (see Fig. 1 and 2) is a tool based on KELLY'S personal construct theory (1955). This theory states that the world is perceived in terms of the meaning people apply to it. As a result, one's personality, attitudes, and concepts are developed on a system of personal constructs. The repertory grid was developed by KELLY to explore these constructs. This tool is a form of a structured interview where personal constructs are elicited, and their relationships to given objects are assigned. This tool is considered a reliable way of exploring how a person thinks in the context of science education (ROZENSZAJN, YARDEN 2015; ROZENSZAJN et al. 2021) and has been specifically applied to the study of systems thinking in several previous studies (BEN-ZVI ASSARAF, ORION 2010a; BEN-ZVI ASSARAF, ORION 2010b; KEYNAN et al. 2014; SNAPIR et al. 2017).

The contents of the students' pre- and post-intervention concept maps and repertory grids can be analyzed through the lens of the CMP framework, based on the CMP coding provided by SNAPIR et al. (2017) or by the STH framework (BEN-ZVI ASSARAF, ORION 2005).

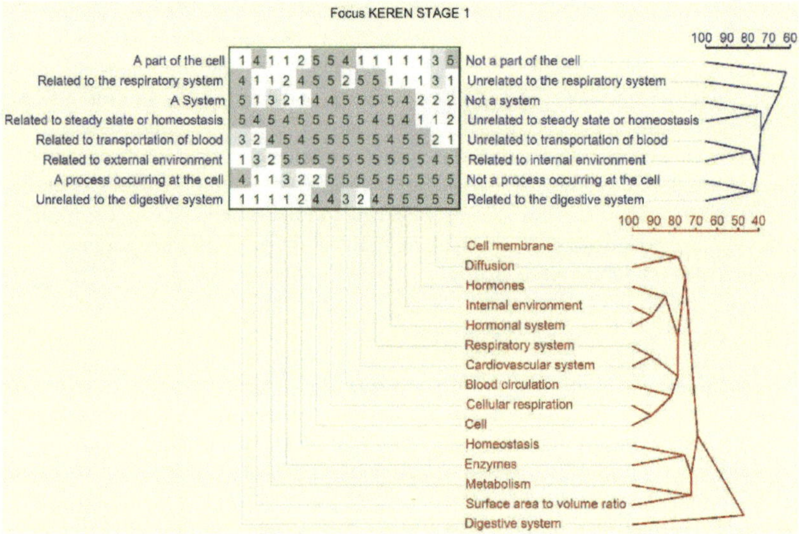

Fig. 1 | An exemplar of a secondary biology student's repertory grid, as described in SNAPIR et al., (2017). A: at the beginning of 10th grade (stage 1)

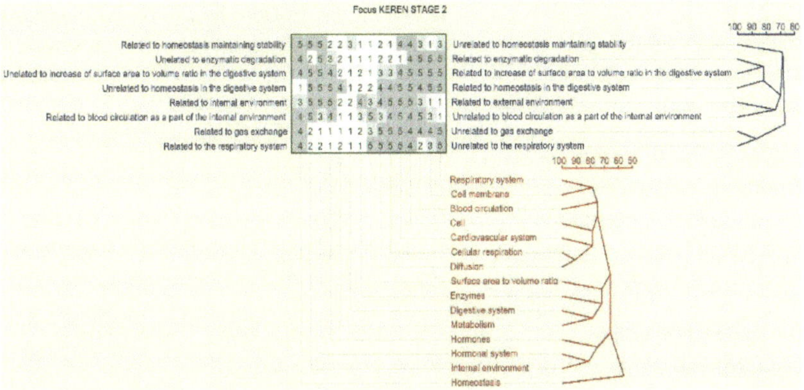

Fig. 2 | An exemplar of a secondary biology student's repertory grid, as described in SNAPIR et al., (2017). B: at the end of 10th grade (stage 2)

3. Instructional strategies for teaching complex systems

Several strategies for fostering systems thinking have emerged from the literature. This study will focus on the three most prominent, as identified by GILISSEN et al. (2021): (1) Modeling; (2) Cross-level reasoning; (3) Use of system language. An important nuance to note here is that these three strategies partially overlap. Modeling and cross-level reasoning will undoubtedly entail some use of systems language, cross-level reasoning will entail some modeling and systems language and so on. Thus, while each strategy will be focused on separately, their utilizations will, to a certain degree, entail the use of the others. Another point to notice is that none of the strategies takes precedence over the others. Even though some experts may hold one of these strategies to be much more important in science education, no such assumption or claim is made in this text.

3.1 Modeling

Scientific models are representations of natural objects, data, and theory. They may consist of 3D or 2D representations, and they may be verbal, mathematical, or computational. Models represent a subset of the parts of the modeled entity depending on its purposes. They need to represent certain aspects of the investigated phenomenon and be used to generate predictions. Models are assessed by comparing predictions with data from the experiential world and revising the model accordingly (KRELL et al. 2019). Noticing and characterizing a phenomenon is a critical component of the modelling process – however, as scientific inquiry proceeds, the boundaries of the phenomenon can expand (GOUVEA, PASSMORE

2017). Modeling allows to make sense of complex systems by working with models which serve as simpler hypothetical systems that resemble the complex system they represent in certain aspects (KRELL et al. 2019). Conceptual models of complex systems are central artefacts in model-based engineering education, establishing a common language between the science education and engineering education communities by modelling natural or artificial systems.

Modeling can help students to better understand the dynamics of a system and integrate knowledge about it (WILSON et al. 2020). Its use in education consists of two central parts: Models that communicate scientific content *to* students and modeling done *by* students to gain insight into scientific phenomena (UPMEIER ZU BELZEN et al. 2019). In the latter case, modeling is instrumental in making students' understanding visible, helping students organize their ideas, and facilitating constructive and collaborative discussion (BIELIK et al. 2021; HMELO-SILVER et al. 2017). It allows students to engage in inquiry practices by gathering data, generating hypotheses, and testing them (HMELO-SILVER et al. 2015).

Modeling activities have been shown to enhance various aspects of systems thinking. ZANGORI et al. (2017) found that modeling the carbon cycle allowed students to examine different aspects of phenomena and fostered their understanding of cyclic causality. DAUER et al. (2013) studied students' use of box and arrow models to construct representations in an introductory biology course, which was designed to connect the various levels of biological organization – from the molecule through the organism to the environment. They found that the complexity of the students' models progressed from predominantly linear structures to models with higher complexity in the form of branching and interconnectedness among structures.

Other studies have shown how computer modeling can enhance students' systems thinking and their ability to coherently explain scientific ideas and evidence (NGUYEN, SANTAGATA 2021). Simulations, which are a type of aggregate models, have an advantage over static representations because they provide students with the ability to appreciate the dynamics of the system, the relationships between its components, and emergent phenomena (HMELO-SILVER et al. 2015). Agent-based models, for instance, can help students visualize unobservable features of the system. Agent-based modeling platforms, like Star Logo and NetLogo, „allow students to manipulate and construct facsimiles of scientific systems in which changes in initial conditions, random variation, decentralized interactions, and self-organized emergent behaviors (among other system characteristics) are investigated" (YOON et al. 2018). Such platforms can provide focus on the micro-level of systems and connect it with the macro level. Agent-based modeling can also help students consider causal mechanisms that are not readily observable (EBERBACH et al. 2021; JORDAN et al. 2013). HMELO-SILVER et al. (2017) found that combining agent-based modeling activities with aggregate models in the form of conceptual maps enhanced students' systems thinking in the context of learning ecosystems, with the simulations allowing students to test ideas and the conceptual maps helping them to articulate and refine their cognitive models.

Thus, the use of both agent-based models and aggregate models is not redundant, but rather complementary. Agent-based models emphasize interactions between components at lower levels of organization and how the emergent patterns arise as a consequence of their interactions, while aggregate models emphasize macro-level aspects of complex systems such as stocks and flows and input and output. The combined use of both types of models has the potential to provide students with a more comprehensive understanding of complex systems.

3.2 Cross-level reasoning

Biological phenomena manifest themselves at various levels of organization (GILISSEN et al. 2021). In order to understand biological phenomena, students need to connect concepts and processes across a single level of organization (horizontal coherence) and concepts and processes on different levels (vertical coherence). Understanding biological phenomena entails an understanding of the causal relationships across different levels of organization that result in the emergent phenomenon (ASSHOFF et al. 2020; KNIPPELS, WAARLO 2018). According to KRIST et al. (2019), thinking across levels is an essential heuristic in mechanistic reasoning which allows students to explain and make predictions about phenomena and directs their intellectual work. However, when the curriculum consists of compartmentalized topics, students have difficulties connecting different levels of organization. SNAPIR et al. (2017) and TRIPTO et al. (2017) examined the development of high school students' system understanding of the human body in a 3-year longitudinal study. They showed that students do not seem to incorporate their knowledge regarding the cell into their understanding of the human body. The authors suggested the use of more knowledge integration activities (TRIPTO et al. 2017) and activities that would help students recognize and integrate processes at the micro-levels as explanations of phenomena at macro-levels (SNAPIR et al. 2017). This is consistent with findings that show that students tend to refer to macro elements over micro, and favor structures over processes in their thinking about the human body (BEN-ZVI ASSARAF et al. 2013). These difficulties also manifest themselves in higher education.

Challenging students to reason between various levels of organization has been shown to improve systems thinking (GILISSEN et al. 2021; VERHOEFF et al. 2008). DÜSING et al. (2019) found that students tend to only refer to the organism level and do not engage in cross-level reasoning. They suggest that students need to be presented with more integrative cases, where all levels of organization are considered through matter and energy transfer as they are manifested at the different levels. SCHWENDIMANN and LINN (2016) used concept maps as a means of integrating knowledge between various levels of organization. Participants were asked to combine the concepts: Genetic variation, mutation, cell, allele, natural selection, and gene, under three organizational levels, from micro- to macrolevel: DNA level, cell level, organism/population level. They found that students who took part in this activity moved between macro- and micro-levels to explain the mechanisms underlying the phenomenon in question.

Learning strategies designed to facilitate cross-level reasoning include yo-yo-learning and the subsequent zoom-map (SCHNEEWEIß, GROPENGIEßER 2019; SCHNEEWEIß, GROPENGIEßER 2021). The yo-yo strategy is based on explicitly identifying the different levels of organization in the biological hierarchy and moving up and down those levels. Yo-yo maps are utilized in a problem-posing approach to encourage meaningful learning (KNIPPLES, WAARLO 2018). Moving up and down levels on the maps encourages students to examine phenomena while considering all levels, from the molecular level to the ecological level, noting interactions between elements both horizontally and vertically. The zoom-map incorporates the yo-yo approach into a graphic organizer that prompts students to consider components and relationships in distinguished levels of organization; zooming in and out serves as a metaphor for moving up and down the hierarchy of the levels of organization, which can also encourage students to examine phenomena based on different levels of organization and understand the idea of emergence (SCHNEEWEIß, GROPENGIEßER 2019). It uses a drawing scheme similar to concept maps within levels, thereby integrating well with that tool.

3.3 Systems Language

Systems language is the explicit use of terms that refer to system characteristics. Proponents of this strategy contend that when teaching about complex systems and encouraging systems thinking, teachers should make explicit use of systems language and encourage their students to use that language explicitly (EBERBACH et al. 2021). Though the other strategies will entail the use of systems language, in addressing it as a separate instructional strategy, emphasis is put on the conscious effort to use systems language in activities such as group discussions, and on encouraging students to consciously adopt that language as well.

Although teachers rarely include explicit instruction in systems thinking, the use of systems language has been shown to help students address complex biological problems and phenomena (GILISSEN et al. 2020). GILISSEN et al. explicitly introduced teachers and students to the eight system characteristics they defined (see section 2.1), and prepared guiding questions for students based in these characteristics. The system characteristics were also visualized in a tangram, through which teachers can remind and encourage their students to continually refer to specific system characteristics when discussing complex phenomena (GILISSEN et al. 2020). Deconstructing a phenomenon to its characteristics and discussing them explicitly has been shown to help clarify it for both students and teachers (ZION, KLEIN 2015).

Using systems language explicitly in instruction and encouraging students to use systems language can foster students' understanding of system characteristics and help them in developing systems thinking skills. Jordan et al. (2013) showed that exposure to the systems language helps students in their explanations by linking multiple ideas and improving their explanations' sophistication by enriching references to invisible elements. Nguyen and Santagata (2021) have shown that the teacher's prompts greatly affect how middle school students respond when asked about connections in systems. The language teachers use is adopted by students, not only in their discussions with the teacher but also in their group discussions without the immediate presence of the teacher, thus assisting their understanding of systems (Hmelo-Silver et al. 2015).

4. Conclusion: Holistic approach to promote systems thinking

The different elements that comprise the strategies introduced in section 3, such as the use of concept maps, discussions, and predict-observe-explain tasks, can have a positive impact on metacognitive capabilities which can enhance conceptual understanding (Treagust 2008). The use of modeling in group discussions allows students to control the pace of their own learning and regulate it, while fostering social interactions that support knowledge construction (Kearney et al. 2001). The language used in classroom explanations is of high importance in understanding science (Yore et al. 2003) making the use of systems language vital to teach students how to verbalize their understanding. Other elements of the learning strategies will involve groups of students learning together which is a relatively student-centered strategy that can have positive cognitive, affective and social effects.

Future research to promote systems thinking aims to fill this gap by employing a holistic approach that integrates all three strategies (modeling, cross-level reasoning, and the use of systems language) into a 12th grade comparative physiology curriculum and studying the effect of this combination on students' systems thinking development.

5. References

Asshoff, R., Düsing, K., Winkelmann, T., Hammann, M. (2020): Considering the levels of biological organisation when teaching carbon flows in a terrestrial ecosystem. In: Journal of Biological Education, 54(3), S. 287-299, DOI: 10.1080/00219266.2019.1575263.

Ben-Zvi Assaraf, O., Orion, N. (2005): Development of system thinking skills in the context of earth system education. In: Journal of Research in Science Teaching, 42(5), S. 518-560, DOI: 10.1002/tea.20061.

Ben-Zvi Assaraf, O., Orion, N. (2010a): System thinking skills at the elementary school level. In: Journal of Research in Science Teaching, 47(5), S. 540-563, DOI: 10.1002/tea.20351.

Ben-Zvi Assaraf, O., Orion, N. (2010b): Four case studies, six years later: Developing system thinking skills in junior high school and sustaining them over time. In: Journal of Research in Science Teaching, 47(10), S. 1253-1280, DOI: 10.1002/tea.20383.

Ben-Zvi Assaraf, O., Dodick, J., Tripto, J. (2013): High school students' understanding of the human body system. In: Research in Science Education, 43(1), S. 33-56, DOI: 10.1007/s11165-011-9245-2.

Ben-Zvi Assaraf, O., Knippels, M. C. P. (Eds). (2022): Fostering understanding of complex systems in biology education. Series: Contributions from Biology Education Research. Springer International Publishing: Cham, DOI: 10.1007/978-3-030-98144-0.

Bergan-Roller, H. E., Galt, N. J., Helikar, T., Dauer, J. T. (2020): Using concept maps to characterise cellular respiration knowledge in undergraduate students. In: Journal of Biological Education, 54(1), S. 33-46, DOI: 10.1080/00219266.2018.1541001.

Bielik, T., Fonio, E., Feinerman, O., Duncan, R. G., Levy, S. T. (2021): Working Together: Integrating Computational Modeling Approaches to Investigate Complex Phenomena. In: Journal of Science Education and Technology, 30(1), S. 40-57, DOI: 10.1007/s10956-020-09869-x.

Chang, S. N. (2007): Externalising students' mental models through concept maps. In: Journal of Biological Education, 41(3), S. 107-112, DOI: 10.1080/00219266.2007.9656078.

Dauer, J. T., Momsen, J. L., Speth, E. B., Makohon-Moore, S. C., Long, T. M. (2013): Analyzing change in students' gene-to-evolution models in college-level introductory biology. In: Journal of Research in Science Teaching, 50(6), S. 639-659, DOI: 10.1002/tea.21094.

Düsing, K., Asshoff, R., Hammann, M. (2019): Students' conceptions of the carbon cycle: identifying and interrelating components of the carbon cycle and tracing carbon atoms across the levels of biological organisation. In: Journal of Biological Education, 53(1), S. 110-125, DOI: 10.1080/00219266.2018.1447002.

Eberbach, C., Hmelo-Silver, C. E., Jordan, R., Taylor, J., Hunter, R. (2021): Multidimensional trajectories for understanding ecosystems. In: Science Education, 105(3), S. 521-540, DOI: 10.1002/sce.21613.

GILISSEN, M. G., KNIPPELS, M. C. P., VERHOEFF, R. P., VAN JOOLINGEN, W. R. (2019): Teachers' and educators' perspectives on systems thinking and its implementation in Dutch biology education. In: Journal of Biological Education, 54(5), S. 485-496, DOI: 10.1080/00219266.2019.1609564.

GILISSEN, M. G., KNIPPELS, M. C. P., VAN JOOLINGEN, W. R. (2020): Bringing systems thinking into the classroom. In: International Journal of Science Education, 42(8), S. 1253-1280, DOI: 10.1080/09500693.2020.1755741.

GILISSEN, M. G., KNIPPELS, M. C. P., VAN JOOLINGEN, W. R. (2021): Fostering Students' Understanding of Complex Biological Systems. In: CBE – Life Sciences Education, 20(3), ar37, DOI: 10.1187/cbe.20-05-0088.

GOEL, A. K., GOMEZ DE SILVA GARZA, A., GRUE, N., MURDOCK, J. W., RECKER, M. M., GOVINDERAJ, T. (1996): Towards design learning environments – I: Exploring how devices work. In: Intelligent Tutoring Systems. Lecture Notes in Computer Science, 1086, S. 493-501, DOI: 10.1007/3-540-61327-7_148.

GOUVEA, J., PASSMORE, C. (2017): 'Models of' versus 'Models for'. In: Science & Education, 26(1), S. 49-63, DOI: 10.1007/s11191-017-9884-4.

HASKEL-ITTAH, M., DUNCAN, R. G., YARDEN, A. (2020): Students' Understanding of the Dynamic Nature of Genetics: Characterizing Undergraduates' Explanations for Interaction between Genetics and Environment. In: CBE – Life Sciences Education, 19(3), ar37, DOI: 10.1187/cbe.19-11-0221.

HMELO-SILVER, C. E., AZEVEDO, R. (2006): Understanding complex systems: Some core challenges. In: The Journal of the Learning Sciences, 15(1), S. 53-61, DOI: 10.1207/s15327809jls1501_7.

HMELO-SILVER, C. E., MARATHE, S., LIU, L. (2007): Fish swim, rocks sit, and lungs breathe: Expert-novice understanding of complex systems. In: The Journal of the Learning Sciences, 16(3), S. 307-331, DOI: 10.1080/10508400701413401.

HMELO-SILVER, C. E., LIU, L., GRAY, S., JORDAN, R. (2015): Using representational tools to learn about complex systems: A tale of two classrooms. In: Journal of Research in Science Teaching, 52(1), S. 6-35, DOI: 10.1002/tea.21187.

HMELO-SILVER, C. E., JORDAN, R., EBERBACH, C., SINHA, S. (2017): Systems learning with a conceptual representation: A quasi-experimental study. In: Instructional Science, S. 53-72, DOI: 10.1007/s11251-016-9392-y.

JACOBSON, M. J., WILENSKY, U. (2006): Complex systems in education: Scientific and educational importance and implications for the learning sciences. In: The Journal of the Learning Sciences, 15(1), S. 11-34, DOI: 10.1207/s15327809jls1501_4.

Jordan, R. C., Hmelo-Silver, C., Liu, L., Gray, S. A. (2013): Fostering reasoning about complex systems: using the aquarium to teach systems thinking. In: Applied Environmental Education & Communication, 12(1), S. 55-64, DOI: 10.1080/1533015X.2013.797860.

Kearney, M., Treagust, D. F., Yeo, S., Zadnik, M. G. (2001): Student and teacher perceptions of the use of multimedia supported predict–observe–explain tasks to probe understanding. In: Research in Science Education, 31(4), S. 589-615, DOI: 10.1023/A:1013106209449.

Kelly, G. A. (1955): The psychology of personal constructs. Vol. 1, Norton and Co: New York, DOI: 10.4324/9780203359037.

Keynan, A., Ben-Zvi Assaraf, O. B. Z., Goldman, D. (2014): The repertory grid as a tool for evaluating the development of students' ecological system thinking abilities. In: Studies in Educational Evaluation, 41, S. 90-105, DOI: 10.1016/j.stueduc.2013.09.012.

Knippels, M. C. P., Waarlo, A. J. (2018): Development, uptake, and wider applicability of the yo-yo strategy in biology education research: A reappraisal. In: Education Sciences, 8(3), S. 129, DOI: 10.3390/educsci8030129.

Krell, M., Walzer, C., Hergert, S., Krüger, D. (2019): Development and application of a category system to describe pre-service science teachers' activities in the process of scientific modelling. In: Research in Science Education, 49(5), S. 1319-1345, DOI: 10.1007/s11165-017-9657-8.

Krist, C., Schwarz, C. V., Reiser, B. J. (2019): Identifying essential epistemic heuristics for guiding mechanistic reasoning in science learning. In: Journal of the Learning Sciences, 28(2), S. 160-205, DOI: 10.1080/ 10508406.2018.1510404.

Mambrey, S., Schreiber, N., Schmiemann, P. (2020): Young Students' Reasoning About Ecosystems: the Role of Systems Thinking, Knowledge, Conceptions, and Representation. In: Research in Science Education, S. 1-20, DOI: 10.1007/s11165-020-09917-x.

Mambrey, S., Timm, J., Landskron, J. J., Schmiemann, P. (2020): The impact of system specifics on systems thinking. In: Journal of Research in Science Teaching, 57(10), S. 1632-1651, DOI: 10.1002/tea.21649.

Mehren, R., Rempfler, A., Buchholz, J., Hartig, J., Ulrich-Riedhammer, E. M. (2018): System competence modelling: Theoretical foundation and empirical validation of a model involving natural, social and human-environment systems. In: Journal of Research in Science Teaching, 55(5), S. 685-711, DOI: 10.1002/tea.21436.

NESBIT, J. C., ADESOPE, O. O. (2006): Learning with concept and knowledge maps: A meta-analysis. In: Review of Educational Research, 76(3), S. 413-448, DOI: 10.3102/00346543076003413.

NGUYEN, H., SANTAGATA, R. (2021): Impact of computer modeling on learning and teaching systems thinking. In: Journal of Research in Science Teaching, 58(5), S. 661-688, DOI: 10.1002/tea.21674.

NOVAK, J. D., GOWIN, D. B. (1984): Learning how to learn. University Press: Cambridge, DOI: 10.1017/CBO9781139173469.

PAVÉ, A. (2006): Biological and ecological systems hierarchical organisation. In: D. PUMAIN (Ed.): Hierarchy in natural and social sciences. International Publishing: Cham. S. 39-70, DOI: 10.1007/1-4020-4127-6_3.

ROZENSZAJN, R., YARDEN, A. (2015): Exposing biology teachers' tacit views about the knowledge that is required for teaching using the repertory grid technique. In: Studies in Educational Evaluation, 47, S. 19-27, DOI: 10.1016/j.stueduc.2015.06.001.

ROZENSZAJN, R., ZER KAVOD, G., MACHLUF, Y. (2021): What do they really think? The repertory grid technique as an educational research tool for revealing tacit cognitive structures. In: International Journal of Science Education, 43(6), S. 906-927, DOI: 10.1080/09500693.2021.1891323.

SCHNEEWEIß, N., GROPENGIEßER, H. (2019): Organising levels of organisation for biology education: a systematic review of literature. In: Education Sciences, 9(3), S. 207, DOI: 10.3390/educsci9030207.

SCHNEEWEIß, N., GROPENGIEßER, H. (2021): The Zoom Map: A New Graphic Organizer to Guide Students' Explanations Across the Levels of Biological Organization. In: Bioscene, 47(1), S. 3-13, DOI: 10.1080/00219266.2022.2134174.

SCHWENDIMANN, B. A., LINN, M. C. (2016): Comparing two forms of concept map critique activities to facilitate knowledge integration processes in evolution education. In: Journal of Research in Science Teaching, 53(1), S. 70-94, DOI: 10.1002/tea.21244.

SNAPIR, Z., EBERBACH, C., BEN-ZVI ASSARAF, O., HMELO-SILVER, C., TRIPTO, J. (2017): Characterising the development of the understanding of human body systems in high-school biology students – a longitudinal study. In: International Journal of Science Education, 39(15), S. 2092-2127, DOI: 10.1080/09500693.2017.1364445.

TREAGUST, D. F. (2008): The role of multiple representations in learning science: enhancing students' conceptual understanding and motivation. In: LEE, Y., TAN,

A. (Eds.): Science education at the nexus of theory and practice. Brill, S. 7-23, DOI: 10.1163/ 9789087904227_003.

TRIPTO, J., BEN-ZVI ASSARAF, O., SNAPIR, Z., AMIT, M. (2016): The 'What is a system'reflection interview as a knowledge integration activity for high school students' understanding of complex systems in human biology. In: International Journal of Science Education, 38(4), S. 564-595, DOI: 10.1080/09500693. 2016.1150620.

TRIPTO, J., BEN-ZVI ASSARAF, O., SNAPIR, Z., AMIT, M. (2017): How is the body's systemic nature manifested amongst high school biology students? In: Instructional Science, 45(1), S. 73-98, DOI: 10.1007/s11251-016-9390-0.

TRIPTO, J., BEN-ZVI ASSARAF, O, AMIT, M. (2018): Recurring patterns in the development of high school biology students' system thinking over time. In: Instructional Science, 46(5), S. 639-680, DOI: 10.1007/s11251-018-9447-3.

THE NOBEL PRIZE FOUNDATION (2021): Retrieved on October 2021 from: www.nobelprize.org/prizes/physics/2021/press-release.

UPMEIER ZU BELZEN, A., VAN DRIEL, J., KRÜGER, D. (2019): Introducing a Framework for Modeling Competence. In Towards a Competence-Based View on Models and Modeling. In: UPMEIER ZU BELZEN, A., KRÜGER, D., VAN DRIEL, J. (Eds.): Science Education. Springer International Publishing: Cham. S. 3-19, DOI: 10.1007/978-3-030-30255-9_1.

VERHOEFF, R. P., WAARLO, A. J., BOERSMA, K. T. (2008): Systems modelling and the development of coherent understanding of cell biology. In: International Journal of Science Education, 30(4), S. 543-568, DOI: 10.1080/09500690701237780.

VERHOEFF, R. P., BOERSMA, K. T., WAARLO, A. J. (2013): Multiple representations in modeling strategies for the development of systems thinking in biology education. In: TREAGUST, D. F., TSUI, C. (Eds.): Multiple representations in biological education. Springer International Publishing: Cham. S. 331-348, DOI: 10.1007/978-94-007-4192-8_18.

VERHOEFF, R. P., KNIPPELS, M. C. P., GILISSEN, M. G., BOERSMA, K. T. (2018, June): The theoretical nature of systems thinking. Perspectives on systems thinking in biology education. In: Frontiers in Education, 40(3), S. 1-11, DOI: 10.3389/feduc. 2018.00040.

WELLMANNS, A., SCHMIEMANN, P. (2022): Feedback loop reasoning in physiological contexts. In: Journal of Biological Education, 56(4), S. 465-485, DOI: 10.1080/ 00219266.2020.1858929.

WILSON, K. J., LONG, T. M., MOMSEN, J. L., BRAY SPETH, E. (2020): Modeling in the classroom: making relationships and systems visible. In: CBE – Life Sciences Education, 19(1), fe1, DOI: 10.1187/cbe.19-11-0255.

YOON, S. A., GOH, S. E., PARK, M. (2018): Teaching and learning about complex systems in K–12 science education: A review of empirical studies 1995 – 2015. In: Review of Educational Research, 88(2), S. 285-325, DOI: 10.3102/0034654317746090.

YORE, L., BISANZ, G. L., HAND, B. M. (2003): Examining the literacy component of science literacy: 25 years of language arts and science research. In: International Journal of Science Education, 25(6), S. 689-725, DOI: 10.1080/09500690305018.

ZANGORI, L., PEEL, A., KINSLOW, A., FRIEDRICHSEN, P., SADLER, T. D. (2017): Student development of model-based reasoning about carbon cycling and climate change in a socio-scientific issues unit. In: Journal of Research in Science Teaching, 54(10), S. 1249-1273, DOI: 10.1002/tea.21404.

ZION, M., KLEIN, S. (2015): Conceptual understanding of homeostasis. In: International Journal of Biology Education, 4(1), S. 1-27, DOI: 10.20876/ijobed.12279.

Thomas Hoffmann

Zehn Stufen zum systemischen Denken im Kontext nachhaltiger Entwicklung

Ein interkulturell einsetzbarer unterrichtspraktischer Lehr-/ Lerngang

1. Einleitung

Die vielzitierte Erkenntnis, wonach eine komplexe Welt komplexes Denken erfordere, betont zugleich die Notwendigkeit systemischer Kompetenz. Diese ist unverzichtbarer Bestandteil der im SDG 4 angestrebten hochwertigen Bildung als Orientierungsmarke aktueller globaler bildungspolitischer Zielsetzungen. Folgerichtig hat die UNESCO bereits 2017 in ihrem für die Diskussion um die individuell zu entwickelnden Schlüsselkompetenzen im Rahmen einer Bildung für nachhaltige Entwicklung die „Kompetenz zum systemischen Denken" im Rahmen ihres acht Punkte umfassenden Katalogs an vorderster Stelle genannt und wie folgt erläutert: „Systems thinking competency: the abilities to recognize and understand relationships; to analyse complex systems; to think of how systems are embedded within different domains and different scales; and to deal with uncertainty" (UNESCO 2017, S. 10). Nach diesem im internationalen Diskurs konsensual angenommenen Vorschlag für die zu entwickelnden Kompetenzen im Kontext einer nachhaltigen Entwicklung kommt der Fähigkeit zum systemischen Denken offenkundig eine besondere Bedeutung zu. Folgerichtig wird angestrebt, dass alle Lernenden die Fähigkeit entwickeln, reale Sachverhalte in ihren Zusammenhängen zu erkennen und zu verstehen. Darüber hinaus sind sie zudem in der Lage, komplexe Sachverhalte – etwa die Produktion von Gütern und gesellschaftliche Strukturen im Kleinen oder Interaktionen in Gesellschaften und Teilbereiche der Umwelt- oder Wirtschaftssysteme im Großen – auch analysieren zu können. Im Kontext der globalen Herausforderungen ist es hierbei zudem unabdingbar, die an der Sache ausgerichtete analytische und kognitive Kompetenz in ein räumlich differenziertes Modell verschiedener Maßstabsebenen, von der lokalen über die regionale bis hin zur globalen Ebene, einzubetten. Dabei gilt es die wirksamen Interdependenzen und kausalen Verknüpfungen erkennen und verstehen zu können.

Über diese vornehmlich kognitiven und intellektuellen Komponenten der individuellen Kompetenzentwicklung hinaus beschreibt Marco Rieckmann, der Autor der zitierten UNESCO-Publikation, eine stärker im Bereich der individuellen Resilienz gegenüber Unwägbarkeiten angesiedelten Stärke, die als Umgang mit Unsicherheit umschrieben wird. Gerade vor dem Hintergrund der aktuell wie künftig das individuelle wie kollektive Leben im 21. Jahrhundert dominierenden globalen Herausforderungen kommt dieser spezifischen Kombination von intellektuellen und mentalen Stärken und Befähigungen eine zentrale Bedeutung zu. Denn in einer ebenso globalisierten wie dynamisierten Welt des 21. Jahrhunderts geraten Gewissheiten früherer gesellschaftlicher Ordnungen und Überzeugungen massiv ins Wanken und halten Zukünfte unerwartete fundamentale Veränderungen bereit. Wie aber entwickeln Lernende diese offenkundig für alle anzustrebende systemische Kompetenz? In zahlreichen Unterrichtsvorschlägen wird der Anspruch erhoben, systemisches Denken anzuwenden und/oder zu stärken. Somit wird in gewisser Weise vorausgesetzt, dass Grundlagen systemischen Denkens bei den Lernenden bereits angelegt und somit verfügbar seien, auf die aufgebaut werden könne. In der unterrichtlichen Realität zeigt sich hingegen, dass genau diese Voraussetzung bei vielen Lernenden eben nicht gegeben ist. Von dieser Beobachtung ausgehend wurden die konzeptionellen Gedanken für einen schrittweisen Lehrgang zur Entwicklung systemischen Denkens angelegt. Dieser wurde im Rahmen des internationalen *Think Tanks* „ESD ExpertNet" als interkulturelles Projekt angegangen, in das die Bildungskulturen, -realitäten, -anforderungen und -erfahrungen aus Mexiko, Indien, Südafrika und Deutschland eingingen. Daraus entstand nachfolgend der dargelegte Vorschlag für einen Lehrgang zum systemischen Denken bzw. zur individuellen Entwicklung systemischer Kompetenz im Kontext der Bildung für nachhaltige Entwicklung in englischer, deutscher und spanischer Sprache. Das Projekt wurde im Zeitraum 2018 – 2022 entwickelt und im Kontext des „ESD ExpertNet" von *Engagement Global* bzw. dem Bundesministerium für wirtschaftliche Zusammenarbeit und Entwicklung (BMZ) gefördert.

2. Problemstellung und Zielsetzung

2.1 Zur Entwicklung systemischen Denkens im Geographieunterricht

Die zentrale Bedeutung systemischer Kompetenz für den Schulunterricht im Allgemeinen und den Geographieunterricht im Besonderen ist angesichts der seit den 1980er Jahren verstärkt im Fokus stehenden Mensch-Umwelt-Beziehungen gegeben. Als Klassiker des systemischen Denkens kristallisier(t)en sich Frederic Vesters „Unsere Welt – ein vernetztes System" (Vester 1983), Dietrich Dörners „Die Logik des Misslingens" (Dörner 1992) und Donella Meadows posthum erschienenes Werk „Die Grenzen des Denkens" (Meadows 2010) heraus, die nachfolgend sowohl für die Geographiedidaktik wie für die Bildung für nachhaltige Entwicklung von zentraler Bedeutung wurden. Folgerichtig wird in beiden Bildungsbereichen, aufbauend auf früheren Arbeiten im zurückliegenden Jahrzehnt, eine umfangreiche Auseinandersetzung mit systemischem Denken gepflegt.

So konzentrierte sich KÖCK (1985) bereits Mitte der 1980er Jahre auf die Handhabung systemischen Denkens im Sinne eines Unterrichtsprinzips, das als elementarer Ansatz des Denkens und Analysierens, des Darstellens und Wertens im Rahmen geographischer Bildung zum Tragen kommen sollte – analog und in Ergänzung zu anderen Unterrichtsprinzipien der Geographie wie Aktualität, Anschaulichkeit oder Realitätsbezug. Als „vernetztes Denken" ging dieser Ansatz in die praktische Unterrichtsgestaltung ein. Die nach der Jahrtausendwende infolge des „Pisa-Schocks" einsetzende Diskussion über und die Entwicklung von Kompetenzansätzen für den (Geographie-)Unterricht fand konsequenterweise auch im Kontext systemischen Denkens Berücksichtigung.
So legten FRISCHKNECHT-TOBLER, NAGEL, SEYBOLD (2008) sowie BOLLMANN-ZUBERBÜHLER u.a. (2010) vielfältige praktische und zum Teil handlungsorientierte Zugänge zur Förderung des Systemdenkens, zum Verstehen komplexer Systeme sowie zur Förderung des vernetzten Denkens bei Kindern und Jugendlichen vor.
REMPFLER und UPHUES (2011) entwickelten eine lerntheoretisch begründete Förderung der Systemkompetenz im Geographieunterricht, die eng verbunden mit der Entwicklung der Basiskonzepte der Geographie stand und folgerichtig auf deren Parameter Struktur, Funktion, Prozess ausgerichtet wurde. Aufbauend auf einem vierdimensionalen Theoriemodell, das die Dimensionen Systemorganisation, Systemverhalten, systemadäquate Handlungsintention sowie systemadäquates Handeln berücksichtigte, wurden – die vierte Dimension ausgenommen – auf drei verschiedenen Kompetenzstufen die von den Lernenden individuell zu entwickelnden Fähigkeiten beschrieben (REMPFLER, UPHUES 2011, S. 23). Im weiteren Verlauf wurden diese in ein „schulpraktisch handhabbares und normativ bildungstheoretisch hergeleitetes Kompetenzmodell zur Systemkompetenz im Geographieunterricht" überführt. Die Schülerinnen und Schüler entwickeln danach die Fähigkeit, komplexe Realitätsbereiche in ihrer Organisation als System zu erkennen, Funktionen und Verhaltensweisen eines Systems zu analysieren sowie im Mentalraum systemadäquat zu handeln (REMPFLER, UPHUES 2011, S. 30).
Die Auseinandersetzung mit der Frage „Wie lässt sich systemisches Denken vermitteln und fördern?" führte RIEß, SCHULER und HÖRSCH 2015 im Rahmen des Forschungsprojektes SysThema zur Entwicklung eines Kompetenzstrukturmodells zum systemischen Denken im Rahmen der Bildung für nachhaltige Entwicklung. Das daraus hervorgegangene „Freiburger Kompetenzstrukturmodell" unterscheidet vier Dimensionen, die vom deklarativen bzw. konzeptionell systemischen Wissen über die Fähigkeit zur Systemmodellierung, die Fähigkeit zur Nutzung von Systemmodellen beim Lösen von komplexen dynamischen Problemen bis hin zur Bewertung von Systemmodellen und Ergebnissen der Modellanwendung reichen. Dabei werden jeweils vier progressiv ansteigende Teilfähigkeiten unterschieden, welche die Lernenden individuell entwickeln (RIES, SCHULER, HÖRSCH 2015, S. 18ff).
Demgegenüber legten MEHREN et. al (2014) den Fokus auf das „Denken in komplexen Zusammenhängen" und sahen im Systemdenken den „Schlüssel zur Steige-

rung der Eigenkomplexität der Schüler". Sie stellten ganz im Sinne der Kompetenzorientierung die grundsätzliche Frage nach der Messbarkeit systemischen Denkens (MEHREN et. al., 2015).
Über diese grundlegenden, theoretischen bzw. Theorie-Praxis verbindenden Arbeiten zum systemischen Denken hinaus entstand eine Vielzahl unterrichtspraktischer, meist kleinteilig themengebundener Unterrichtsvorschläge zur Entwicklung und Stärkung der systemischen Kompetenz, etwa RENDEL (2014), STRÖHLIN (2014), MEHREN (2015), RASCHKE (2018) oder HEUZEROTH (2022), um nur einige zu nennen.
Vor dem Hintergrund dieser hier grob skizzierten Entwicklungslinie und auf dieser aufbauend ist der hier vorgeschlagene zehnstufige unterrichtspraktische Lehr-/Lerngang zur Entwicklung systemischer Kompetenz im Kontext nachhaltiger Entwicklung im interkulturellen Gefüge zu sehen, der unter Berücksichtigung kulturspezifischer Rahmenbedingungen sowohl in Deutschland als auch in Indien, Mexiko und Südafrika zum Einsatz kommt (HOFFMANN et. al 2022). Die Lernenden erhalten so die Möglichkeit, schrittweise und ohne jegliche Vorkenntnisse und Vorerfahrungen Systemdenken zu entwickeln.

2.2 Zielsetzung und Konzeption des Lehr-/Lerngangs

Die Zielsetzung des unterrichtspraktischen Ansatzes „Zehn Stufen zum systemischen Denken" ist insbesondere im Kontext einer zeitgemäßen Bildung für nachhaltige Entwicklung relevant. Systemische Kompetenz wird von der UNESCO (2017, S. 10) als erste von acht Schlüsselkompetenzen für nachhaltige Entwicklung identifiziert. Diese sind neben der Kompetenz zum systemischen Denken die Kompetenz zum kritischen Denken, zum vorausschauenden Denken, die normative Kompetenz, die Kompetenz zum problemlösenden Denken, die strategische Kompetenz, die kollaborative Kompetenz sowie die Selbstwahrnehmungskompetenz (UNESCO 2017, S. 10). Unter diesen Schlüsselkompetenzen kommt der systemischen Kompetenz angesichts ihrer unterstützenden Wirkungen zugunsten aller anderen Schlüsselkompetenzen eine besondere Bedeutung zu. Die Entwicklung systemischer Kompetenz im Rahmen der Bildung für nachhaltige Entwicklung ist daher die zentrale Zielsetzung dieses unterrichtspraktischen Ansatzes. Die zentrale Fragestellung des unterrichtspraktischen Ansatzes ist daher: Wie können Lernende bei der voraussetzungslosen Entwicklung systemischer Kompetenz unterstützt werden?
Die Konzeption baut auf einer auf FRISCHKNECHT-TOBLER, NAGEL, SEYBOLD (2008) basierenden, jedoch stark erweiterten und modifizierten komplexen Definition, wonach systemische Kompetenz zu verstehen ist als „die Fähigkeit, einen komplexen Teil der Wirklichkeit zu beschreiben oder zu skizzieren, diesen Teil der Wirklichkeit als Modell darzustellen, dieses Modell als System zu verstehen, dieses Modell zu nutzen, um das vergangene Verhalten des Systems zu erklären sowie das künftige Verhalten des Systems vorherzusehen, die Wirkung des Systemverhaltens vorherzu-

sehen und zu bewerten, potentielle Ansatzpunkte für und Formen von Interventionen zu identifizieren, Handlungsoptionen zu entwerfen, ihre Wirkung im Kontext der nachhaltigen Entwicklung zu beurteilen und zu entscheiden, welche weiteren Handlungen gegebenenfalls erforderlich sind“ (Hoffmann et al. 2022, S. 16). Um diese komplexe Zielsetzung unterrichtspraktisch zu gestalten, werden auf Basis der Definition zehn aufeinanderfolgende, in Umfang und Schwierigkeitsgrad differierende (Lern)Stufen gebildet, die den Lehr-/Lerngang zum systemischen Denken strukturieren. Diese sind (vgl. Abb. 1):

1) einen Teil einer komplexen Realität zu beschreiben und/oder zu visualisieren,
2) diesen Teil der Realität als Modell darzustellen,
3) das Modell als ein System zu begreifen,
4) das Systemverhalten anhand des Modells zu erläutern,
5) das Systemverhalten vorherzusehen,
6) seine Auswirkungen auf nachhaltige Entwicklung zu beurteilen,
7) mögliche Interventionspunkte zu identifizieren,
8) verschiedene Interventionsarten zu identifizieren,
9) Handlungsoptionen im Rahmen einer nachhaltigen Entwicklung zu erarbeiten,
10) die Auswirkungen der Interventionen mit Blick auf eine nachhaltige Entwicklung einzuschätzen und zu entscheiden, ob weitere Maßnahmen nötig sind oder nicht.

Abb. 1 | Zehn Stufen zum systemischen Denken
(verfügbar in höherer Auflösung s. https://geographiedidaktische-forschungen.de/baende/ → Zusatzmaterial)

Jede dieser zehn Stufen wird um adäquate, die Lernenden unterstützende Vorschläge zur methodischen Gestaltung ergänzt, die ihrerseits in einem eigenen Glossar erläutert werden (Tab. 1).

Tab. 1 | Glossar zu „Zehn Stufen zum systemischen Denken"
(verfügbar in höherer Auflösung s. **https://geographiedidaktische-forschungen.de/baende/** → Zusatzmaterial)

Stufen	Übungen und Lernmethoden	Produkte	Lernergebnis	Stufen	Übungen und Lernmethoden	Produkte	Lernergebnis
Stufe 1 einen Teil einer komplexen Realität	**Übung** • eine strukturierte Beschreibung erstellen **Lernmethoden** • Strukturierte Beschreibung • Rücken an Rücken • Cinquain • Telefongespräch • Think, Pair, Share • Tabu!	Eine schriftliche oder grafische Beschreibung der Wirklichkeit	Die Fähigkeit, • zu beschreiben • das gewählte Thema intensiver wahrzunehmen	**Stufe 6** beurteilen, wie sich das System auf nachhaltige Entwicklung auswirkt	**Übung** • [illegible] • [illegible] • [illegible] **Lernmethoden** • SDG-Analysematrix • Advocatus Diaboli • Indicator Eggs • Group Jigsaw • Podiumsdiskussion • Rollenspiel (z. B. Modellierung einer Konferenz der Vereinten Nationen)	Mit den Produkten der Stufe 3, 4 und 5 weiterarbeiten und • [illegible] • [illegible]	Die Fähigkeit, • [illegible] • [illegible] • [illegible] • kritisch zu denken
Stufe 2 einen Teil der Realität als Modell darstellen	**Übung** • ein Modell erstellen **Lernmethoden** • Brainstorming • Think, Pair, Share • Interview • Stationenlernen • Mapping-Verfahren: Mind Maps • Kausalität verstehen • Web of Life	Das Produkt von Stufe 1 in ein Modell umwandeln	Die Fähigkeit, • [illegible] • ein Modell zu entwickeln • Informationen und Erkenntnisse auszutauschen • ein Thema und seine Komponenten besser zu verstehen	**Stufe 7** mögliche Interventionspunkte erkennen	**Übung** • anhand von Beispielen Interventionspunkte in einem System erkennen **Lernmethoden** • [illegible] • Brainstorming • Transfer	Mit dem Produkt von Stufe 5 [illegible] weiterarbeiten und Interventionspunkte markieren	Die Fähigkeit, • zu verstehen, was ein Hebel ist • Interventionspunkte oder Hebel zu ermitteln
Stufe 3 das Modell als System begreifen	**Übung** • feststellen, ob es sich um ein statisches oder dynamisches Modell handelt **Lernmethoden** • Advocatus Diaboli • SDG-Analysematrix • Mapping-Verfahren: Concept Maps • Moving Game • Stationenlernen • Think, Pair, Share • Web of Life • Kausalität verstehen	Das Produkt von Stufe 2 verwenden und • [illegible] • [illegible]	Die Fähigkeit, • zu beurteilen, ob ein Modell ein System repräsentiert • zwischen einem Modell und einem System zu unterscheiden • [illegible] • ein System zu verstehen	**Stufe 8** mögliche Interventionsarten erkennen	**Übung** • anhand von Beispielen Interventionsarten für verschiedene Hebelpunkte erkennen **Lernmethoden** • Transfer • Advocatus Diaboli • Zukunftswerkstatt • Einflussmatrix	Mit dem Produkt von Stufe 7 weiterarbeiten und [illegible]	Die Fähigkeit, • kritisch zu denken • [illegible]
Stufe 4 das Systemverhalten anhand des Modells erläutern	**Übung** • das Modell erläutern • [illegible] **Lernmethoden** • Kausalität verstehen • Moving Games • [illegible] • Tabu! • Verhalten im Zeitverlauf • Erklärvideos • Podcast	Mit dem Produkt von Stufe 3 weiterarbeiten und • [illegible] • [illegible]	Die Fähigkeit, • Veränderungen zu beobachten • [illegible] • [illegible] • [illegible] • [illegible] • [illegible] • [illegible]	**Stufe 9** Handlungsoptionen im Rahmen einer nachhaltigen Entwicklung erarbeiten	**Übung** • [illegible] **Lernmethoden** • [illegible] • Zukunftswerkstatt • Debatte • Backcasting • [illegible] • SDG-Analysematrix	Mit den Produkten der Stufen 7 und 8 weiterarbeiten und • [illegible] • [illegible] • [illegible]	[illegible] • [illegible] • [illegible] • [illegible] • [illegible]
Stufe 5 das Systemverhalten vorhersehen	**Übung** • [illegible] **Lernmethoden** • Strukturierte Beschreibung • Kausalität verstehen • [illegible] • [illegible] • Podcast • Verhalten im Zeitverlauf	Mit dem Produkt von Stufe 4 weiterarbeiten und • [illegible] • [illegible]	Die Fähigkeit, • [illegible]	**Stufe 10** potenzielle Auswirkungen von Interventionen mit Blick auf eine nachhaltige Entwicklung einschätzen und über weitere Massnahmen entscheiden	**Übung** • [illegible] **Lernmethoden** • Think, Pair, Share • Debatte • Advocatus Diaboli • Group Jigsaw • [illegible] • SDG-Analysematrix • [illegible] • Podcast	[illegible] • [illegible] • [illegible]	Die Fähigkeit, • [illegible] • [illegible] • [illegible] • [illegible]

Der vorgeschlagene Lehr-/Lerngang umfasst einen theoretischen Strang sowie zwei Anwendungen anhand konkreter Umsetzungsbeispiele, die sich hinsichtlich ihres Komplexitätsgrades massiv unterscheiden.
Als simpler thematischer Zugang ist dies zum einen der globale Produktionsprozess von Baumwolle und Jeans, während der ungleich komplexere Zugang über das Thema Produktion von Kartoffelchips und deren Konsum angegangen wird. Somit werden die Teilsysteme der Chipsproduktion sowie deren Aufnahme und körpereigene Verwertung als Nahrungsmittel kombiniert. Mit Blick auf die *Sustainable Development Goals* der „Agenda 2030" stehen hier also nicht nur Produktion und Konsum (SDG 12), sondern auch Gesundheit und Wohlbefinden (SDG 3) im Fokus. Darüber hinaus sind insbesondere Anknüpfungspunkte zu den SDGs 6 (Wasserversorgung), 15 (Erhalt der Landökosysteme), aber auch zu SDG 1 (Überwindung von Armut) und SDG 2 (Überwindung von Hunger) gegeben.
Die Grundstruktur des Lehr-/Lerngangs ermöglicht es Lehrerinnen und Lehrern somit, entweder entlang eines vorgeschlagenen Themas zu agieren oder aber auf der Grundlage des theoretischen Stranges ein eigenes Thema zu identifizieren und dieses entlang der zehn Schritte in ein Unterrichtskonzept zur Entwicklung systemischer Kompetenz zu gestalten.
Zum besseren Verständnis für die Lernenden und erfolgversprechendere Handhabung für die Lehrenden ist die Konzeption des Lehr-/Lerngangs in eine kompakte

Bilddarstellung übertragen worden. Das Bild (Abb. 1) zeigt am linken Rand einen sich über die dargestellte Landschaft erhebenden Berg, auf dessen Gipfel ein gestufter Weg führt. Dieser lange und in Teilen steile Weg symbolisiert den Lernprozess zur Herausbildung systemischen Denkens. Vor der ersten Stufe steht eine Person, deren Wahrnehmung der Wirklichkeit – bar jeglicher systemischer Kompetenz – am linken, schattig gehaltenen Bildrand dargestellt ist. Die hier zu sehenden Buschgruppen, Feldflächen, Gebäude und Fahrzeuge erscheinen ohne jeglichen kausalen oder funktionalen Bezug zueinander und somit isoliert.
Ein genauerer Blick auf den Aufstieg zum Gipfel lässt erkennen, dass die einzelnen Stufen unterschiedliche Höhen und Stufentiefen aufweisen. Die Stufenhöhe symbolisiert dabei den Schwierigkeitsgrad der einzelnen Lernschritte, während die unterschiedliche Tiefe der einzelnen Stufen die Dauer zur Bearbeitung der verschiedenen Lernschritte illustriert. Die die Lernenden unterstützenden methodischen und durch Sozialformen initiierten Unterstützungssysteme sind beispielsweise an der Kante der ersten zur zweiten Stufe zu sehen, wo eine Person einer anderen hinaufhilft, auf der zweiten, dritten und fünften Stufe, wo Partner- und Gruppenarbeiten organisiert sind oder auf der vierten, fünften und neunten Stufe, wo Arbeitsergebnisse präsentiert und diskutiert werden. Eine Besonderheit ist auf Stufe sechs zu erkennen, wo ein eigener Weg, der die Ideen der nachhaltigen Entwicklung auf der Grundlage der „Agenda 2030" symbolisiert, in den Höhenweg einmündet und somit die im Titel des Lehr-/Lerngangs angesprochene Kontextualisierung systemischer Kompetenzentwicklung im Rahmen einer Bildung für nachhaltige Entwicklung symbolisiert. Und schließlich sind auf den Stufen sechs und zehn dunkel gefärbte Wegverbindungen zu erkennen, auf die später noch einzugehen ist.
Haben die Lernenden den durchaus anstrengenden Weg auf den Berg hinauf erfolgreich bewältigt und somit die Kompetenz systemischen Denkens entwickelt, nehmen sie die sie umgebende Wirklichkeit fundamental anders wahr (Abb. 1), als dies noch mit der isolierten Wahrnehmung einzelner Landschaftselemente zu Beginn des Lerngangs der Fall war. Nun erkennen die Lernenden in der reinen Betrachtung der in der rechten Bildhälfte dargestellten Wirklichkeit vielfältige funktionale und kausale Verbindungen, Dependenzen und Interdependenzen und lernen, Fragen nach weiteren Vernetzungen zu stellen. Nun sind sie in der Lage, die im Kompetenzmodell zur Systemkompetenz angestrebten Fähigkeiten zum Erkennen und Verstehen von Systemorganisation, Systemverhalten und Funktionen zu analysieren sowie systemadäquate Handlungsintention zumindest im Mentalraum anzuwenden (Rempfler, Uphues 2011, S. 30). Oder – legt man das „Freiburger Kompetenzstrukturmodell" zugrunde –, sie haben die Kompetenz zum systemischen Wissen, zur Modellierung von Systemen, zur lösungsorientierten Nutzung von Systemen sowie zur Bewertung von Systemen individuell entwickelt (Ries, Schuler, Hörsch 2015, S. 18ff).

Hinsichtlich der inhaltlich-thematischen Gestaltung des Lerngangs ist zu beachten, dass dieser mit der Identifikation eines möglichst einfach gehaltenen, kleinen, oftmals für unscheinbar gehaltenen Gegenstandes oder Elements aus der realen Lebenswelt der Lernenden beginnt. Denn ganz im Sinn SOENTGENS (1997) hat das Unscheinbare und jedes Ding eine eigene Geschichte, die sich stoffgeschichtlich ebenso nutzen lässt wie für die Entwicklung systemischer Kompetenz. Konkrete Pflanzen eignen sich in diesem Sinn ebenso wie Haushaltsgegenstände, Kleidungsstücke oder Nahrungsmittel, wohingegen abstrakte Ideen oder Strukturen für die initiale Entwicklung systemischen Denkens zu vermeiden sind, da der weitere Lerngang zu schnell zu komplex werden würde. Gerade aus dem von SCHMIDT, MARSCHALL, RELLER (2014) vertretenen didaktischen Ansatz der Stoffgeschichten ergeben sich sehr geeignete Erstzugänge, sei es Kakao, Zucker, Aluminium, Lithium, Sand oder Holz, um nur einige Stoffgeschichten aus der gleichnamigen Buchreihe zu nennen.
Hat jeder einen Gegenstand identifiziert, besteht die Aufgabe zunächst auf Stufe 1 in der detaillierten und strukturierten Beschreibung desselben. Dabei werden auch bei vermeintlich bekannten, ja vertraut erscheinenden Gegenständen Aspekte wahrgenommen, die bei oberflächlicher Wahrnehmung bislang unbeachtet geblieben waren. Mit dieser einfachen Übung und der detaillierteren Wahrnehmung ergeben sich von selbst weiterführende Fragen, die ohne diese detaillierte Betrachtung und Beschreibung nicht aufgekommen und folglich auch nicht gestellt worden wären. Wird etwa in die detaillierte Beschreibung einer Jeans auch der Produkteinnnäher einbezogen, dem u.a. der Herstellungsort wie *„Made in Italy"* zu entnehmen ist, ergeben sich nicht nur Fragen nach dem Rohstoff, aus dem Jeans gefertigt wurden, sondern etwa auch die Frage, ob alle Jeans in Italien produziert werden und ob dort auch alle dafür erforderlichen Rohstoffe gewonnen werden können. In ähnlicher Weise eröffnet auch die intensive, deskriptive Auseinandersetzung mit einem Bleistift, einem Teller oder einem Papiertaschentuch eine Fülle weiterführender Fragen, welche die Lernenden gleichsam auf das nächste Level, sprich die nächste Erkenntnisstufe, heben und – ganz im Sinne Wilhelm von Humboldts Briefbotschaft an seine Frau „Im Grunde kehrt alles Große in der Welt auch im Kleinen wieder, wenn man es nur erkennen will" – in das systemische Verständnis von Welt hineinziehen.
Auf Stufe 2 steht die Visualisierung und Modellierung der in Stufe 1 bereits erkannten und durch Fragen erweiterten Aspekte an. Mit diesem unvermittelten Schritt auf eine abstrahierende Ebene und die geforderte Erstellung eines Modells wird deutlich, warum die Entwicklung systemischer Kompetenz lerntheoretisch als schwierig eingestuft wird. Die Lernenden erstellen etwa in Gestalt einer vorbereitenden Mindmap und einer darauffolgenden Concept Map ein erstes Modell. Dazu müssen sie sich mit dem Modellgedanken ebenso auseinandersetzen wie mit der Anwendung desselben auf das selbstgewählte Thema.

Dem bereits eingeführten Prinzip der am Ende eines Lernabschnitts zu formulierenden weiterführenden Fragen folgend, geht es im nachfolgenden dritten Schritt um die Auseinandersetzung mit Systemen und der diesbezüglichen Überprüfung des erstellten Modells. Dabei verstehen die Lernenden, dass Systeme definitorisch aus Elementen und Beziehungen bestehen und einen grundsätzlichen Zweck haben. Sind diese Merkmale in ihrer Darstellung zu erkennen und erweist sich das erstellte Modell zudem als per se dynamisch, ist die größte kognitive Herausforderung zur Entwicklung systemischen Denkens gemeistert.
Die von diesem Verständnislevel aus formulierten weiterführenden Fragen eröffnen auf Stufe 4 – insbesondere durch die systemimmanente Dynamik – die Möglichkeit, Systeme nicht nur zu identifizieren und in ihrer Funktion zu verstehen, sondern auch als Erklärungsansatz vergangener Prozesse anzuwenden und zu nutzen. Diese Fokussierung auf die Erklärung bisheriger Entwicklungen, etwa der Baumwollproduktion, des globalen Jeansmarktes oder der enormen Ausweitung der Produktpalette von Kartoffelchips, führt gleichsam von selbst zu der Frage, ob angesichts der Erklärungsmöglichkeiten vergangener Entwicklungen unter bestimmten Annahmen nicht auch ein Blick in die Zukunft möglich sein könnte.
Diese zentrale Fragestellung führt zu dem fünften Schritt und der auf die Zukunft ausgerichteten Befassung mit dem selbst gewählten Thema. Wie wird die bisherige Entwicklung weitergehen, welche Annahmen führen zu welchen Zukunftsszenarien, die, gegebenenfalls methodisch als Szenariotechnik gestaltet, interessante Erkenntnisse eröffnen und zu Wertungen und sich bereits abzeichnenden Entscheidungsoptionen einladen.
Diese Bewertung möglicher Zukunftsszenarien steht im Mittelpunkt der sechsten Stufe des Lerngangs, der zugleich eine Werteorientierung erforderlich macht. Welche Maßstäbe und Konzepte zur Bewertung der Zukunft hier herangezogen werden, hängt ganz wesentlich von der grundsätzlichen Werteorientierung der Lernenden ab. Im Kontext dieses Lerngangs werden daher mithilfe einer Analysematrix verschiedene Konzepte zur Bewertung von Entwicklung herangezogen und diskutiert. Diese reichen von der rein ökonomischen Bewertung eines gesellschaftlichen Entwicklungsstandes durch das Bruttosozialprodukt über den sehr viel breiter basierten Index der menschlichen Entwicklung bis hin zur „Agenda 2030“ mit ihren 17 Zielen für eine nachhaltige Entwicklung. In der Bildsprache ist dies durch die Einmündung des Seitenwegs der nachhaltigen Entwicklung in den Lerngang systemischer Kompetenz dargestellt. Nachdem die ersten fünf Stufen sich also mit dem Systemverständnis und der Nutzung von Systemen zum Verständnis vergangener wie zukünftiger Entwicklungen befassten, wird auf dieser sechsten Stufe erstmals die Kontextualisierung zugunsten der nachhaltigen Entwicklung vollzogen. Die auf dieser Stufe erfolgte Bewertung zukünftiger Entwicklungen vor dem Hintergrund der „Agenda 2030“ lässt für viele der gewählten Themen eine mehr oder weniger große Diskrepanz zwischen Zukunftsszenario und Vision nachhaltiger

Entwicklung erwarten. Folgerichtig kommen Fragen auf, die sich auf die Möglichkeit der Veränderung von Systemen konzentrieren.
Dabei geht es nachfolgend auf Stufe 7 zunächst darum, geeignete Ansatz- oder Hebelpunkte zu identifizieren, die grundsätzlich geeignet erscheinen, um die Funktionsweise eines Systems modifizieren zu können, ehe in einem nächsten Schritt auf der achten Stufe zu eruieren ist, welche Veränderungsmöglichkeiten denn an diesen identifizierten Hebelpunkten vorgenommenen werden können. So lässt sich etwa am Hebelpunkt „Entwicklung globaler Modetrends" oder dem „individuellen Wunsch nach Jeans" sowohl in einem wachstums- und gewinnorientierten Sinn Einfluss auf das System der globalen Baumwollproduktion nehmen wie auch eine wachstumsbremsende und stärker auf ökologische Aspekte hin ausgerichtete Beeinflussung des gegebenen Systems. Sollten sich grundsätzliche Schwierigkeiten hinsichtlich der Anwendung von Systemen und/oder deren Bewertung im Sinne einer nachhaltigen Entwicklung zeigen, kehren die Lernenden über den in der Abbildung grau gezeichneten Rückweg von der sechsten Stufe auf Stufe 3 zurück, um nochmals über die Systemhaftigkeit ihres auf Stufe 2 erstellten Modells zu reflektieren und ihre Darstellung gegebenenfalls zu modifizieren.
Mit den nächsten beiden – wiederum auf das reine Systemverständnis ausgerichteten – Stufen hin zur systemischen Kompetenz sind die Grundlagen zu einer weiteren Dimension abgeschlossen. Denn die bisherigen Stufen führen nun unweigerlich zu der Frage, wie denn ein existentes System im Sinne einer nachhaltigen Entwicklung beeinflusst und entsprechend angepasst werden kann und soll.
Damit erreichen die Lernenden die neunte Stufe des Lerngangs, auf der sie in großer Eigenständigkeit nun aufgefordert sind, ihr Systemverständnis, dessen erklärende Funktion, ihren Bewertungsansatz sowie die Ansatzpunkte und -optionen zur Systemgestaltung zusammenzubringen und eine Strategie zur Gestaltung der globalen Baumwoll- und Jeansproduktion (oder der Produktion von ernährungsphysiologisch unbedenklichen „gesunden" Kartoffelchips) zu entwickeln. Die Tiefe der zeichnerisch dargestellten neunten Stufe macht deutlich, dass hierfür viel Unterrichtszeit benötigt wird. Haben die Lernenden eine solche Strategie entworfen und (soweit dies im schulischen Kontext möglich ist) zur Anwendung gebracht, stellt sich die Frage, ob die Strategie im Sinne der angestrebten nachhaltigen Entwicklung erfolgreich ist bzw. war.
Dies zu reflektieren, steht im Mittelpunkt der zehnten und letzten Stufe des Lerngangs. Sollte die Reflektion zu einem negativen Ergebnis kommen, kehren die Lernenden über den in grau gehaltenen abschüssigen Weg nicht zu Stufe 9, sondern zur Stufe 6 zurück, da sie in jedem Fall nochmals über die Identifikation funktionaler Hebelpunkte nachdenken und gegebenenfalls neu entscheiden müssen.
Der zentrale methodische Zugang zur Entwicklung individueller systemischer Kompetenz liegt in der sukzessiven Abfolge von zehn aufeinander aufbauenden Schritten bzw. Stufen, die in ihrer Summe einen konsequent angelegten Lerngang bilden. Anhand eines geeigneten Themas reichen die einzelnen Schritte von einer

detaillierten Beschreibung und Modellierung über die erklärende Nutzung von Systemen bis hin zu deren zielgerichteter Umgestaltung im Sinne einer nachhaltigen Entwicklung.

2.3 Zur fachdidaktischen Relevanz

Die Relevanz des unterrichtspraktischen Ansatzes zur Entwicklung systemischer Kompetenz ergibt sich aus der Notwendigkeit, Schülerinnen und Schüler auf den lösungsorientierten Umgang mit globalen Herausforderungen vorzubereiten und sie daher im Sinne einer Bildung für nachhaltige Entwicklung zu unterrichten und ihre individuelle Kompetenzorientierung adäquat zu unterstützen. Die Entwicklung systemischer Kompetenz stellt grundsätzlich eine große Herausforderung an Lernende dar, da insbesondere die erforderliche Abstraktionsfähigkeit sich für viele als schwer oder gar unüberwindbare Hürde erweist. Die Bedeutung des hier vorgestellten Lehr-/Lerngangs liegt daher darin, dass dieser durch den konzeptionell schlüssigen, in zehn aufeinander aufbauenden Stufen erfolgenden Lerngang, der zudem thematisch vielseitig anwendbar und interkulturell einsetzbar gestaltet ist, Lernende bei der Entwicklung systemischer Kompetenz voraussetzungslos unterstützt und über die zehn Stufen hinweg progressiv begleitet. Die im Rahmen der Entstehung des Konzepts durchgeführten Praxistests ergaben in allen beteiligten Gesellschaften und Bildungssystemen positive Rückmeldungen. Interkulturell angelegte Workshops, die gleich Herausforderungen mit unterschiedlichen Lerntraditionen verknüpften, erwiesen sich zudem als geeignete Formate, um das Miteinander lernen zu stärken. Eine wissenschaftlich empirische Begleitforschung fand bislang nicht statt, wäre jedoch wünschenswert.

3. Literatur

DÖRNER, D. (1992): Die Logik des Misslingens. Hamburg.

BOLLMANN-ZUBERBÜHLER, B. (2010): Systemdenken fördern. Systemtraining und Unterrichtsreihen zum vernetzten Denken. Bern.

FRISCHKNECHT-TOBLER, U., NAGEL, U., SEYBOLD, H. (Hrsg. 2008): Systemdenken. Wie Kinder und Jugendliche Systeme verstehen lernen. Zürich.

HEUZEROTH, J. (2022): Der Golfstrom am Kipppunkt?! Mit Hilfe der Methode „Web of Life" Systeme verstehen. In: Praxis Geographie 52, Heft 11, S. 28-32.

HOFFMANN T., MENON S., MOREL W., NKOSI T., PAPE N. (2022): Ten Steps Towards Systems Thinking. An Education for Sustainable Development Manual for teachers, educators, and facilitators. Pune.

Köck, H. (1985): Systemdenken – Geographiedidaktische Qualifikation und Unterrichtsprinzip. In: Geographie und Schule 7, Heft 33, S. 15-19.

Meadows, D. (2010): Die Grenzen des Denkens. München.

Mehren, M. (2015): Piraterie vor Somalia – ein komplexes Problem systemisch betrachtet. In: Geographie und Schule aktuell 37, Heft 215, S. 30-40.

Mehren, R., Rempfler, A., Ulrich-Riethammer, E. (2014): Denken in komplexen Zusammenhängen. In: Praxis Geographie 44, Heft 4, S. 4-9.

Mehren, R., Rempfler, A., Ulrich-Riethammer, E., Buchholz, J, Hartig, J. (2015): Wie lässt sich Systemkompetenz messen? In: Geographie und Schule aktuell 37, Heft 215, S. 4-16.

Raschke, N. (2018): Komplexes Denken fördern mit Concept Maps. In: Praxis Geographie 48, Heft 7-8, S. 60-63.

Rempfler, A., Uphues, R. (2011): Systemkompetenz und ihre Förderung im Geographieunterricht. In: Geographie und Schule 33, Heft 189, S. 22-33.

Rendel, A. (2014): Dem Rätsel auf der Spur. Vernetztes Denken lernen. In: Praxis Geographie 44, Heft 4, S. 16-23.

Rieß, W., Schuler, S., Hörsch, C. (2015): Wie lässt sich systemisches Denken vermitteln und fördern? Theoretische Grundlagen und praktische Umsetzung am Beispiel eines Seminars für Lehramtsstudierende. In: Geographie aktuell und Schule 37, Heft 215, S. 16-29.

Schmidt, C.; Marschall, L. & Reller, A. (2014): Mit Stoffgeschichten Kreisläufen und Zusammenhängen auf der Spur. In: Praxis Geographie 44, Heft 4, S. 24-28.

Soentgen, J. (1997): Das Unscheinbare. Phänomenologische Beschreibungen von Stoffen, Dingen und fraktalen Gebilden. Berlin.

Ströhlin, M. (2014): Vernetztes Denken fördern: Aber wie? In: Praxis Geographie 44, Heft 4, S. 29-35.

UNESCO (2017): Education for Sustainable Development. Learning Objectives. Paris.

Vester, F. (1983): Unsere Welt – ein vernetztes System. München.

Pola Serwene

Wie lernen mit Fachkonzepten?

Ergebnisse einer Design-Based-Research-Studie zum fachlich-konzeptuellen Lernen im bilingualen Geographieunterricht

1. Einleitung

Im Geographieunterricht behandeln wir eine Vielzahl von unterschiedlichen Fachinhalten in Form von Räumen, Fallbeispielen und Phänomenen. Diese Fachinhalte stehen zunächst als singuläre Entitäten und es bedarf Fachkonzepte zur Strukturierung und Systematisierung dieser Lerngegenstände. Fachkonzepte könnten durch ihre Abstraktion zur Analyse und Deutung unterschiedlicher sachlicher Phänomene eingesetzt werden (Fögele, Mehren 2021, S. 53). Für einen konzeptuell gedachten Geographieunterricht braucht es aber beides: einen konzeptuellen Überbau in Form von Fachkonzepten als auch einen bedeutsamen Unterbau hinsichtlich sinnstiftender Kontexte (Lambert 2013). Somit rückt der Prozess, welcher Konzept und Kontext miteinander verbindet, in den Fokus. Gegenstand des Beitrags sind die Ergebnisse zum fachlich-konzeptuellen Lernen im Geographieunterricht aus der abgeschlossenen Dissertationsschrift „Geographie verstehen durch Zweisprachigkeit – Eine Design-Based-Research-Studie im bilingualen Geographieunterricht am Beispiel des Fachkonzepts Wandel“ (Serwene 2023).
Der Artikel beginnt mit theoretischen Ausführungen zum fachlich-konzeptuellen Lernen im Geographieunterricht und der systematischen Verknüpfung von Fachkonzepten und Kontexten (Demuth et al. 2005; Lambert 2013). Theoriebasiert wurde im Rahmen der Dissertation eine Lernumgebung zum fachlich-konzeptuellen Lernen konzipiert. Durch eine formative Evaluation in Form von iterativen Zyklen von Entwicklung, unterrichtlicher Erprobung und Datenanalyse konnten Gelingensbedingungen für einen fachlich-konzeptuell gedachten Geographieunterricht expliziert und Erkenntnisse zum Aufbau des Konzeptverständnisses der Lernenden gewonnen werden, welche in diesem Beitrag vorgestellt werden. Abschließend wird die Bedeutung der gewonnenen Erkenntnisse zum fachlich-konzeptuellen Lernen für das Hauptbasiskonzept des Geographieunterrichts „Mensch-Umwelt-System“ (DGfG 2020) erörtert und diskutiert, inwiefern das entwickelte didaktische Modell „Kontext-Komponenten-Konzept“ (siehe Abb. 1) auf das Hauptbasiskonzept übertragen werden kann.

2. Lernen mit Fachkonzepten im Geographieunterricht

2.1 Fachkonzepte als Analyseinstrument oder Denkschemata

Werden Konzepte als fachlicher Kern einer Disziplin betrachtet, ist mit ihnen das Ziel einer fachspezifischen Systematik und Strukturierung der schier unzähligen Themen und Phänomene verbunden. Mit der Identifikation von Fachkonzepten bzw. Basiskonzepten wird in der Fachdidaktik versucht, jene grundlegenden Vorstellungsbereiche zu erfassen, „die für das Wissen in einem Fachgebiet prägend und strukturbildend sind" (SANDER 2009, S. 58). Dabei sind Konzepte kein zusätzlich zu vermittelnder Lernstoff, sondern ermöglichen eine fachspezifische Betrachtung zunächst fachunabhängiger Lerngegenstände. FÖGELE, MEHREN (2021, S. 50) definieren Basiskonzepte für den Geographieunterricht wie folgt:

> „Basiskonzepte sind grundlegende, für Lernende nachvollziehbare Leitideen des fachlichen Denkens, die sich in den unterschiedlichen geographischen Sachverhalten wiederfinden lassen. Sie stellen als systematische Denk- und Analysemuster sowie Erklärungsansätze die fachspezifische Herangehensweise der Geographie an einen Lerngegenstand dar."

Dem Einsatz von Fachkonzepten[1] bzw. Basiskonzepten lassen sich im Wesentlichen zwei Funktionen im Fachunterricht zuschreiben. Fachkonzepte werden als Analyseinstrument oder als Denkschemata verwendet. Als Analyseinstrument können sie als Muster der Erschließung oder fachliche Brille der Betrachtung beschrieben werden (BEYER 2006; GROPENGIEßER et al. 2010; FÖGELE 2015). In diesem Verständnis sind sie ein analytisches Instrument, das die Verarbeitung unübersichtlicher Sachverhalte systematisiert und eine strukturierte fachliche Untersuchung ermöglicht.

Fachkonzepte als Denkschemata schaffen eine sinnstiftende Ordnung von Weltwahrnehmung und unterstützen den Prozess der Deutungszuschreibung in einer Fachdisziplin (SANDER 2010, S. 49). Sie sind als Verbindungsglied zwischen konkret erlebbaren Phänomenen und wissenschaftlichen Abstraktionen zu verstehen (BESAND, GRAMMES, HEDTKE, HECKENBORG et al. 2011, S. 167) und dienen den Lernenden als strategisches Wissen (FÖGELE, MEHREN 2015, S. 63).

Fachkonzepte als Analyseinstrument sind didaktisch angeleiteter und methodisch strukturierter, wohingegen Konzepte als Denkschemata individuell vom Lernenden aus zu führen und durch Metakognition in ihrem Verständnis und ihrer Anwendbarkeit geschärft und ausdifferenziert werden müssen (SERWENE 2023,

[1] Im Folgenden wird der Begriff der Fachkonzepte weiterverwendet. In ihrem Verständnis folgen sie der eben aufgeführten Definition von Basiskonzepten nach FÖGELE, MEHREN (2021, S. 50). Die in Kap. 2.2 folgenden Ausführungen erklären die Begriffswahl.

S. 303). Dies bedarf eines längeren, wiederkehrenden Prozesses und ist im Unterrichtsgeschehen für die Lehrkraft weitaus schwieriger zu diagnostizieren und gezielt zu fördern (ebd.).
Im Verständnis von Fachkonzepten als Denkschemata zeigen sich Überschneidungen zur Beschreibung von *developmental concepts* nach BROOKS (2013, S. 76). *Developmental concepts* gehen dabei vom Lernenden aus und beziehen sich auf die Entwicklung eines individuellen konzeptuellen Verständnisses über eine Fachdisziplin. Es sei anzumerken, dass das geographische Konzeptverständnis der Lernenden sich von den Fachkonzepten, die von außen in den Lernprozess eingreifen, oftmals unterscheiden und *developmental concepts* individuell und einzigartig sind (BROOKS 2013, S. 82). Fachkonzepte in ihrem Verständnis als Denkschemata entziehen sich im Unterrichtsgeschehen oftmals einer Lenkung durch die Lehrkraft. Deshalb braucht es Aushandlungsprozesse zwischen dem subjektiven Verstehen der Lernenden und den durch die Lehrkraft eingeführten Fachkonzepten.

2.2 Konzeptuelle Ausrichtung des Schulfachs Geographie

Die Bildungsstandards des Faches Geographie zeigen eine Ausrichtung konzeptuellen Lernens für den Geographieunterricht an den Naturwissenschaften (DGFG 2020). Dafür spricht zunächst die Auswahl an wenigen Fachkonzepten sowie der Begriff der „Basiskonzepte“, welcher vorrangig in den naturwissenschaftlichen Fächern Verwendung findet (DEMUTH et al. 2005; GROPENGIEßER et al. 2010). In den Bildungsstandards für das Fach Geographie wird das Hauptbasiskonzept „Mensch-Umwelt-System“ mit den Teilbasiskonzepten Struktur, Funktion, Prozess sowie Maßstabebenen ausgewiesen (DGFG 2020, S. 11). FÖGELE (2016, S. 73) schlägt eine Erweiterung der Basiskonzepte vor und integriert die Fachkonzepte Nachhaltigkeitsviereck, Raumkonzepte und Zeithorizonte.
Ein Blick in die Naturwissenschaftsdidaktiken (Chemie, Physik, Biologie) zeigt, dass dort mit wenigen Basiskonzepten gearbeitet und die gewählten Basiskonzepte einen hohen Abstraktionsgrad aufweisen und mit Oberbegriffen zu vergleichen sind, die Konzepte, Begriffe und Theorien bündeln und kategoriale Zuordnung ermöglichen (DEMUTH et al. 2005, S. 57; GROPENGIEßER et al. 2010, S. 30; SERWENE 2023, S. 26). In den Didaktiken der Gesellschaftswissenschaften (politische Bildung und Geschichte) wird ein weit weniger einheitliches Bild an Basiskonzepten ersichtlich (SANDER 2009; BESAND, GRAMMES, HEDTKE, LANGE et al. 2011; AMMERER 2022). Dabei wird sowohl die Ableitung von Konzepten aus der Fachwissenschaft als auch deren Rolle im Lernprozess intensiv diskutiert (ebd.). Es wird deutlich, dass die Auswahl und Festlegung auf sogenannte Basiskonzepte schwer gelingt (SANDER 2009, S. 60; AMMERER 2022, S. 28). Beide Autoren führen mehr als sechs Hauptbasiskonzepte an. Aspekte wie die gesellschaftliche bzw. individuelle Konstruktion von Wirklichkeit sowie die Pluralität von Perspektiven spielen dabei eine zentrale Rolle, besonders im Vergleich zu den Naturwissenschaften (BESAND, GRAMMES, HEDTKE, LANGE et

al. 2011). Die Entscheidungen über Basiskonzepte eines Faches müssen sowohl den Ansprüchen an Pluralität und Konstruktion gerecht werden als auch die Praktikabilität hinsichtlich didaktischer Fokussierung und der Systematisierung von Fachinhalten ermöglichen.
Obwohl das Schulfach Geographie als Brückenfach zwischen Gesellschaftswissenschaften und Naturwissenschaften verstanden wird, zeigt sich in der Ausrichtung eines konzeptuell gedachten Geographieunterrichts eine stärkere Orientierung an den Naturwissenschaften[2] (DGfG 2020).

2.3 Verbindung von Konzept und Kontext

Um fachspezifische Denkweisen im Fachunterricht auszubilden, wurde für die einzelnen Fächer eine Mehrzahl an Fachkonzepten ausgewählt (vgl. Kap. 2.2). Die unterschiedlichen fachlichen Konzepte sind jeweils eigene fachspezifische Brillen, die auf dieselben Kontexte blickend, je eigene Ausschnitte und Sinnzusammenhänge sichtbar machen (Fischer et al. 2007, S. 662). Besonders in dieser Form der Vielperspektivität, die mit einem Vergleichen und Kontrastieren unterschiedlicher Blicke (Fachkonzepte) einhergeht, liegt das Potenzial eines vertieften Verständnisses der Sachlage sowie einer übergeordneten Vernetzung von Fachkonzepten (Serwene 2023).
Für einen konzeptuell gedachten Geographieunterricht braucht es neben Fachkonzepten bedeutsame Kontexte in Form von Fall- und Raumbeispielen sowie Phänomenen. Lambert (2013, S. 174) spricht in diesem Zusammenhang von konzeptuellem und kontextuellem Wissen. Dabei bezieht sich das kontextuelle Wissen auf spezifische Orte, Räume sowie geographische Phänomene. Nur den Kontext zum Selbstzweck zu lernen, trägt aber wenig zum geographischen Denken bei; hierfür wird im Besonderen die Verbindung zwischen kontextuellem und konzeptuellem Wissen gebraucht (ebd. S. 175). Somit wird der Prozess, der Kontext und Konzept miteinander verbindet, für die Ausbildung geographischen Denkens bedeutsam. Die Verbindung zwischen Fachkonzept und Kontext wird durch zwei Prozesse gesteuert. Die Dekontextualisierung führt vom Kontext zum übergeordneten Fachkonzept; die Kontextualisierung führt umgekehrt vom Konzept zum sinnstiftenden Kontext (Demuth et al. 2005, S. 59). Im Prozess der Dekontextualisierung geht es um das Abstrahieren und Verallgemeinern des Kontexts. Dabei wird das Besondere des Einzelfalls bzw. des gewählten räumlichen Kontexts durch ein Vergleichen von Ähnlichkeiten und Unterschieden mit anderen Kontexten identifiziert (Serwene 2021, S. 124). Im Prozess der Kontextualisierung wird ein Raumbeispiel oder geographisches Phänomen unter der Anwendung eines Fachkonzepts analysiert.

[2] Ein möglicher Erklärungsansatz für die naturwissenschaftliche Orientierung bei der fachlich-konzeptuellen Ausrichtung des Schulfachs Geographie in den Bildungsstandards ist die Tatsache, dass zu diesem Zeitpunkt (ab 2002) nur Bildungsstandards für die naturwissenschaftlichen Fächer und nicht für die gesellschaftswissenschaftlichen Fächer existierten.

Beide Prozesse müssen strukturiert und kontinuierlich praktiziert werden, so dass durch eine permanente Wiederholung von Dekontextualisierung und Kontextualisierung die Verbindung zwischen Konzepten und Kontexten gefestigt und für geographisches Denken genutzt werden kann.

3. Design und Methodik

3.1 Kurzdarstellung des Dissertationsprojekts

Das abgeschlossene Dissertationsprojekt hatte zum Ziel, fachlich-konzeptuelles Lernen im bilingualen Geographieunterricht durch Sprachwechsel (Deutsch/Englisch) zu fördern (SERWENE 2023). Die auf einen Erkenntniszuwachs im Rahmen fachlich-konzeptuellen Lernens abzielenden Forschungsfragen lauteten: Inwiefern kann ein Verständnis des geographischen Konzepts „Wandel“ bei den Lernenden gefördert werden? Und wie sollte eine Lernumgebung im bilingualen Geographieunterricht gestaltet sein, die fachlich-konzeptuelles Lernen mit beiden beteiligten Sprachen fördert?
Zur Beantwortung der Forschungsfragen wurde ein Forschungsdesign innerhalb des Design-Based-Research-Ansatzes (DBR) entwickelt (FEULNER et al. 2021). Auf Grundlage eines theoretisch fundierten Kenntnisstands zum bilingualen Geographieunterricht (DIEHR 2016; FRISCH 2016; DIEHR, FRISCH 2018) und zum fachlich-konzeptuellen Lernen im Geographieunterricht (LAMBERT 2013; FÖGELE 2016; BROOKS 2017) wurde eine Lernumgebung konzipiert, im Unterricht erprobt und in einem zyklischen Verfahren (Entwicklung – Erprobung – Analyse – Re-Design) weiterentwickelt. Das Designprodukt war eine aus drei Doppelstunden bestehende, zweisprachig strukturierte Lernumgebung zu Wandlungsprozessen an ausgewählten Orten für den bilingualen Geographieunterricht. Die Implementierung der prototypischen Lernumgebung erfolgte in einer 10. Klasse einer Berliner Integrierten Sekundarschule in zwei Zyklen in einem Schuljahr (2016/17).

3.2 Konzeption des didaktischen Modells „Kontext-Komponenten-Konzept“

Im Rahmen der Designphase wurde das didaktische Modell „Kontext-Komponenten-Konzept“ entwickelt (Abb. 1). Dieses Modell zielt auf die Initiierung fachlich-konzeptuellen Lernens im Geographieunterricht ab. Hierfür wurde der konzeptuelle Rahmen „Prozess der Kontextualisierung und Dekontextualisierung“ aus der Chemiedidaktik (DEMUTH et al. 2005, S. 59) für den Geographieunterricht adaptiert und um den Aspekt der Komponenten eines Fachkonzepts erweitert. Das didaktische Modell „Kontext-Komponenten-Konzept“ beinhaltet eine konzeptuell-abstrakte Ebene in Form des Fachkonzepts und eine kontextuell-konkrete Ebene mit Fallbeispielen. Beide Ebenen werden über die Komponenten des Fachkonzepts miteinander in Verbindung gesetzt. Die Komponenten steuern die Prozesse der Kontextualisierung und Dekontextualisierung. Im Prozess der Kontextualisierung werden die Komponenten zur Analyse des Fallbeispiels angewendet. Die Komponenten sind hier Analyseeinheiten, die den fachlichen Blick abermals schärfen. Im Prozess der Dekontextualisierung fungieren die Komponenten eines Fachkonzepts als Bewertungseinheiten. Sie ermöglichen ein strukturiertes Vergleichen der Kontexte unter Anwendung eines Fachkonzepts. Im Rahmen der entwickelten Lernumgebung fand das geographische Konzept „Wandel“ (TAYLOR 2008) Anwendung, welches sowohl in seinem thematischen als auch konzeptuellen Verständnis in die Lernumgebung eingebunden wurde.

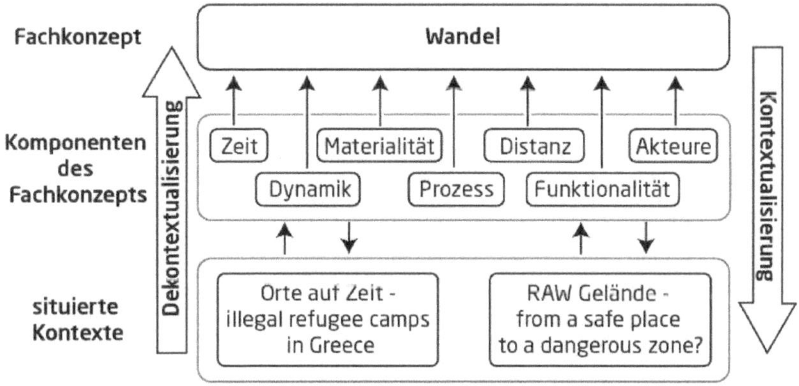

Abb. 1 | Didaktisches Modell "Kontext-Komponenten-Konzept" nach SERWENE (2023)[3]

3.3 Methodisches Vorgehen in der Analyse und im Re-Design der Lernumgebung

Die begleitende Forschung erfolgte mittels Videographie von je vier Fokuspaaren[4] sowie einer Analyse der SchülerInnenprodukte, welche die schriftlichen Beurteilungen der Wandlungsprozesse umfassten. Die Daten wurden mit der inhaltlich strukturierenden Qualitativen Inhaltsanalyse nach KUCKARTZ (2016) ausgewertet. Hierbei wurde ein induktiv-deduktives Kodierverfahren angewendet (ebd.). In Form von Einzelfallanalysen wurden die Handlungsmuster der Fokuspaare in den

[3] Wesentliche Design-Entscheidungen zur Arbeit mit dem didaktischen Modell „Kontext-Komponenten-Konzept“ sowie die Darstellung der beiden gewählten Raumbeispiele können in einer reduzierten Form bei SERWENE (2021, S. 136) bzw. in ausführlicher Form bei SERWENE (2023) nachgelesen werden.

[4] Ein Fokuspaar bestand aus zwei bis maximal drei Lernenden und wurde im Rahmen der Begleitforschung durch eine Videokamera und ein zusätzliches Audiogerät aufgezeichnet. Nicht alle Lernende der Klasse waren Teil der Fokuspaare. Im Rahmen der Lernumgebung wurde vorrangig in PartnerInnenarbeit gearbeitet.

Arbeitsprozessen analysiert. Es folgten fallübergreifende, thematische Analysen, welche die in der Lernumgebung intendierte Zweisprachigkeit als auch das sich entwickelnde konzeptuelle Verständnis zum Gegenstand hatten. Die SchülerInnentexte wurden mit Hilfe der Komponenten des Fachkonzepts „Wandel" als deduktive Kategorien analysiert, und es erfolgte über ein deduktiv-induktives Kodierverfahren eine Ausdifferenzierung der Komponenten und des Fachkonzepts. Ziel war die Rückführung der gewonnenen Erkenntnisse zu den gewählten Design-Prinzipien, welche die Basis der prototypischen Lernumgebung bildeten (FEULNER et al. 2021).

4. Ergebnisse

Die hier dargestellten Ergebnisse der Studie beziehen sich auf die gewonnenen Erkenntnisse hinsichtlich fachlich-konzeptuellen Lernens. Das Lernen mit Fachkonzepten war ein Teil der Studie, wobei der Schwerpunkt der DBR-Studie auf dem Aspekt der Zweisprachigkeit im bilingualen Geographieunterricht lag. Durch das zyklische Vorgehen konnten Gelingensbedingungen, wie Fachkonzepte und Kontexte, sinnstiftend verknüpft und dem fachlich-konzeptuellen Lernen im Geographieunterricht dienlich, expliziert werden. Sowohl die Anwendung der Komponenten eines Fachkonzepts als Analyse- und Bewertungseinheiten als auch der Prozess der Kontextualisierung und Dekontextualisierung sind Gegenstand der Ergebnisse. Dabei handelt es sich um eine Zusammenführung der gewonnenen Erkenntnisse aus beiden Design-Zyklen. Die Darstellung der Ergebnisse erfolgt nach dem Schema, dass eine Kernerkenntnis als Aussage (kursiv gedruckter Text) formuliert und im nachfolgenden Text erläutert wird.

Das Anwenden der Komponenten als Analyse- und Bewertungseinheiten unterstützt den Aufbau des Fachkonzepts „Wandel". Eine deduktive Vermittlung des Fachkonzepts und der Komponenten behindert den individuellen Konzeptaufbau der Lernenden.

Im 1. Zyklus wurde sowohl das Fachkonzept als auch die Komponenten des Fachkonzepts „Wandel" zunächst deduktiv eingeführt und die Komponenten lediglich in der Bewertung des Wandlungsprozesses als Bewertungseinheiten (Prozess der Dekontextualisierung) eingesetzt. Hierfür erhielten die Lernenden zu den Komponenten des Fachkonzepts „Wandel" leitende Fragen (z. B. Komponente Zeit: *Is it a slow or rapid change?* / Komponente Dynamik: *Was it a regular or an irregular change?*). Die leitenden Fragen sollten die Bewertung des Wandels in den jeweiligen Raumbeispielen unterstützen. Die empirischen Ergebnisse weisen darauf hin, dass eine zunächst vom Kontext gelöste Einführung der Komponenten nicht zu einem Verständnis über die Komponenten des Fachkonzepts führt, das den individuellen Konzeptaufbau unterstützt. Dies zeigte sich insbesondere in den schrift-

lichen Bewertungen der Wandlungsprozesse der Lernenden. Die von der Lehrkraft gegebenen Beschreibungen der Komponenten des Fachkonzepts „Wandel“ wurden lediglich von den Lernenden übernommen und nicht in eigene Sinnzusammenhänge gebracht.
Exemplarisch dafür können die Beschreibungen der dynamischen Entwicklung des Wandels in den SchülerInnentexten angeführt werden. Die Dynamik des Wandels wird von den Lernenden stark an die Zeitkomponente (Verwendung der Adjektive *„slow/rapid“*) gekoppelt. Obwohl in der Unterrichtssequenz die dynamische Entwicklung des Wandels mit Begriffen wie *„continuous/discontinuous“* oder *„regular/irregular“* eingeführt wurde, verwenden die Lernenden die Begriffe nicht in diesem Sinn, sondern lediglich, um auszudrücken, dass der Wandel ungewöhnlich ist.

> *Ella: It was an irregular change because it is not regular that so many people stucked in one place.*

Die von der Lehrkraft verwendeten Begriffe werden zwar übernommen, aber in andere, weniger fachliche und konzeptuelle Zusammenhänge von den Lernenden gebracht.

> *Luisa: It was a rapid and slow process because the people come very fast but when they built all the tents and the new homes that taken a lot of time.*

Im 2. Zyklus wurden die Komponenten sowohl als Analyse- als auch Bewertungseinheiten genutzt. Als Analyseeinheiten unterstützten sie den Prozess der Kontextualisierung, in dem eine Untersuchung des Raumbeispiels anhand der Komponenten des Fachkonzepts erfolgte. Die Komponenten als Analyseeinheiten wurden in Form von konzeptuell ausgerichteten Aufgabenstellungen implizit in den Erarbeitungsprozess der SchülerInnen integriert. So erhielten die Lernenden zum Beispiel die Aufgabe, den Prozess des Wandels durch das Legen einer Struktur zu visualisieren[5].
Die Verwendung der Komponenten als Evaluationseinheiten zur Bewertung des Wandlungsprozesses wurde ohne Leitfragen zu jeder Komponente erneut im 2. Zyklus eingesetzt. In den SchülerInnentexten wurden von allen Lernenden vier von sieben Komponenten (Zeit, Distanz, Prozess, AkteurInnen) des Fachkonzepts „Wandel“ erläutert. Keine Erwähnung fanden die Komponenten Dynamik, Funktionalität und Materialität. Diese schienen für die Lernenden schwer greifbare Komponenten zu sein. Es bleibt weiterhin offen, wie die Komponenten „Materialität“ und „Funktionalität“ in den Analyse- und Bewertungsprozess des Wandels eines

[5] Die finalisierte Lernumgebung ist als digitaler Anhang inkl. aller verwendeten Arbeitsmaterialien als Teil der Dissertationsschrift veröffentlicht (https://publishup.uni-potsdam.de/opus4-ubp/frontdoor/deliver/index/docId/57848/file/pgp19_anhang.pdf).

Ortes integriert werden können (Serwene 2023, S. 298). In der finalisierten Lernumgebung wird der Vorschlag unterbereitet, die Komponenten „Materialität" und „Funktionalität" in einer Phase der Reflexion im Rahmen der Dekontextualisierung zu adressieren (ebd.). Durch vergleichende Rückgriffe auf den Wandlungsprozess des Fallbeispiels sowie Bezüge zu anderen Fallbeispielen kann ein Verständnis dieser Komponenten aufgebaut (Serwene 2023, S. 311). Vergleichende Reflexionsanlässe sind somit essenziell, um die Komponenten „Materialität" und „Funktionalität" zu verstehen. Der Prozess von Kontextualisierung und Dekontextualisierung wird dadurch um den Prozess der Rekontextualisierung erweitert. Rekontextualisierung beschreibt den wiederkehrenden Prozess von Kontextualisierung und Dekontextualisierung (Serwene 2021, 2023). Der Prozess der Rekontextualisierung umfasst sowohl das strukturierte Vergleichen von bereits thematisierten Kontexten als auch das erneute, systematische Anwenden fachlicher Konzepte auf neue Kontexte.

Die Ergebnisse des 1. Zyklus zeigen deutlich, je intensiver die Lehrkraft einzelne Komponenten erklärt und anhand des Raumbeispiels kontextualisiert, desto häufiger werden diese Beschreibungen von den Lernenden übernommen und weniger fachlich-konzeptuell verankert reproduziert (siehe aufgeführte Ankerbeispiele). Insofern zeigt sich, dass eine erste, deduktive Vermittlung der Komponenten eines Fachkonzepts für den individuellen Aufbau eines fachlich-konzeptuellen Verständnisses hinderlich ist.

Lernförderlich ist die Verknüpfung der Komponenten eines Fachkonzepts mit handlungsinitiierenden Aufgabenstellungen.

Die empirischen Ergebnisse des 2. Zyklus zeigen deutlich, dass die Komponenten des Fachkonzepts „Wandel" (Prozess, AkteurInnen, Zeit), die mit konkreten Handlungen (wie z. B. Bilder sortieren, Informationskarten gruppieren und kategorisieren sowie Informationskarten in einer Struktur anordnen) verbunden sind, von den Lernenden besser verstanden und in eigene Sinnzusammenhänge gebracht wurden.
Es hat sich damit als lernwirksam erwiesen, die Anwendung der einzelnen Komponenten des Fachkonzepts zur Analyse des Wandlungsprozesses mit Arbeitsaufträgen zu verknüpfen, die Handlungen initiieren. Somit sollte der Prozess der Kontextualisierung so handlungsorientiert wie möglich angelegt sein.
Ein Beispiel dafür ist der Arbeitsauftrag, die in den Wandlungsprozess involvierten Personen und Personengruppen in den Informationskarten zu identifizieren, zu markieren und zu gruppieren. In den schriftlichen SchülerInnentexten zeigte sich eine differenzierte Darstellung der AkteurInnen im Wandlungsprozess, und es wurde von den Lernenden zwischen AkteurInnen mit positivem oder negativem

Einfluss auf den Wandlungsprozess des RAW-Geländes in Berlin-Friedrichshain unterschieden (Serwene 2023, S. 275).

Ein weiteres Beispiel ist die Komponente Prozess. Die Methode des Strukturlegens wurde im 2. Zyklus kleinschrittiger angeleitet, indem die Lernenden aufgefordert wurden, die Informationskarten zunächst zu kategorisieren, die AkteurInnen zu markieren und erst in einem letzten Schritt die Informationskarten in eine Struktur zu legen, die den Wandlungsprozess nachzeichnet. Abschließend wurden die Lernenden aufgefordert, die Informationskarten mit Pfeilen zu verbinden und über diesen Weg das Prozesshafte des Wandels zu visualisieren. Im Vergleich zum 1. Zyklus zeigten die SchülerInnentexte komplexere und mehrgliedrigere Strukturen.

Nicht alle Komponenten eines Fachkonzepts sind für die Lernenden im gleichen Maße verständlich.

In beiden Zyklen ist zu erkennen, dass die Lernenden ein gutes Verständnis für die Komponenten Zeit, Prozess, Distanz und AkteurInnen des Fachkonzepts „Wandel" entwickelt haben und dieses auch zur Analyse und Bewertung von Wandlungsprozessen anwenden konnten. Verständnisschwierigkeiten zeigten sich hinsichtlich der Komponenten „Funktionalität", „Materialität" und „Dynamik". Weder in den videographierten Arbeitsprozessen der Lernenden noch in den SchülerInnentexten werden die drei aufgeführten Komponenten systematisch beschrieben.
Es ist davon auszugehen, dass ein Verständnis über die Komponente Dynamik durch einen handlungsinitiierenden Arbeitsauftrag möglich ist, da zwei Lernende bereits versucht haben, die Dynamik des Wandels in ihre gelegte Struktur zu integrieren. Somit könnte durch eine gezielte Aufgabe die Kontinuität bzw. Diskontinuität des Wandels in der zu legenden Struktur visualisiert werden. Durch das Visualisieren des Prozesshaften, der Zeithorizonte sowie der AkteurInnen des Wandels in der zu legenden Struktur, wurde eine tiefere Auseinandersetzung der Lernenden mit den Wandlungsprozessen erreicht.
Beide Zyklen zeigten, dass die Auseinandersetzung mit den Komponenten „Materialität" und „Funktionalität" einen reflexiven didaktischen Ansatz benötigt, bei dem die Lernenden durch Denkanstöße der Lehrkraft in eine reflektierte Auseinandersetzung mit den Komponenten gehen. „Materialität" und „Funktionalität" sind eng mit der Art der Kommunikation über Räume und den medial vermittelten Bildern verknüpft. Es bedarf reflexiver Phasen im Prozess der De- und Rekontextualisierung des Fachkonzepts „Wandel", in denen die medial vermittelten Bilder der gewählten Raumbeispiele zu unterschiedlichen Referenzpunkten im Wandlungsprozess analysiert werden. So könnten abschließend Aussagen über eine sich veränderte Materialität und Funktionalität des Ortes getroffen werden (Serwene 2023, S. 298).

Es braucht viele Kontexte, um „Wandel" als Fachkonzept zu verstehen.

Die Analysen der Lernprodukte beider Zyklen haben gezeigt, dass die Lernenden mit ihrem Verständnis von Wandel noch in den Kontexten (konkrete Wandlungsprozesse der ausgewählten Orte) verharren und nur ein diffuses Verständnis des Fachkonzepts Wandel entwickelt haben. Dies zeigt sich beispielweise darin, dass die Lernenden in der Bearbeitung des zweiten Kontexts (RAW-Gelände in Berlin-Friedrichshain) keine vergleichenden Rückgriffe zum ersten Kontext (Idomeni – Geflüchtetenlager in Griechenland) vollzogen haben. Ebenfalls erfolgte die Analyse des zweiten Raumbeispiels von den Lernenden wenig systematisch. Die Komponenten als Analyse- und Bewertungseinheiten wurden nicht strukturiert angewendet, sondern das jeweils für die Lernenden Relevante an dem Fallbeispiel wurde in den Fokus der Analyse und Bewertung gestellt.
Ein tragendes Element zum Aufbau eines Konzeptverständnisses ist die Verbindung von Konzept und Kontext. Ein Verständnis der Fachkonzepte der Geographie kann nur über kumulative Lernschritte erreicht werden. Dabei sollte der Prozess vom Kontext zum Konzept geführt werden. Begonnen wird mit der Analyse von Raumbeispielen und fachlichen Phänomenen. Durch vergleichende Rückgriffe sollen Regelhaftigkeit und Erklärungsansätze erkannt und in einem letzten Schritt die kausalen Erklärungen generalisiert werden. Abschließend soll ein eigenes Verständnis über die Fachkonzepte der Geographie aufgebaut werden (LICHTNER 2012, S. 3; SERWENE 2023, S. 301). Es ist anzunehmen, dass die Lernenden länger in den Kontexten verhaften, bis sie durch den Prozess der Rekontextualisierung solche Regelhaftigkeiten erkennen (ebd.). Voraussetzung dafür ist ein grundlegend konzeptuell aufgebauter Geographieunterricht in der Sekundarstufe I, der sowohl Konzept- als auch Kontextverständnis aufbaut.

5. Hauptbasiskonzept „Mensch-Umwelt-System" – eine Diskussion im Spiegel der gewonnenen Erkenntnisse

Das abschließende Kapitel dieses Beitrags zielt darauf ab, die gewonnenen Erkenntnisse zum fachlich-konzeptuellen Lernen auf das in den Bildungsstandards definierte Hauptbasiskonzept „Mensch-Umwelt-System" (DGfG 2020) zu übertragen und zu diskutieren.
Allgemein ist in der geographiedidaktischen Fachliteratur ersichtlich, dass das Konzept „Mensch-Umwelt-System" als schwer greifbar und unscharf wahrgenommen wird (RHODE-JÜCHTERN 2009, S. 93; REMPFLER, UPHUES 2010, S. 205; KERSTING 2015, S. 43; MEHREN et al. 2015; SCHNEIDER, WILHELM 2015, S. 131; STEINER 2015, S. 23). In den Bildungsstandards wird insbesondere die Verbindung von Mensch und Umwelt im Systemverständnis betont und weist somit auf einen integrativen Ansatz der Geographie für die Schulgeographie hin. Durch die Wahl der Begriffe entsteht jedoch auch eine Dichotomie (KERSTING 2015, 37f). Dieser Dichotomie wird in den

Teildisziplinen der Geographie mit unterschiedlichen Denkweisen begegnet, die sich wiederum in den Ausführungen zum Hauptbasiskonzept der Geographie in den Bildungsstandards nicht in dem Maße wiederfinden lassen (DGFG 2020, S. 10). Durch die gewählten Begrifflichkeiten erhalten zwar beide Bezugsdisziplinen – Humangeographie und Physische Geographie – Einzug in die Schulgeographie und das dort vermittelte Fachwissen, aber die konkrete Ausgestaltung wird ohne eine Offenlegung der zugrundeliegenden Ontologien beliebig (KERSTING 2015, S. 43; SCHLOTTMANN 2015, S. 105).

Ansätze zur Klärung des Systemverständnisses aus der Perspektive der Geographiedidaktik finden sich bei RHODE-JÜCHTERN (2009), REMPFLER, UPHUES (2010) und MEHREN et al. (2016). RHODE-JÜCHTERN (2009) nähert sich der Begriffsbestimmung des aus seiner Sicht „polyvalenten Systembegriffs" (S. 92) aus einer landschaftsökologischen und einer sozialwissenschaftlichen Perspektive und skizziert die Verschiedenartigkeit im Verständnis von Systemen. Mögliche zugrundeliegende Ontologien werden sichtbar, aber daraus resultierende fachdidaktische, unterrichtliche Handlungspraktiken bleiben offen. REMPFLER, UPHUES (2010) gründen ihr Modell zur geographischen Systemkompetenz[6] auf einem sozialökologischen Systemverständnis, welches seine theoretische Verankerung in der Sozialen Ökologie hat. Forschungen im Wissenschaftsfeld der Sozialen Ökologie wählen eine integrative Herangehensweise an Mensch-Umwelt-Systeme und ermöglichen mit der Angabe von konkreten Systemmerkmalen ein für andere Disziplinen adaptierbares Systemverständnis (REMPFLER, UPHUES 2010, S. 208). Es gelingt den Autoren aufbauend auf den grundlegenden Merkmalen von Systemen im sozial-ökologischen Sinne ein Kompetenzstruktur- und -stufenmodell zur Messung geographischer Systemkompetenz zu entwickeln und zu validieren. Die theoretische Herleitung des dem Kompetenzmodell zugrunde liegenden Systemverständnisses leistet einen relevanten Beitrag zu einer möglichen ontologischen Verankerung des Hauptbasiskonzepts „Mensch-Umwelt-System". Wobei anzumerken ist, dass eine Anpassung und Weiterentwicklung dieser Erkenntnisse für die Bedürfnisse eines fachlich-konzeptuell gedachten Geographieunterrichts noch ausstehen.

Eine mögliche Übertragung des didaktischen Modells „Kontext-Komponenten-Konzept" auf das Hauptbasiskonzept „Mensch-Umwelt-System" ist aus verschiedenen Gründen herausfordernd. Ein Aspekt ist, dass die den Teildisziplinen der Geographie zugrunde liegenden epistemologischen Betrachtungsweisen (physisch-geographisch, integrativ, humangeographisch) auf das Fachkonzept „Mensch-Umwelt-System" konsequenterweise zu unterschiedlichen Komponenten des Fachkonzepts führen, um den jeweiligen Denkweisen gerecht zu werden. Sind bei einer humangeographischen Betrachtung Komponenten wie AkteurInnen

---

[6] In Folgenden als GeoSysKo-Modell (FÖGELE et al. 2020) betitelt. Dabei handelt es sich um das Kompetenzstruktur- und -stufenmodell zur Messung von geographischer Systemkompetenz nach REMPFLER, UPHUES (2010).

des Systems (menschlich und nicht-menschlich) sowie Wahrnehmung und Darstellung der systeminternen und -externen Interaktionen für die Analyse des Kontexts von Bedeutung, sind bei einer physisch-geographischen oder integrativen Analyse eines Systems andere Komponenten von Relevanz.

Eine weitere Herausforderung zeigt sich darin, dass in den Bildungsstandards Mensch-Umwelt-Systeme sowohl konzeptuell als auch kontextuell gefasst werden. Systeme sind somit fachliche Brille der Betrachtung als auch Gegenstand der Betrachtung in Form erdräumlicher Subsysteme wie Megastädte oder tropischer Regenwald in den Formulierungen der Standards zum Fachwissen (DGfG 2020, S. 14). Durch die Doppelverankerung auf konzeptueller und kontextueller Ebene braucht es für Lernende handhabbare Einheiten, um die gewählten Kontexte als Systeme greifbar und analysierbar zu machen. Eine Möglichkeit besteht in der Anwendung von Hilfskonzepten wie die Maßstabsebenen, die Systemkomponenten (DGfG 2020, S. 11) und/oder die von Fögele (2016, S. 73) vorgeschlagenen erweiterten Basiskonzepte (Zeithorizonte, Raumkonzepte und Nachhaltigkeitsviereck), wobei insbesondere die Raumkonzepte als auch das Nachhaltigkeitsviereck nicht per se ein Systemkonzept repräsentieren.

Hinzu kommt die Schwierigkeit, dass sich in der geographischen Bildung eine polyvalente Verwendung des Systembegriffs zeigt, welches die Auseinandersetzung mit dem Hauptbasiskonzept „Mensch-Umwelt-System" im unterrichtlichen Kontext erschwert. So findet der Begriff als Denkstrategie „Systemisches Denken" (Mehren, Rempfler 2022, S. 32), als Kompetenz „Systemkompetenz" (Mehren et al. 2015, S. 63), als Konzept sowie als erdräumliche „reale" Systeme (DGfG 2020) Einzug in den Geographieunterricht. Dabei handelt es sich bei jedem dieser Aspekte um unterschiedliche kognitive Handlungspraktiken, die SchülerInnen erlernen und für die Lehrkräfte verschiedenste Lernszenarien konzipieren müssen.

Im Folgenden soll angelehnt an die jüngeren Aufsätze von Fögele et al. (2020) und Mehren, Rempfler (2022) zu qualitativen systemspezifischen Eigenschaften und deren Relevanz beim Verständnisaufbau komplexer dynamischer Systeme ein Vorschlag zur Ausdifferenzierung des Fachkonzepts „Mensch-Umwelt-System" im Sinne des didaktischen Modells „Kontext-Komponenten-Konzept" unterbereitet werden. Die nun folgende Ausführung ist als Diskussionsvorschlag zu verstehen, der keinen Anspruch auf Vollständigkeit besitzt.

Fögele et al. (2020, S. 84) argumentieren, dass angesichts neuer Erkenntnisse im Zusammenhang mit Tipping Points (Kipppunkte) und der Verhaltenskomplexität von Systemen mittels systemspezifischer Eigenschaften eine Präzisierung des Geo-Sysko-Modells möglich ist. Die im Artikel aufgeführten systemspezifischen Eigenschaften gründen sich auf Merkmalen, die zur Beschreibung von Tipping Points in der Forschung genutzt werden. Ein wesentlicher Vorteil der aus der Tipping-Point-Konzeption explizierten systemspezifischen Eigenschaften ist ihre theoretische Verankerung sowohl in den Sozial- als auch den Naturwissenschaften (Fögele et al. 2020, S. 89).

Eine potenzielle Option ist, die für das GeoSysKo-Modell ausgewählten sechs qualitativen systemspezifischen Eigenschaften als Komponenten für das Fachkonzept „Mensch-Umwelt-System“ zu verwenden. Die ausgewählten systemspezifischen Eigenschaften sind ähnlich dem Fachkonzept „Wandel“ mit seinen verschiedenen Komponenten sowohl theoretisch als auch empirisch fundiert. Dies gewährleistet eine solide fachliche Basis für das Hauptbasiskonzept. FÖGELE et al. (2020, S. 92) haben folgende systemspezifischen Eigenschaften[7] zur Ausdifferenzierung des GeoSysKo-Modells ausgewählt: nicht lineare Dynamik, mehrere stabile Zustände, Rückkopplung, Irreversibilität, Selbstorganisation und Offenheit sowie eingeschränkte Vorhersagbarkeit. Aufgrund ihrer hohen Abstraktion ermöglichen sie eine Anwendung auf eine Vielzahl von Systemen sowohl im humangeographischen, integrativen also auch physiogeographischen Sinn und könnten zielführend als Komponenten die konzeptuelle und kontextuelle Ebene verbinden. Die für das Fachkonzept „Mensch-Umwelt-System“ übernommenen Komponenten sind in Tab. 1 zusammengefasst und durch dazugehörige Leitfragen ausdifferenziert. Die gewählten Leitfragen können den Prozess der Kontextualisierung und Dekontextualisierung zwischen Konzept und Kontext unterstützen.

Tab. 1 | Komponenten des Hauptbasiskonzepts "Mensch-Umwelt-System" mit dazugehörigen Leitfragen

Komponenten des Fachkonzepts „Mensch-Umwelt-System“	Leitfragen des Fachkonzepts „Mensch-Umwelt-System“
Nicht lineare Dynamik	Inwiefern zeigen sich abrupte und sprunghafte Veränderungen? Welche Strukturen verändern sich dadurch? Wer oder was beeinflusst die Veränderung?
Mehrere stabile Zustände	Inwiefern zeigen sich unterschiedliche stabile Zustände im System? Inwiefern zeigen sich neue Strukturen im System? Ist ein erster, zweiter oder dritter Zustand erkennbar? Inwiefern sind diese Zustände als positiv oder negativ zu bewerten?
Rückkopplungen	Inwiefern zeigen sich Verbindungen zwischen den einzelnen Systemzuständen? Inwiefern zeigen sich Kreisläufe zwischen zwei Systemzuständen? Welche Rückkopplungen sind erkennbar?

[7] Eine ausführliche Beschreibung der sechs ausgewählten systemspezifischen Eigenschaften findet sich in FÖGELE et al. (2020).

Irreversibilität	Inwiefern zeigen sich Prozesse und Veränderungen im System als unumkehrbar? Wie ist diese Irreversibilität für die Gegenwart und für die Zukunft zu bewerten?
Selbstorganisation und Offenheit	Welche systeminternen Beziehungen/Interaktionen sind im System zu erkennen? Welche externen Einflussfaktoren lassen sich identifizieren? Wie stehen die systeminternen und -externen Interaktionen miteinander in Verbindung?
Eingeschränkte Vorhersagbarkeit	Welche Entwicklungen im System können wir vorhersagen? Wie sicher/unsicher ist diese Vorhersage? Welche Möglichkeiten der Regulation bestehen?

Um Systemkompetenz nachweisen zu können, braucht es zunächst den Aufbau eines geographischen Systemverständnisses bei den Lernenden. Dazu kann ein fachlich-konzeptuell ausgerichteter Geographieunterricht einen wichtigen Beitrag leisten. Neben weiteren theoretisch-konzeptuellen Ausführungen zum Hauptbasiskonzept „Mensch-Umwelt-System" braucht es die Überführung dieser in konkrete Lehr-Lern-Konzepte. Durch praxisnahe Forschung können so Gestaltungsprinzipien generiert werden, die zeigen, wie ein fachlich-konzeptueller Geographieunterricht mit dem Fachkonzept „Mensch-Umwelt-System" gelingen kann.

6. Zusammenfassung und Ausblick

Hinsichtlich der aufgeführten Forschungsfragen zum fachlich-konzeptuellen Lernen im bilingualen Geographieunterricht können folgende Erkenntnisse zusammengefasst werden. Es braucht für den Aufbau eines Konzeptverständnisses eine Vielzahl von unterschiedlichen Kontexten in Form von Raumbeispielen, Phänomenen und Fallbeispielen, um diese Kontexte mit der Brille eines Fachkonzepts zu analysieren und zu bewerten. Darüber hinaus braucht es reflexive Vergleiche zwischen den Kontexten, um Zusammenhänge zu erkennen und in ein Verständnis über das Fachkonzept zu überführen.

Genauso relevant ist der Aufbau eines Kontextverständnisses, damit Lernende begreifen, dass sich der gleiche Kontext unter Anwendung einer anderen fachlich-konzeptuellen Brille anders darstellt. Es werden andere Handlungspraktiken, kausale Zusammenhänge, Strukturen und Prozesse der Kontexte sichtbar und relevant.

Die Komponenten eines Fachkonzepts können als Teil der Explikation des Fachkonzepts verstanden werden und sind für die Lernenden handhabbare Einheiten zur fachspezifischen Analyse und Bewertung einer Vielzahl von unterschiedlichen Kontexten. Sie sind besonders dienlich in der Strukturierung der Prozesse von

Kontextualisierung und Dekontextualisierung. Die empirischen Ergebnisse der DBR-Studie weisen darauf hin, dass der Aufbau eines Verständnisses über die Fachdisziplin so individuell wie möglich erfolgen muss, um Fachkonzepte als Denkschemata zur Deutung und Erschließung fachlicher Zusammenhänge zu nutzen und nicht als weitere Fachbegriffe zu erlernen (SERWENE 2023). Der Wunsch, Fachkonzepte sowie das didaktische Modell „Kontext-Komponenten-Konzept" als didaktisches Werkzeug zur Ausbildung geographischen Denkens zu nutzen, ist an die Notwendigkeit gebunden, Geographieunterricht grundlegend basiskonzeptuell bzw. fachlich-konzeptuell zu denken und über kumulative Lernschritte von den Kontexten zu den Fachkonzepten ein Fachverständnis bei den Lernenden aufzubauen.

7. Literatur

AMMERER, H. (2022): Konzepte historischen Denkens und ihre Entwicklungslogik: Eine Studie zur Genese historischer Verständnishorizonte. Frankfurt a. M.

BESAND, A., GRAMMES, T., HEDTKE, R., HECKENBORG, P., LANGE, D., PETRIK, A., REINHARDT, S., SANDER, W. (2011): Sozialwissenschaftliche Basiskonzepte als Leitideen der politischen Bildung - Perspektiven für die Wissenschaft und Praxis. In: BESAND, A., GRAMMES, T., HEDTKE, R., LANGE, D., PETRIK, A., REINHARDT, S., SANDER, W. (Hrsg.): Konzepte der politischen Bildung: Eine Streitschrift. Schwalbach am Taunus, S. 163-172.

BESAND, A., GRAMMES, T., HEDTKE, R., LANGE, D., PETRIK, A., REINHARDT, S., SANDER, W. (Hrsg.) (2011): Konzepte der politischen Bildung: Eine Streitschrift. Schwalbach am Taunus.

BEYER, I. (2006): Natura. Biologie für Gymnasien. Stuttgart.

BROOKS, C. (2013): How Do We Understand Conceptual Development in School Geography? In: LAMBERT, D., JONES, M. S. (Hrsg.): Debates in Geography Education, Debates in Subject Teaching. Milton Park, Abingdon, Oxon, S. 75-88.

BROOKS, C. (2017): Understanding Conceptual Development in School Geography. In: LAMBERT, D., JONES, M. S. (Hrsg.): Debates in Geography Education, Debates in Subject Teaching. London, New York, S. 103-114.

DEMUTH, R., RALLE, B., PARCHMANN, I. (2005): Basiskonzepte – Eine Herausforderung an den Chemieunterricht. In: CHEMKON 12, Heft 2, S. 55-60.

DGFG (2020): Bildungsstandards im Fach Geographie für den mittleren Schulabschluss: Mit Aufgabenbeispielen. Bonn.

DIEHR, B. (2016): Doppelte Sachfachliteralität im bilingualen Unterricht. Theoretische Modelle für Forschung und Praxis. In: DIEHR, B., PREISFELD, A., SCHMELTER,

L. (Hrsg.): Bilingualen Unterricht weiterentwickeln und erforschen. Frankfurt am Main, S. 57-84.

DIEHR, B., FRISCH, S. (2018): Das Zusammenspiel von zwei Sprachen im bilingualen Unterricht. Theoretische Überlegungen, empirische Erkenntnisse und praktische Implikationen. In: CARUSO, C., HOFMANN, J., ROHDE, A., SCHICK, K. (Hrsg.): Sprache Im Unterricht. Ansätze, Konzepte, Methoden. Trier, S. 245-259.

FEULNER, B., HILLER, J., SERWENE, P. (2021): Design-Based Research in der Geographiedidaktik – Kernelemente, Verlaufsmodell und Forschungsmethodologische Besonderheiten anhand vier ausgewählter Forschungsprojekte. In: EDeR. Educational Design Research, 5(2).

FISCHER, H., GLEMNITZ, I., KAUERTZ, A., SUMFLETH, E. (2007): Auf Wissen aufbauen. Kumulatives Lernen in Chemie und Physik. In: KIRCHER, E., GIRWIDZ, R., HÄUßLER, P. (Hrsg.): Physikdidaktik. Theorie und Praxis; mit 16 Tabellen. Berlin, S. 657-678.

FÖGELE, J. (2015): Mit geographischen Basiskonzepten Komplexität bearbeiten. Hintergrund und Anwendung am Beispiel der Ressource "Sand". In: Geographie aktuell & Schule 37, Heft 216, S. 11-21.

FÖGELE, J. (2016): Entwicklung basiskonzeptionellen Verständnisses in geographischen Lehrerfortbildungen. Rekonstruktive Typenbildung/ Relationale Prozessanalyse/ Responsive Evaluation. Dissertation. Münster.

FÖGELE, J., MEHREN, R. (2015): Implementing Geographical Key Concepts: Design of a Symbiotic Teacher Training Course Based on Empirical and Theoretical Evidence. In: Review of International Geographical Education Online 5, Heft 1, S. 56-76.

FÖGELE, J., MEHREN, R. (2021): Basiskonzepte. Schlüssel Zur Förderung Geographischen Denkens. In: Praxis Geographie, Heft 5, S. 50-58.

FÖGELE, J., MEHREN, R., REMPFLER, A. (2020): Tipping Points – Schlüssel zum tiefgründigen Verständnis komplexer dynamischer Systeme bei Lernenden? In: Zeitschrift für Geographiedidaktik: Journal of Geography Education 48, Heft 3, S. 83-100.

FRISCH, S. (2016): Sprachwechsel als integraler Bestandteil bilingualen Unterrichts. In: DIEHR, B., PREISFELD, A., SCHMELTER, L. (Hrsg.): Bilingualen Unterricht weiterentwickeln und erforschen. Frankfurt am Main, S. 85-102.

GROPENGIEßER, H., BEIER, M., WOLTER, J. (2010): Biologie. Oberstufe. Stuttgart, Leipzig.

KERSTING, P. (2015): Ein kritischer Überblick systemtheoretisch geprägter Ansätze in der Geographie. In: GRYL, I., SCHLOTTMANN, A., KANWISCHER, D. (Hrsg.):

Mensch:Umwelt:System. Theoretische Grundlagen und praktische Beispiele für den Geographieunterricht. Berlin, Münster, S. 43-60.

KUCKARTZ, U. (2016): Qualitative Inhaltsanalyse. Methoden, Praxis, Computerunterstützung. Weinheim, Basel.

LAMBERT, D. (2013): Geographical Concepts. In: ROLFES, M., UHLENWINKEL, A. (Hrsg.): Metzler Handbuch 2.0 Geographieunterricht. Ein Leitfaden für Praxis und Ausbildung. Braunschweig, S. 174-181.

LICHTNER, H.-D. (2012): Basiskonzepte – Eine Einführung in das Denken mit Konzepten, S. 1-21. http://www.biologieunterricht.org/Basiskonzept2012.pdf (15.12.2023).

MEHREN, R., REMPFLER, A. (2022): Assessing Systems Thinking in Geography. In: BOURKE, T., MILLS, R., LANE, R. (Hrsg.): Assessment in Geographical Education: An International Perspective. Cham, S. 31-54.

MEHREN, R., REMPFLER, A., ULRICH-RIEDHAMMER, E.-M., BUCHHOLZ, J., HARTIG, J. (2015): Validierung eines Kompetenzmodells zur Geographischen Systemkompetenz. In: GRYL, I., SCHLOTTMANN, A., KANWISCHER, D. (Hrsg.): Mensch:Umwelt:System. Theoretische Grundlagen und praktische Beispiele für den Geographieunterricht. Berlin, Münster, S. 61-80.

MEHREN, R., REMPFLER, A., ULRICH-RIEDHAMMER, E.-M., BUCHHOLZ, J., HARTIG, J. (2016): Systemkompentenz im Geographieunterricht. Ein theoretisch hergeleitetes und empirisch überprüftes Kompetenzstrukturmodell. In: ZfDN 2016, Heft 22, S. 147-163.

REMPFLER, A., UPHUES, R. (2010): Sozialökologisches Systemverständnis. In: Zeitschrift für Geographiedidaktik: Journal of Geography Education 38, Heft 4, S. 205-217.

RHODE-JÜCHTERN, T. (2009): Eckpunkte einer modernen Geographiedidaktik. Hintergrundbegriffe und Denkfiguren. Seelze, Stuttgart.

SANDER, W. (2009): Wissen: Basiskonzepte der politischen Bildung. In: Forum Politische Bildung Informationen zur Politischen Bildung, Bd. 30, S. 57-60.

SANDER, W. (2010): Wissen im kompetenzorientierten Unterricht. Konzepte, Basiskonzepte, Kontroversen in den gesellschaftswissenschaftlichen Fächern. In: Zeitschrift für Didaktik der Gesellschaftswissenschaften (ZDG), Heft 1, S. 42-66.

SCHLOTTMANN, A. (2015): (Wie) ist "Systemkompetenz" möglich? Humangeographische, erkenntnistheoretische und pragmatische Perspektiven für eine integrative geographische Bildung. In: GRYL, I., SCHLOTTMANN, A., KANWISCHER, D.

(Hrsg.): Mensch:Umwelt:System. Theoretische Grundlagen und praktische Beispiele für den Geographieunterricht. Berlin, Münster, S. 99-128.

SCHNEIDER, A., WILHELM, L. (2015): System konkret. Spielend systemisch denken. In: GRYL, I., SCHLOTTMANN, A., KANWISCHER, D. (Hrsg.): Mensch:Umwelt:System. Theoretische Grundlagen und praktische Beispiele für den Geographieunterricht. Berlin, Münster, S. 131-145.

SERWENE, P. (2021): Recontextualisation Continued: Designing and Evaluating Conceptual Learning in Geography Classes. In: FARGHER, M., MITCHELL, D., TILL, E. (Hrsg.): Recontextualising Geography in Education. Switzerland.

SERWENE, P. (2023): Geographie verstehen durch Zweisprachigkeit. Eine Design-Based-Research-Studie im bilingualen Geographieunterricht am Beispiel des Fachkonzepts Wandel. Dissertation. Potsdam.

STEINER, C. (2015): Mensch-Umwelt-Systeme in der Geographie. Zur Metatheoretischen Möglichkeit einer grundlegenden Systemkompetenz. In: GRYL, I., SCHLOTTMANN, A., KANWISCHER, D. (Hrsg.): Mensch:Umwelt:System. Theoretische Grundlagen und praktische Beispiele für den Geographieunterricht. Berlin, Münster, S. 23-42.

TAYLOR, L. (2008): Key Concepts and Medium Term Planning. In: Teaching Geography 33, Heft 2, S. 50-54.

Jan Hiller und Stephan Schuler

Die Gestaltung digitaler Lernumgebungen für komplexe Nachhaltigkeitsprobleme an außerschulischen Lernorten fördern – Konzeption und Evaluation didaktischer Aufgabentypen im Projekt ExpeditioN Stadt

1. Einleitung

Komplexe Nachhaltigkeitsthemen wie z. B. Klimawandel, Biodiversität, Mobilität, Energiewende, Migration, Landwirtschaft und Ernährung oder faire Handelsbeziehungen lassen sich nicht nur im Klassenraum, sondern auch direkt vor Ort im Lebensraum der SchülerInnen erkunden. Wer mit dieser Zielsetzung eine Stadtexkursion plant oder außerschulische Lernorte in der Natur erschließen möchte, steht jedoch vor einer großen didaktischen Herausforderung. Es ist nicht leicht, in einem möglichst selbstgesteuerten, aufgabenorientierten Lernsetting vor Ort auch der faktischen und ethischen Komplexität dieser Nachhaltigkeitsthemen gerecht zu werden (Schrüfer, Schuler 2021). Zugänge der digitalen Bildung eröffnen hier neue Potentiale an der Schnittstelle zwischen der geographiedidaktisch geprägten Exkursionsdidaktik (u.a. Ohl, Neeb 2012) und dem mediendidaktisch geprägten Mobile Learning (u.a. Lude et al. 2013). Durch den Einsatz von Smartphones und Apps wie Actionbound wird es möglich, faktisch komplexe Sachverhalte über digitale Medien und interaktive Aufgabenformate direkt im Stadt- oder Naturraum auf neue Weise zu erarbeiten und dabei auch ethisch komplexe Handlungs- und Entscheidungssituationen aufzugreifen.

Im Design-Based-Research-Projekt ExpeditioN Stadt wurden zunächst mehrere Prototypen für digitale Themenrallyes bzw. Exkursionen zu Themen der nachhaltigen Stadtentwicklung entworfen. Darauf aufbauend wurden didaktische Konzepte und Werkzeuge entwickelt, mit denen Lehrkräfte und Bildungsakteure darin unterstützt werden, mit der App Actionbound selbst BNE-Themenrallyes (sogenannte „Bounds“) für ihre Lerngruppen zu entwerfen. Der Beitrag stellt ein besonders wichtiges dieser Werkzeuge ins Zentrum, eine didaktische Aufgabentypologie, die entlang der BNE-Kompetenzbereiche Erkennen, Bewerten und Handeln insgesamt 18 Aufgabentypen für die Gestaltung von Bounds zu komplexen Nachhaltigkeitsthemen umfasst. Dazu werden auch erste Ergebnisse einer Evaluationsstudie vorgestellt, bei der die Aufgabenqualität einiger prototypischer Bounds sowie ausgewählter Aufgabenbeispiele daraus bewertet und reflektiert wurden.

2. Mobile Learning und Exkursionsdidaktik im Kontext von BNE und Komplexität

2.1 Potenziale von Mobile Learning für die Förderung von BNE-Kompetenzen vor Ort

Im Rahmen der Bildung für nachhaltige Entwicklung (BNE) bietet der Orientierungsrahmen Globale Entwicklung eine gute Basis für die didaktische Strukturierung von Nachhaltigkeitsthemen, Kompetenzen und Unterrichtsmethoden – insbesondere auch in der 2021 neu entwickelt Teilausgabe für das Fach Geographie, deren didaktisches Konzept die faktische und ethische Komplexität von Nachhaltigkeitsthemen in den Mittelpunkt rückt (KMK, BMZ 2021). Für den Orientierungsrahmen insgesamt ist eine Gliederung in drei Kompetenzbereiche zentral:

(1) *Erkennen* (u.a. Informationsrecherche vor Ort, Analyse von globalen Nachhaltigkeitsproblemen und Entwicklungsprozessen mit dem Leitbild nachhaltiger Entwicklung, Erkennen soziokultureller und natürlicher Vielfalt),

(2) *Bewerten* (u.a. Perspektivenwechsel, kritische Reflexion und Beurteilen von Entwicklungsmaßnahmen) sowie

(3) *Handeln* (u.a. Mitverantwortung erkennen, gesellschaftliche Handlungsfähigkeit im globalen Wandel sichern, Partizipation und Mitgestaltung).

Außerschulisches Lernen auf Exkursionen, Lehrpfaden oder Themenrallyes ermöglicht nicht nur eine direkte Auseinandersetzung mit lokalen Phänomenen vor Ort, es kann entlang dieser drei Kompetenzbereiche auch Zugänge zu globalen Nachhaltigkeitsthemen eröffnen. Die Glokalität dieser Themen bringt es mit sich, dass globale Phänomene meist auch eine lokale Ausprägung haben, die sich vor Ort erkunden lässt. Biodiversitätskrise, Ursachen und Folgen des globalen Klimawandels, Migration oder Mobilität – Ursachen, Folgen und Lösungsansätze dazu lassen sich vielfach auch im eigenen Lebensumfeld, in der Stadt oder der Natur vor Ort erkunden, untersuchen und bewerten.

Die Auseinandersetzung mit der faktischen und ethischen Komplexität von Nachhaltigkeitsthemen (Mehren et al. 2015) ist gleichwohl im Klassenzimmer wesentlich einfacher zu organisieren. Besonders deutlich wird dies bei der Förderung systemischen Denkens mit Methoden wie dem Zeichnen von Concept Maps, der Arbeit mit Mysterys oder dem Einsatz von Computersimulationen. Die Vielfalt der verfügbaren Medien erleichtert zudem auch das Erschließen von Lebenswelten oder Naturräumen in fernen Weltregionen.

Im Vergleich dazu liegen die besonderen Potenziale außerschulischer Lernorte vor allem in der hohen Authentizität, die verbunden ist mit der „unmittelbaren Konfrontation mit dem Lerngegenstand in seiner realen Umgebung“ (Ohl, Neeb 2012, S. 259). In der klassischen Exkursionsdidaktik stehen dafür eine Vielzahl gut etablierter Prinzipien und Methoden zur Verfügung. Dieses Spektrum wird in der digital unterstützten Exkursionsdidaktik, die sich derzeit etabliert, enorm erweitert. Durch den Einsatz mobiler Endgeräte wie Smartphones oder Tablets ist es nun möglich, die mediale Vielfalt und die Interaktivität digitaler Aufgabensettings auch vor Ort auf Exkursionen und an außerschulischen Lernorten didaktisch zu nutzen. Solche Lernzugänge wurden bislang vor allem im Rahmen des mediendidaktisch geprägten „Mobile Learning" entwickelt (vgl. DE WITT, GLOERFELD 2018). LUDE et al. (2013) sowie SCHAAL und LUDE (2015) haben sie als ortsbezogenes mobiles Lernen systematisch für die BNE erschlossen und analysiert.

Erst in jüngster Zeit erfolgt – u. a. in unserem Projekt ExpeditioN Stadt (s.u.) – auch eine systematische Verknüpfung der geographiedidaktisch geprägten Exkursionsdidaktik mit den Ansätzen des mobilen ortsbezogenen Lernens (HILLER et al. 2019; 2023). In dieser Kombination sehen wir ein hohes Potential für die Erarbeitung komplexer Nachhaltigkeitsthemen vor Ort auf Exkursionen oder Themenrallyes. Der Einsatz digitaler Endgeräte wie Smartphones oder Tablets ermöglicht es, außerschulische Lernorte über ein Aufgabensetting zu erschließen, das methodisch gut vorstrukturiert ist, zugleich aber auch interaktiv und flexibel sein kann. Die multimediale Aufgabengestaltung erlaubt es zudem, die reale mit der virtuellen Welt zu verbinden und auch vor Ort abstraktere Lernzugänge zu integrieren, die sonst eher dem Klassenraum vorbehalten bleiben (z. B. Filme, Online-Recherchen, interaktive Aufgaben mit Feedback und abgestuften Hilfen etc.).

Ein gut untersuchtes Umsetzungsbeispiel dafür ist das biologiedidaktische Projekt „Finde Vielfalt – Biodiversität to go" (SCHAAL 2017; SCHNEIDER, SCHAAL 2018). Dafür wurden komplexe „Geogames" für Smartphones entwickelt, bei denen die Spielenden in einem konkreten Naturraum (u.a. Streuobstwiese, Waldnutzung) Erkundungsaufgaben vor Ort durchführen, über ein systemisches Simulationsspiel aber auch komplexe Ökosystembeziehungen verstehen (Kompetenzbereich „Erkennen") und beides in einer komplexen Entscheidungsaufgabe (z. B. Holznutzung vs. Schutz der Wildkatze) berücksichtigen sollen (Kompetenzbereich „Bewerten"). In aufwändigen Interventionsstudien konnte gezeigt werden, dass die Einbindung der abstrakten systemischen Simulation in das Outdoor-Geogame prinzipiell funktioniert und den Spielfluss nicht negativ beeinflusst. Es konnte auch eine signifikante Verbesserung der Kompetenz „Bewerten und Entscheiden" bei komplexen Nachhaltigkeitsthemen festgestellt werden, allerdings nur für die älteren SchülerInnen. Bei den Jüngeren ergab sich vor allem eine positive Wirkung der Geogames auf die Naturverbundenheit (SCHNEIDER, SCHAAL 2018).

Die aufwändige Gestaltung dieses Geogames mit der integrierten Systemsimulation wurde von einer Softwarefirma als Smartphone-App programmiert. Im Unterschied dazu möchte unser Projekt „ExpeditioN Stadt" Wege aufzuzeigen, wie Lehrkräfte und BildungsakteurInnen auch ohne Programmierkenntnisse solche digitalen mobilen Lernumgebungen leicht selbst gestalten können. Dafür verzichten wir zwar auf systemische Simulationen, bieten aber eine Reihe anderer Aufgabentypen an, mit denen die faktische Komplexität eines Nachhaltigkeitsthemas vor Ort ebenso erschlossen werden kann wie die ethische Komplexität in verschiedenen Bewertungs- und Handlungssituationen.

2.2 Lehrkräfteprofessionalisierung im DBR-Projekt ExpeditioN Stadt

Durch Mobile-Learning-Apps wie z. B. Actionbound ist die Gestaltung von digitalen Themenrallyes auch ohne Vorkenntnisse technisch leicht umsetzbar. Woran es allerdings noch mangelt, sind theoriebasierte und praxiserprobte didaktische Konzepte und didaktische Planungswerkzeuge für Lehrkräfte, die im Sinne einer digitalen Exkursionsdidaktik die Ansätze des Mobile Learning und der klassischen Exkursionsdidaktik erweitern und verknüpfen. Entsprechend hoch sind die Hürden für Lehrkräfte, solche Lernumgebungen selbst zu konzipieren – und dabei auch alle drei BNE-Kompetenzdimensionen Erkennen, Bewerten und Handeln zu berücksichtigen.

Unser Projekt ExpeditioN Stadt (www.expedition-stadt.de) ist an der Schnittstelle von BNE, digitaler Bildung und Exkursionsdidaktik angesiedelt und zielt auf den Abbau der genannten Hürden (HILLER et al. 2023). Die Forschungs- und Entwicklungsziele des Projektes umfassen (1) die Entwicklung didaktischer Prinzipien und Werkzeuge für Lehrpersonen für eine digital unterstützte Exkursionsdidaktik mit digitalen Endgeräten im BNE-Kontext, (2) die Konzeption und Evaluation von damit entwickelten prototypischen Lernumgebungen (digitale Themenrallyes, „Bounds“, zur nachhaltigen Stadtentwicklung) und (3) die empirische Evaluation der didaktischen Werkzeuge für Lehrkräfte und andere BildungsakteurInnen.

Unter dem Projektlabel „ExpeditioN Stadt“ haben wir seit 2017 bereits mehrere interdisziplinäre Drittmittelprojekte an der PH Ludwigsburg durchgeführt – und diese in jüngster Zeit auch um Projekte zu neuen Kontexten wie Naturräume („ExpeditioN Natur“) und Eine-Welt-Themen („ExpeditioN Eine Welt“) erweitert. Ausgangspunkt war die Idee, didaktische Konzepte und Werkzeuge für die Gestaltung mobiler ortsbezogener Themenrallyes (sog. „Bounds“) zur nachhaltigen Stadtentwicklung zu konzipieren und dabei prototypische Themenrallyes in mehreren Großstädten Südwestdeutschlands zu entwickeln. Die Projekte setzen alle auf die App „Actionbound“. Insgesamt liegen sieben spielbare Prototypen für die Städte Ludwigsburg und Heilbronn zu den Themenfeldern nachhaltige Mobilität, Klima und Energie, Stadtgrün und (historische) Stadtentwicklung vor.[1] Zudem wurden zahlreiche Themenrallyes im Rahmen studentischer Abschlussarbeiten und Arbeitsgruppen in Projektseminaren erstellt.

---

[1] Die Bounds können über die Projektwebsite www.expedition-stadt.de gestartet werden. Ebenso sind auf dieser Seite unter der Rubrik „Forschung“ die operationalisierten Design-Prinzipien als Pdf-Download verfügbar.

Den methodologischen Rahmen für diese mehrdimensionale Entwicklungsarbeit bildet der Ansatz des Design-Based Research (DBR) (FEULNER et al. 2021). Dies ermöglicht es, die Entwicklung theoretischer Konzepte und didaktischer Werkzeuge unmittelbar mit der Entwicklung prototypischer Lernumgebungen zu verknüpfen. In mehreren zyklischen Analysephasen wurden auf Grundlage sog. Design-Prinzipien sowohl die prototypischen Bounds als auch die didaktischen Konzepte und Werkzeuge kontinuierlich weiterentwickelt. Die Übersicht zu den unterschiedlichen Foki der insgesamt fünf Design-Zyklen gibt auch Einblick in den Schwerpunkt dieses Beitrags (Zyklus 4) sowie in den abschließenden räumlichen und inhaltlichen Transfer (Zyklus 5).
Die nachfolgende Auflistung zeigt die unterschiedlichen Foki der fünf Design-Zyklen für die Prototypen-Entwicklung (HILLER et al. 2023):

- *Zyklus 1 – Bounds in Ludwigsburg (2017/18):* Entwicklung und Pilotierung der ersten Bounds in Projektseminaren mit Lehramtsstudierenden, Evaluation mit Schulklassen
- *Zyklus 2 – Bounds in Heilbronn (2019):* Entwicklung und Pilotierung der neuen Bounds in Projektseminaren mit Lehramtsstudierenden, Evaluation mit Schulklassen
- *Zyklus 3 – Weiterentwicklung der Bounds (2020):* Lernprozessanalysen, die u.a. Rückschlüsse auf die kognitive Aktivierung, die Lernmotivation und die Lernwirksamkeit der Bounds ermöglichen; Ausdifferenzierung der Design-Prinzipien
- *Zyklus 4 – Aufgabenqualität (2021/22):* Evaluation der didaktischen Qualität der Boundgestaltung durch „In-Bound-Evaluationen" (in Actionbound eingebaute kurze Befragungsitems) auf fachdidaktischen Exkursionen mit Lehramtsstudierenden
- *Zyklus 5 – Flexibler Transfer (2022/23):* Anwendung der Erkenntnisse auf andere Standorte und Kontexte (u.a. nachhaltige Stadtentwicklung in Karlsruhe und Tübingen, außerschulischer Lernort Schulbauernhof, Exkursionen im Naturpark Schwäbisch-Fränkischer Wald: Teilprojekt „ExpeditioN Natur", Nachhaltiger Konsum und Fairer Handel: Teilprojekt „ExpeditioN Eine Welt")

Parallel zur praxisnahen Entwicklung der prototypischen Lernumgebungen liegt ein weiterer Schwerpunkt unserer Projektarbeit auf der Entwicklung didaktischer Konzepte und Werkzeuge für eine digital unterstützte Exkursionsdidaktik und damit auf der Professionalisierung von Lehramts-Studierenden, Lehrkräften und BNE-AkteurInnen. Als Kompetenzmodell nutzen wir hierfür das TPACK-Modell (MISHRA, KOEHLER 2006), welches die Kombination von technischen (T), didaktischen (PA) und fachlichen Wissensbeständen (CK) als Voraussetzung für die Erstellung digitaler Lernumgebungen beschreibt (vgl. HILLER, SCHULER 2022).

Als Unterstützungshilfen für die Entwicklung eigener Themenrallyes wurden in Projektseminaren mit Studierenden und Workshops mit Lehrkräften sowie BNE-AkteurInnen in ko-kreativen Theorie-Praxis-Tandems, die aus Projektmitarbeitenden und PraktikerInnen bestanden, mehrere didaktische Werkzeuge entwickelt und erprobt (HILLER et al. 2023; HILLER, CONRAD 2023, i.V.):

- *Didaktische Drehbücher* für die Zielplanung helfen dabei, zu Beginn der Gestaltung der Themenrallye Rahmenbedingungen, Ziele, Zielgruppen und Umsetzungsstruktur präzise abzustecken.
- Eine *didaktische Aufgabentypologie* umfasst 18 verschiedene Aufgabenformate für die kreative Aufgabengestaltung entlang der drei BNE-Kompetenzbereiche Erkennen, Bewerten und Handeln (Abb. 1).
- Ein als *Analysespinne* gestaltetes Raster mit Qualitätskriterien für die Aufgabengestaltung (u.a. Ortsbezug, Anforderungsniveau) hilft sowohl beim Entwerfen und Zusammenstellen der Aufgaben wie auch bei der strukturierten Analyse vorhandener Bounds.
- *Praxistipps* unterstützen bei spezifischen Umsetzungsfragen, z. B. beim Einsatz der Actionbound-Funktion Switches, mit deren Hilfe die lineare Logik der Themenrallyes aufgebrochen und die Abfolge der Aufgaben bzw. Standorte flexibler gestaltet werden kann.
- *Lehr-Vignetten* sind kompakte Dokumentationen evidenzbasiert entwickelter Aufgabenbeispiele und zeigen deren Einbettung in die didaktischen Konzepte (Theorie-Praxis-Verknüpfung). Sie sind gegliedert nach den Teilbereichen Gestaltung in Actionbound, exemplarische Lösungen, empirische Evaluationsergebnisse und didaktischer Kommentar.
- Frei kopierbare *Bound-Bausteine* unterstützen den Einstieg in die kreative Gestaltung von BNE-Themenrallyes mit den Aufgaben aus der Aufgabentypologie. Sie lassen sich im Bound-Creator von Actionbound leicht an eigene Bedürfnisse anpassen.

Nachfolgend gehen wir auf die didaktische Aufgabentypologie sowie ihre Evaluation genauer ein, um aufzuzeigen, wie sich damit aufgabengestützte Bounds zu komplexen Nachhaltigkeitsthemen gestalten lassen.

3. BNE-Aufgabentypologie und (digitale) Aufgabenqualität

Die didaktische Aufgabentypologie ist ein zentraler Kernbestandteil der genannten didaktischen Werkzeuge für die Gestaltung von BNE-Themenrallyes. Sie umfasst inzwischen 18 verschiedene Aufgabentypen für die kreative Aufgabengestaltung entlang der drei BNE-Kompetenzbereiche Erkennen, Bewerten und Handeln. Technische Anwendungen wie Actionbound bieten bereits vorstrukturierte Aufgabenformate (z. B. Multiple-Choice-Quiz oder Umfrage). Bei einer didaktisch nicht reflektierten Boundgestaltung besteht allerdings die Gefahr, damit in einer technologisch vorgegebenen Quiz- und Aufgabenlogik verhaftet zu bleiben. Wie in klassischen Lehrpfaden werden dann multimediale Informationen in der App vermittelt oder vor Ort recherchiert und in kurzen Quizaufgaben abgefragt. Die Gestaltung vieler einfacher Bounds beschränkt sich damit häufig auf den Kompetenzbereich „Erkennen". Vernachlässigt wird eine kreativere, den komplexen Themen und den Lerngruppen angepasste Aufgabengestaltung, die auch die Kompetenzbereiche Bewerten und Handeln gezielt integriert.

Unsere Aufgabentypologie bietet bereits zum Kompetenzbereich „Erkennen" neun verschiedene Aufgabentypen an, zu denen im Teilbereich „Wissen" u.a. auch Befragungen oder einfache Untersuchungen zählen, im Teilbereich „Raumwahrnehmung" aber auch konstruktivistische Methoden wie 360-Grad-Drehung, Spurensuche, Streifenkarten und Subjektive Fotografie (vgl. Abb. 1).

Abb. 1| Didaktische Aufgabentypologie mit 18 Aufgabentypen für digitale Themenrallyes – gegliedert nach den drei BNE-Kompetenzbereichen Erkennen, Bewerten, Handeln (aus Hiller et al. 2023, S. 56)

Um auch die fünf Aufgabentypen zum Kompetenzbereich „Bewerten" sowie die vier Aufgabentypen zu „Handeln" systematisch zu berücksichtigen, hat es sich als sehr zielführend erwiesen, ein komplexes (Teil-)-Thema der Themenrallye als Aufgaben-Set so zu strukturieren, dass eine Planungs- und Gestaltungaufgabe (H1 in Abb. 1) und/oder eine Entscheidungsaufgabe (H2) am Ende steht. Diese auf das problemlösende Denken abgestimmten, lernprozessanregenden Aufgabentypen (Tulodziecki et al. 2017, S. 135f) zeichnen sich schon aufgrund ihrer lösungsoffenen Struktur durch ein hohes Potenzial für kognitive Aktivierung aus und haben sich auch im Kontext von „Denken lernen mit Geographie" unter dem Namen „Planen und Entscheiden" bewährt (Schuler 2017).
Bei der Gestaltung eines Aufgaben-Sets in einer Themenrallye kann man sich am Ideal von komplexen Lernaufgaben orientieren (vgl. Reinfried 2016, Luthiger et al. 2014) und dabei die Abfolge Erkennen – Bewerten – Handeln durchlaufen: Zunächst wird Wissen über ein komplexes Thema erworben – durch Vor-Ort-Recherchen, Untersuchungen, Befragungen oder medial vermittelt in der App. Anschließend wird dieses Wissen in Bewertungsaufgaben angewandt, bei denen z. B. Konflikte zwischen Nachhaltigkeitszielen auf der Basis von Nachhaltigkeitskriterien aufgegriffen werden. Auf dieser Basis setzen sich die SchülerInnen mit verschiedenen Handlungsoptionen (z. B. Maßnahmen) auseinander und fällen eine Entscheidung oder sie entwerfen selbst Ideen für mögliche Maßnahmen oder Pläne für eine nachhaltige (Um-)Gestaltung eines Raumes.
Ein konkretes Beispiel zeigt unser Bound „Nachhaltige Mobilität Ludwigsburg" (vgl. Tab. 1). Zunächst setzen sich die Lernenden hier an mehreren Standorten mit Aufgaben aus dem Kompetenzbereich „Erkennen" mit den globalen und lokalen Problemen des motorisierten Individualverkehrs auseinander – u.a. über ein kurzes Lehrvideo (Aufgabentyp E1) sowie eine Verkehrszählung (E5) – und beschäftigen sich mit möglichen Problemlösungen – u.a. über mediengestützte Informationen (E1) und Vor-Ort-Recherchen (E3) an einer Fahrradstraße und einer Carsharing-Station. Am Arsenalplatz selbst folgen dann Aufgaben zur Wahrnehmung und Erkundung des Platzes (E6) sowie eine Befragung von PassantInnen, die dort ihr Auto parken (E4). Es folgen Bewertungsaufgaben wie eine Bewertung der aktuellen Situation mit dem Aufgabentyp „Eigene Meinung" (B3) und ein Bildvergleich mit dem inzwischen autofreien Marktplatz (B2). Den Abschluss bildet eine Planungs- und Gestaltungsaufgabe (H1), bei der die Lernenden mit Papier und Bleistift ihre eigene Vision für die Umgestaltung des Platzes entwerfen, als Planungsskizze zeichnen und als Foto in Actionbound hochladen.

Tab. 1 | Inhalt und Aufgabentypen des Bounds „Nachhaltige Mobilität in Ludwigsburg" (ausführliche Dokumentation s. https://expedition-stadt.de/bound-nachhaltige-mobilitaet/)

Abschnitt	Aufgabentypen *= siehe Abb. 3	Inhalte
Einstieg: Informationen zu Beginn	- Mediengestützte Wissensvermittlung (E1)	- Hinführung zum Thema, Begriffsklärung - Nachhaltigkeit, Nachhaltige Stadtentwicklung
1. Bahnhof Ludwigsburg (48.892610, 9.186147)	- Mediengestützte Wissensvermittlung (E1) - Wissensquiz als Erarbeitung (E2)	- Probleme des motorisierten Individualverkehrs im Überblick (Kurzfilm: „Verkehr in der Stadt") - Fakten zu Verkehrsströmen, Pendlerströmen
2. Mobilitätsdrehscheibe Bahnhof (48.891816, 9.186507)	- Vor-Ort-Recherchen (E3) * - Rollenspiel (B1) *	- Vernetzung verschiedener Verkehrsmittel am Bahnhof („Mobilitätsdrehscheibe") am Beispiel des modernisierten Westausgangs - Fahrradverleih: Planung einer Radtour - Rollenspiel zu Mängeln in der Barrierefreiheit beim Umsteigen - Zukunftsvision Bahnhofsumgestaltung
3. Fahrradstraße (48.893148, 9.188545)	- Wissensquiz als Erarbeitung (E2)	- Städtebauliche Förderung des Radverkehrs: Fahrradstraße, Radzählanlage
4. Schillerplatz (48.894529, 9.187996)	- Mediengestützte Wissensvermittlung (E1) - Untersuchung: Verkehrszählung (E5)	- Problemwahrnehmung motorisierter Individualverkehr an einem innerstädtischen Platz: Verkehrslärm, Verkehrszählung
5. Carsharing (48.895843, 9.188891)	- Wissensquiz als Erarbeitung (E2) - Vor-Ort-Recherche (E3)	- Ziele und praktische Umsetzung von Carsharing zur Verkehrsreduktion
6. Arsenalplatz (48.894996, 9.189058)	- Raumwahrnehmung (E6) - Befragung (E4) * - Eigene Meinung (B3) - Bildvergleich (B2) - Planen und Gestalten (H1) *	- Innerstädtische Flächenbeanspruchung durch Parkplätze am Beispiel Arsenalplatz, Geschichte der Arsenalkaserne und heutige Nutzung, - Raumwahrnehmung im Kontrast zu Grünflächen und Plätzen in der Nähe - PassantInnenbefragung zu Parkverhalten und ÖPNV-Nutzung, - Bewertung der aktuellen Situation - Planungsideen zur Umgestaltung des Arsenalplatzes

4. Erprobung und Evaluation der didaktischen Aufgabentypen

4.1 Fragestellungen und Untersuchungsdesign

Die fünf Design-Zyklen des DBR-Projekts zielen auf die Beantwortung folgender Forschungsfragestellungen (FF), wobei der vorliegende Beitrag Antworten auf FF 2 geben möchte:

- *FF 1:* Nach welchen didaktischen Prinzipien sollten mobile ortsbezogene Lernumgebungen in der Form digitaler Stadtrallyes zur nachhaltigen Stadtentwicklung gestaltet sein? (Zyklus 1, 2, 3)
- *FF 2:* Wie hoch ist die didaktische Aufgabenqualität der prototypischen Bounds? (Zyklus 4)
    - *FF 2a:* Wie kann das Konstrukt didaktische Aufgabenqualität angemessen operationalisiert werden?
    - *FF 2b:* Inwiefern gelingt die technische Umsetzung einer App-basierten Evaluation, die die Erhebung vor Ort auf den Selbstlern-Exkursionen ermöglicht?
    - *FF 2c:* Bei welchen Aufgabenbeispielen aus den prototypischen Bounds wird die Aufgabenqualität besonders hoch eingeschätzt, bei welchen eher niedrig? Welche Rolle spielen dabei die jeweils verwendeten Aufgabentypen zu verschiedenen Kompetenzbereichen?
    - *FF 2d:* Welche didaktischen Implikationen sind aus den Ergebnissen ableitbar?
- *FF 3a:* Welche didaktischen Werkzeuge können die Planung der Rallyes unterstützen? (Zyklus 5)
- *FF 3b:* Wie praxistauglich sind die didaktischen Werkzeuge für die Erstellung eigener Lernumgebungen durch Lehrkräfte und andere Bildungsakteure? (Zyklus 5)

Das Untersuchungsdesign zur Beantwortung von FF 2 sieht eine einfache Evaluationsstudie vor, bei der Lehramtsstudierende als Fachdidaktik-ExpertInnen eingesetzt werden und die didaktische Aufgabenqualität der einzelnen Aufgabenbeispiele im Rahmen von ExpertInnenbefragungen vor Ort bewerten. Im Rahmen ihres Studiums absolvieren Lehramtsstudierende an der PH Ludwigsburg mehrere Tagesexkursionen, darunter auch einzelne individuell durchgeführte, digital unterstützte Selbstlern-Exkursionen. Unserer Prototypen-Bounds für SchülerInnen werden dabei als fachdidaktische Exkursionen eingesetzt, die die Lehramtsstudierenden als Unterrichtssimulation vor Ort selbst durchspielen und reflektieren. Die Bounds werden dazu leicht modifiziert, indem Reflexionsfragen ergänzt werden. An mehreren Standorten reflektieren und bewerten die Studierenden ausgewählte Aufgabentypen innerhalb der App mittels sogenannter In-Bound-Evaluationen (s. Kap. 4.2): Dazu wechseln die Studierenden beim Spielen der Bounds nach fast jedem Standort aus der SchülerInnenrolle in die Rolle von „DidaktikexpertInnen“ und geben ihre Bewertungen über kurze Items direkt in Actionbound ein. Die Evaluationsitems dienen damit einerseits der Evaluation der Aufgabentypen, andererseits sind sie ein wertvolles Reflexionsinstrument für die Studierenden und bilden die Grundlage für einen im Nachgang der Exkursion anzufertigenden Exkursionsbericht.

Die Exkursionsberichte besitzen drei Schwerpunktsetzungen und sollen die Studierenden beim Aufbau fachdidaktischer Kompetenzen im Sinne eines „reflective practitioner“ (SCHÖN 1983) unterstützen:

- *Fachlicher Inhalt:* Wiedergabe des vor Ort Gesehenen, Beobachteten, Untersuchten (u.a. Routenverlauf, abgeleitete Problemstellungen und Lösungsansätze im Kontext nachhaltiger Stadtentwicklung, zusätzliche Ergebnisse in Form von Kartierungen, Diagrammen und Fotos)
- *Didaktisch-methodische Gestaltung:* Beschreibung und Bewertung der Bounds als Bestandteil des Geographieunterrichts (u.a. Aufgabenqualität, Umsetzung fachdidaktischer Konzepte, unterrichtliche Vor- und Nachbereitung, Überwindung technischer Hürden, möglicher Überarbeitungsbedarf in den Bounds)
- *Persönliche Reflexion:* eigenes Kompetenzerleben, Reflexivität als Beitrag zur Professionalisierung (u.a. Bezüge zu BNE-Kompetenzmodellen und den Ansätzen eines reflective practicioner bzw. „reflection-in-action“ und „reflection-on-action“, HÄCKER 2017)

4.2 Untersuchungsinstrumente, Stichprobe und Durchführung

Die didaktische Aufgabenqualität wurde in Form von drei Dimensionen operationalisiert, die jeweils von den Studierenden beurteilt wurde: (1) Lernwirksamkeit: „Bei dieser Aufgabe kann man viel lernen“, (2) motivierende Aufgabengestaltung: „Die Aufgabengestaltung ist motivierend“, (3) Interessantheit der Inhalte: „Das Thema der Aufgabe ist interessant“. Für die Erhebung wurden vier kurze Items eingesetzt, wobei die Items 1, 2 und 3 den eben genannten Dimensionen entsprechen. Sie haben geschlossene Antwortformate und werden über eine 4-stufige Likert-Skala beantwortet. Item 4 ist eine offene Interviewfrage und wird als Audioaufnahme beantwortet, sie soll den Studierenden die Möglichkeit für weitere Rückmeldungen bzw. Begründungen ihrer Antworten geben.

Einen Einblick, wie die „In-Bound-Evaluationen“ innerhalb der App Actionbound konkret aussehen, gibt Abb. 2. Der erste Screenshot verdeutlicht, wie die Spielenden darauf hingewiesen werden, dass nach einem bestimmten Standort der Rollenwechsel von der SchülerInnenrolle hin zur Rolle von DidaktikexpertInnen ansteht. Der zweite Screenshot zeigt Item 1 (Lernwirksamkeit), der dritte Item 2 (motivierende Aufgabengestaltung), der vierte die offene Interviewfrage mit Audioaufnahme (Item 4).

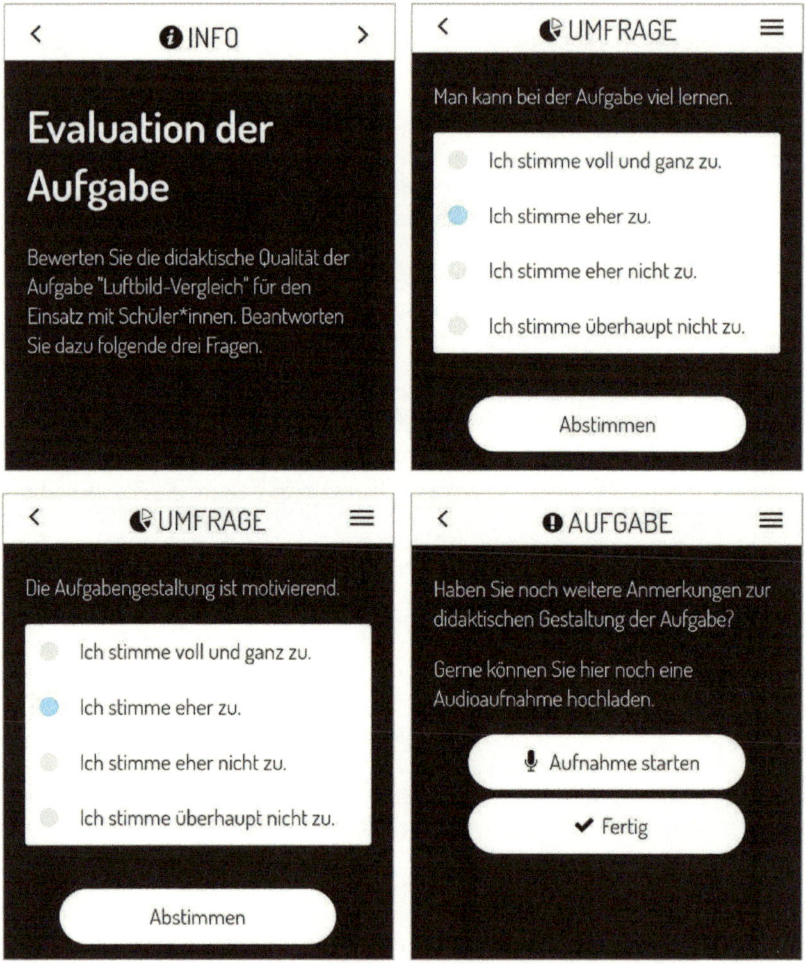

Abb. 2 | Ausgewählte Screenshots der In-Bound-Evaluation in Actionbound

Das Ziel der In-Bound-Evaluation ist eine schnelle und effektive Bewertung der Aufgabenqualität während des Spiels vor Ort. Dafür muss die Sprache der Items leicht verständlich und der Arbeitsauftrag schnell und effektiv zu erledigen sein. Noch umfangreichere Befragungsinstrumente, die zum Beispiel auch das Potenzial

für kognitive Aktivierung oder das Thema Differenzierung aufgreifen, wären für das hier gewählte Erhebungssetting nicht mehr geeignet, weil sie zu sehr in den Spielfluss eingreifen und das Spielerlebnis vor Ort beeinträchtigen würden. Außerdem knüpfen die gewählten Konstrukte Lernwirksamkeit, Aufgabengestaltung und Interessantheit besser an den Lehrinhalten an, die die Studierenden im Studium bereits absolviert haben.
Die Selbstlern-Exkursionen wurden vom Sommersemester 2020 bis zum Wintersemester 2021/22 durchgeführt. Der Zeitraum der Datenerhebung umfasst somit etwa zwei Jahre. Insgesamt haben 172 Studierende die Bounds gespielt. Ihre Studiendauer lag zum Zeitpunkt der Erhebung im Durchschnitt bei 4,6 Fachsemestern. Diese Zahl belegt, dass die Studierenden bereits eine gewisse exkursionsdidaktische Expertise mitbringen: Sie lernten Actionbound bereits im ersten Semester kennen und besuchten größtenteils mehrere Didaktikseminare, darunter auch ein exkursionsdidaktisches Schwerpunktseminar. Insgesamt konnten zu den sechs prototypischen Bounds in Heilbronn und Ludwigsburg Daten aus 482 Bounddurchläufen erhoben werden. Diese Zahl liegt über der Zahl der Studierenden, da diese für jede Tagesexkursion mehrere verschiedene Bounds durchspielen mussten.
Retrospektiv bestätigt sich unsere Hypothese, dass sich durch die Entwicklung und Durchführung der In-Bound-Evaluationen valide Daten zur didaktischen Aufgabenqualität während individuell durchgeführter digital unterstützter Tagesexkursionen erheben lassen.

4.3 Auswertung, Ergebnisse, Diskussion

Unsere Ergebnisse belegen die durchaus positiven Wirkungen des DBR-Projekt-Designs, denn die didaktische Aufgabenqualität wurde generell als hoch eingestuft (s. Abb. 3). Die aggregierten Mittelwerte der drei Dimensionen sind bei allen 23 evaluierten Aufgaben im positiv bewerteten Bereich (> 2,5 auf einer Skala von 1 bis 4).
Exemplarisch herausgegriffen werden soll zunächst der Aufgabentyp Planen und Gestalten (H1). Wie oben am Beispiel des Aufgaben-Sets zur Umgestaltung des Arsenalplatzes in Ludwigsburg (Bound Nachhaltige Mobilität Ludwigsburg) beschrieben, hat dieser Aufgabentyp aus dem Kompetenzbereich Handeln einen gewissen Umfang und ist idealerweise in ein Aufgaben-Set eingebettet, das von der Wissensvermittlung bzw. Problemformulierung („Erkennen") über Bewertungsaufgaben bis zum Handeln reicht. Unter den 23 evaluierten Aufgabenbeispielen in Abb. 3 sind drei verschiedene Planen-und-Gestalten-Aufgaben aus drei verschiedenen Bounds enthalten. Die Ergebnisse zeigen, dass ihre Aufgabenqualität immer besonders hoch eingeschätzt wurde (Mittelwerte zwischen 3,2 und 3,4), obwohl sie jeweils am Ende des Bounds eingesetzt waren, so dass bei längeren, kreativen Aufgaben auch Ermüdungserscheinungen zu erwarten gewesen wären. Ebenfalls sehr hohe Werte erreichen verschiedene Aufgabenbeispiele zum Kompetenzbereich

„Bewerten", insbesondere Beispiele für die Aufgabentypen Rollenspiel und Bildvergleich, die beide auf unterschiedliche Weise eine intensive Interaktion mit dem Realraum vor Ort verlangen. Bei den Aufgabentypen zum Kompetenzbereich „Erkennen" ist das Bild etwas heterogener. Eine besonders hohe Aufgabenqualität wird verschiedenen Vor-Ort-Recherchen zugewiesen, aber auch bestimmten Aufgaben vom Typ „Wissensquiz", die einen hohen Ortsbezug aufweisen sowie Befragungen von PassantInnen.

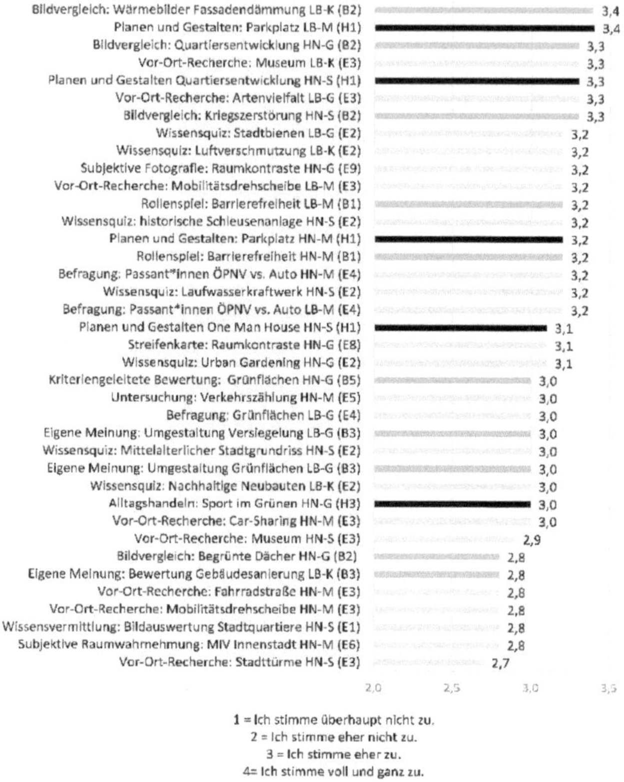

Abb. 3 | Bewertung der Aufgabenqualität. Aggregierte Mittelwerte der drei Items 1, 2 und 3 für die 23 evaluierten Aufgabenbeispiele. Die Balken sind nach folgendem Schema beschriftet:

Name von Aufgabentyp und Aufgabenbeispiel, Abkürzung für den jeweiligen Bound (HN = Heilbronn, LB = Ludwigsburg, G = Grün in der Stadt, K = Klima und Energie, M = Mobilität, S = Stadtentwicklung), Nummer des Aufgabentyps in der Aufgabentypologie (E = Erkennen, B = Bewerten, H = Handeln). Die Farbgebung der Balken orientiert sich an der Aufgabentypologie (hellgrau = Erkennen, mittelgrau = Bewerten, schwarz = Handeln)

In einer vertiefenden Auswertung wurden neben der Analyse der Einzelitems auch die als Audio-Aufnahmen vorliegenden Begründungen für die Bewertung der Aufgabenqualität sowie einzelne Exkursionsberichte berücksichtigt. Zusammenfassend lassen sich daraus folgende didaktische Implikationen formulieren:

- *Actionbound als Evaluationstool*
  Actionbound ist ein technisch robustes Werkzeug, um vor Ort auf Exkursionen Evaluationen durchzuführen. Die In-Bound-Evaluation funktioniert technisch einwandfrei und bringt interpretierbare empirische Daten hervor. Sie kann auch bei einer einfachen Boundentwicklung im Rahmen der ersten Erprobung empfohlen werden.
- *Didaktische Aufgabenqualität*
  Die didaktische Aufgabenqualität der untersuchten Aufgabenbeispiele wird durchgängig als hoch bewertet. Alle berechneten Mittelwerte der drei geschlossenen Items sind bei allen evaluierten Aufgaben (23) im positiv bewerteten Bereich (> 2,5 auf einer Skala von 1 bis 4). Auf Basis der Aufgabentypologie war es somit möglich, viele Aufgabenbeispiele mit hoher didaktischer Qualität zu erstellen.
- *Kreativität fördern*
  Kreativ-offene Aufgaben, insbesondere aus den Kompetenzbereichen Bewerten (z. B. Rollenspiel B1) und Handeln (z. B. Planen und Gestalten H1) werden als besonders lernwirksam und motivierend eingeschätzt. Besondere Potenziale liegen in ihrer Lösungsoffenheit und der damit verbundenen Selbstdifferenzierung.
- *Spannung erzeugen*
  Die Entdeckung unerwarteter Details an (bereits bekannten) Orten birgt sowohl eine große Motivation als auch ein großes Lernpotenzial (z. B. Wissensquiz Stadtbienen E2, Vor-Ort-Recherche Artenvielfalt E3). Diese Orte werden besonders oft als interessant bewertet und es gelingt sehr leicht, bei den Spielenden Neugierde und Interesse zu wecken.
- *BNE-Kompetenzbereiche*
  Es hat sich bewährt, Aufgabentypen aus den Kompetenzbereichen Erkennen, Bewerten und Handeln als Dreischritt umzusetzen. Idealtypisch ist hier die Aufgabenabfolge am Arsenalplatz Ludwigsburg (s. Tab. 1) zu nennen (z. B. Raumwahrnehmung E6 und Befragung E4 / Eigene Meinung B3 und Bildvergleich B2 / Planen und Gestalten H1).
- *Interaktion mit dem Umgebungsraum*
  Ein hoher Ortsbezug der Aufgaben erhöht die Aufgabenqualität, beispielsweise wenn gedämmte und ungedämmte Gebäudefassaden mit Bildern einer Wärmebildkamera verglichen (Bildvergleich B2) oder wenn am „grünen Zimmer“ in Ludwigsburg Pflanzenarten bestimmt werden (Vor-Ort-Recherche E3).

- *Motivationssteigerung durch Inhaltsstrukturierung, abwechslungsreiche Aufgabentypen, Gamifizierung*
  Drei der fünf am besten bewerteten Aufgabenbeispiele befinden sich jeweils erst am Ende der jeweiligen Bounds. Dies lässt vermuten, dass beim Spielen und Evaluieren der Bounds kaum Ermüdungs- oder Gewöhnungseffekte eingetreten sind, obwohl die Studierenden z.T. mehrere Bounds in kurzer Zeit gespielt haben (z. B. 2-3 Bounds am Stück). Das ist nicht nur ein zusätzlicher Qualitätsindikator für diese kreativen Aufgabentypen, sondern spricht auch dafür, dass die hier umgesetzten Maßnahmen für eine motivierende Boundgestaltung erfolgreich waren: Didaktische Strukturierung mit aufeinander aufbauenden Inhalten, gezielte Auswahl abwechslungsreicher, interaktiver Aufgabentypen, einfache Gamifizierung über eine kleine Rahmengeschichte mit zwei Figuren und Punkten für erfolgreich bewältigte Aufgaben.
- *Verbindung von analogen und digitalen Aufgabenformaten*
  Das digitale Medium Actionbound kann an manchen Stellen bewusst verlassen und durch klassisch analoge Aufgaben ergänzt werden. So wirkt das Zeichnen einer eigenen Planungsvision für die Umgestaltung eines innerstädtischen Parkplatzes abwechslungsreich und motivierend auf die Spielenden (z. B. Planen und Gestalten H1).
- *Kognition und Konstruktion*
  Insgesamt deuten die Ergebnisse darauf hin, dass ein großes Potenzial des digital unterstützten außerschulischen Lernens gerade in der fein abgestimmten Kombination klassisch-kognitivistischer Aufgabentypen mit lösungsoffenen, kreativen und konstruktivistisch ausgerichteten Aufgabentypen liegt. Auch stärker kognitivistisch orientierte Aufgabenstellungen (z. B. im Sinne eines klassischen Lehrpfads) wurden sehr positiv bewertet. Aufgabenformate wie Wissensquiz (E2), Vor-Ort-Recherchen (E3), Bildvergleiche (B2) erreichen vor allem hohe Werte beim Item Lernwirksamkeit.

Neben der Formulierung dieser didaktischen Implikationen dienen die gewonnenen Daten im Sinne des DBR auch der Weiterentwicklung der didaktischen Konzepte und Design-Prinzipien. So wurden die hier vorgestellten didaktischen Konsequenzen z.T. auch als Praxistipps für die Gestaltung und Strukturierung von Bounds formuliert (Hiller et al. 2023). Darüber hinaus wurden auf der Grundlage dieser Daten Lehrvignetten ausgewählter Aufgabenformate entwickelt und anschließend als einfach adaptierbare Actionbound-Bausteine online zur Verfügung gestellt (siehe www.expedition-stadt.de).

5. Fazit und Ausblick

Ein wichtiges Ziel des Projekts ExpeditioN Stadt ist es, didaktische Konzepte und Werkzeuge anzubieten, mit denen Lehrkräfte und BildungsakteurInnen mit der Mobile-Learning-App Actionbound selbst digitale Lernumgebungen gestalten können, die eine intensive Auseinandersetzung mit komplexen Nachhaltigkeitsthemen ermöglichen. Der Mehrwert des digitalen Zugangs liegt nicht nur in der motivierenden Navigation von Standort zu Standort, sondern vor allem in den multimedialen, interaktiven Aufgabenformaten, mit denen sich komplexe Zusammenhänge vor Ort erarbeiten, lokale Recherchen durchführen und kreative Bewertungs- bzw. Gestaltungsaufgaben anleiten lassen. Unsere über mehrere Design-Zyklen entwickelte didaktische Aufgabentypologie legt durch ihre einfache Gliederung nach den drei BNE-Kompetenzbereichen Erkennen, Bewerten und Handeln eine entsprechende didaktische Strukturierung von Aufgaben-Sets innerhalb einer digitalen Themenrallye nahe. Die Evaluation der Aufgabenqualität von insgesamt sieben prototypischen Bounds mit zusammen 23 Aufgabenbeispielen ergab, dass dieser Anspruch durch die Aufgabentypologie tatsächlich erfüllt werden kann. Gerade Aufgabentypen wie „Planen und Gestalten“, die für die Förderung von Bewertungs- und Handlungskompetenzen besonders wertvoll sind, wurde in der Praxiserprobung vor Ort eine hohe Aufgabenqualität bescheinigt. In aktuell laufenden Anschlussprojekten wird bereits deutlich, dass diese Aufgabentypologie sowie die übrigen didaktischen Werkzeuge auch in anderen Kontexten erfolgreich eingesetzt werden können – z. B. für digitale BNE-Themenrallyes in Naturräumen oder zu Eine-Welt- und Fair-Trade-Themen. Die Weiterentwicklung der didaktischen Konzepte soll künftig noch stärker auf die Integration von Storytelling-Ansätzen sowie Gamification-Elemente setzen. Dafür sollen u.a. prototypische Bound-Bausteine so aufbereitet werden, dass sie von Lehrkräften leicht aufgegriffen und für eigene Lerngruppen adaptiert werden können.

6. Literatur

De Witt, C., Gloerfeld, C. (Hrsg.). (2018): Handbuch Mobile Learning. Heidelberg.

Feulner, B., Hiller, J. & Serwene, P. (2021): Design-Based Research in der Geographiedidaktik – Kernelemente, Verlaufsmodell und forschungsmethodologische Besonderheiten anhand vier ausgewählter Forschungsprojekte. In: EDeR (Educational Design Research) 5, Heft 2, S. 1-36, DOI: 10.15460/eder.5.2.1576.

Häcker, T. (2017): Grundlagen und Implikationen der Forderung nach Förderung von Reflexivität in der Lehrerinnen- und Lehrerbildung. In: Berndt, C., Häcker, T., Leonhard, T. (Hrsg.): Reflexive Lehrerbildung revisited. Traditionen – Zugänge – Perspektiven, Bad Heilbrunn, S. 21-45.

HILLER, J., CONRAD, D. (2023, i.V.): Didaktische Werkzeuge als Beitrag für einen erfolgreichen Praxistransfer im Projekt ExpeditioN Stadt – Wie kann die Entwicklung mobiler ortsbezogener Themenrallyes effektiv unterstützt werden? In: ANGELE, C., BERTSCH, C., HEMMER, M., KAPELARI, S., LEITNER, G., ROTHGANGEL, M. (Hrsg.): Fachdidaktik im Zentrum von Forschungstransfer und Transferforschung – Tagungsband zur GFD-ÖGFD Tagung in Wien 2022. Reihe: Fachdidaktische Forschungen. Münster.

HILLER, J., LUDE, A., SCHULER, S. (2019): ExpeditioN Stadt. Didaktisches Handbuch zur Gestaltung von digitalen Rallyes und Lehrpfaden zur nachhaltigen Stadtentwicklung mit Umsetzungsbeispielen aus Ludwigsburg. Ludwigsburg.

HILLER, J., LUDE, A., SCHULER, S. (2023): ExpeditioN Stadt + Natur. Didaktisches Handbuch für mobiles außerschulisches Lernen in Stadt und Natur mit Umsetzungsbeispielen für digitale Themenrallyes und Lehrpfade. Ludwigsburg.

HILLER, J., SCHULER, S. (2022): Exkursionsdidaktische Konzepte für das digitale außerschulische Lernen kollaborativ entwickeln und erproben – Die Integration von BNE-Projektseminaren mit Lehramtsstudierenden im DBR-Projekt ExpeditioN Stadt. In: WESELEK, J., KOHLER, F., SIEGMUND, A. (Hrsg.): Digitale Bildung für nachhaltige Entwicklung. Anwendung und Praxis in der Hochschulbildung. Berlin, Heidelberg, S. 9-22, DOI: 10.1007/978-3-662-65120-9_2.

KMK & BMZ (Hrsg.). (2021): Orientierungsrahmen für den Lernbereich Globale Entwicklung, Teilausgabe Geographie (Neubearbeitung). Bonn.

LUDE, A., SCHAAL, S., BULLINGER, M. & BLECK, S. (2013): Mobiles, ortsbezogenes Lernen in der Umweltbildung und Bildung für nachhaltige Entwicklung. Baltmannsweiler.

LUTHIGER, H., WILHELM, M., WESPI, C. (2014): Entwicklung von kompetenzorientierten Aufgabensets. Prozessmodell und Kategoriensystem. Journal für LehrerInnenbildung, Heft 3/2014, S. 56-66.

MEHREN, M., MEHREN, R., OHL, U., RESENBERGER, C. (2015): Die doppelte Komplexität geographischer Themen – eine lohnenswerte Herausforderung für Schüler und Lehrer. In: Geographie aktuell & Schule 37, H. 216, S. 4-11.

MISHRA, P., KOEHLER, M. J. (2006): Technological pedagogical content knowledge: A framework for teacher knowledge. In: Teachers College Record 108, Heft 6, S. 1017-1054.

OHL, U. & NEEB, K. (2012): Exkursionsdidaktik: Methodenvielfalt im Spektrum von Kognitivismus und Konstruktivismus. In: HAVERSATH, J.-B. (Hrsg.): Geographiedidaktik. Theorie – Themen – Forschung. Braunschweig, S. 259-288.

REINFRIED, S. (2016): Kompetenzorientierte Lernaufgaben – mehr als alter Wein in neuen Schläuchen? In: Geographie aktuell & Schule 38, Heft 223, S. 4-14.

SCHAAL, ST., LUDE, A. (2015): Using mobile devices in environmental education and education for sustainable development – comparing theory and practice in a nation wide survey. In: Sustainability 2015, Heft 7/8, S. 10153-10170.

SCHAAL, SO. (2017): Die Wertschätzung lokaler Biodiversität mit Geogames fördern – die Bedeutung von spielbezogenem Enjoyment im Spiel „FindeVielfalt Simulation". Dissertation PH Ludwigsburg. https://phbl-opus.phlb.de/frontdoor/deliver/index/docId/523/file/Diss_Schaal.pdf.

SCHNEIDER, J., SCHAAL, ST. (2018): Smartphone-Spiele in der BNE – Förderung von Bewertungskompetenz durch Geogames. In: HAMMANN M., LINDNER M. (Hrsg.): Lehr- und Lernforschung in der Biologiedidaktik. Band 8. Innsbruck, S. 207-222.

SCHÖN, D. A. (1983): The Reflective Practitioner. How Professionals Think in Action. New York.

SCHRÜFER, S., SCHULER, S. (2021): Didaktisches Konzept. In: KMK & BMZ (Hrsg.): Orientierungsrahmen für den Lernbereich Globale Entwicklung, Teilausgabe Geographie (Neubearbeitung). Bonn, S. 29-53.

SCHULER, S. (2017): Problemlösen durch Planen und Entscheiden im Geographieunterricht. In: Geographie aktuell und Schule 39, Heft 225, S. 25-37.

TULODZIECKI, G., HERZIG, B., BLÖMEKE, S. (2017): Gestaltung von Unterricht. Eine Einführung in die Didaktik. 3. Aufl. Bad Heilbrunn.

Nina Roczen, Frank Fischer, Janis Fögele, Johannes Hartig und Rainer Mehren

Der „SysCo-ESD" Test zur Messung von nachhaltigkeitsbezogener Systemkompetenz in Forschung und Praxis

1. Einleitung

Etwa 9 % der Treibhausgasimmissionen stammen aus der Landwirtschaft, insbesondere durch die Freisetzung von Lachgas und Methan. Beide Gase sind um ein Vielfaches klimawirksamer als CO_2. Vor allem Methan hat sehr kurzfristig eine hohe Erwärmungswirkung. Durch verringerte Methanemissionen lassen sich daher besonders schnell positive Klimawirkungen erzielen. Ein Großteil des Methans entsteht durch die Tierhaltung, eine Umstellung auf eine pflanzenbasierte Ernährung kann den Viehbestand und somit die schädlichen Methanemissionen deutlich reduzieren (Bzl 2022).

Angesichts der gestiegenen Sensibilität für den Klimawandel, u.a. auch durch die *Fridays For Future* Bewegung, greifen Verbraucher weltweit vermehrt zu pflanzenbasierten Alternativen wie Mandelmilch anstelle von Kuhmilch. Doch ist dies eine sinnvolle Entscheidung in Bezug auf das oben geschilderte Problem? Tatsächlich handelt es sich bei diesem Beispiel vielmehr um eine Verlagerung der Problematik vom Klimawandel hin zu knappen Wasserressourcen und Biodiversität. Etwa 80 % der Mandeln weltweit stammen aus Kalifornien, wo sie in riesigen Monokulturen angebaut werden und aufgrund der hohen Temperaturen viel Wasser benötigen. Um die Bestäubung zu gewährleisten, werden jährlich Milliarden von Bienen auf den Plantagen verteilt und sind dadurch ständigem Stress, hohen Besatzdichten und einer monotonen, pestizidbelasteten Umgebung ausgesetzt. Diese Art der industriellen Bienenhaltung schwächt das Immunsystem der Tiere und gilt als Mitverursacher für das Bienensterben (Albert Schweitzer Stiftung 2018).

Dieses Fallbeispiel zeigt exemplarisch, wie faktisch komplex viele Sachlagen und die damit verbundenen Handlungsentscheidungen im Kontext der Nachhaltigkeit für Individuum und Gesellschaft sind. Solche und viele weitere Herausforderungen, die uns im Alltag begegnen, sind von unüberschaubar vielen Einflussgrößen, Intransparenz, einem Mangel an wissenschaftlicher Evidenz, dem eigenen „Nichtwissenkönnen", von fachlichen Kontroversen etc. geprägt (Mehren et al. 2015).

Eine emanzipatorisch ausgerichtete Bildung für nachhaltige Entwicklung zielt u.a. darauf ab, Lernende dazu zu befähigen, kriteriengeleitete und reflektierte Entscheidungen zu treffen, auch wenn die Herausforderungen von solch hoher Komplexität sind (Vare, Scott 2007). Ein zentraler konzeptioneller Schlüssel und episte-

mologischer Zugang bei der Durchdringung komplexer Sachlagen ist systemisches Denken. Folgerichtig wird Systemkompetenz in zahlreichen BNE-Kompetenzmodellen als zentral ausgewiesen (u.a. Gestaltungskompetenz nach DE HAAN et al. 2008; Schlüsselkompetenzen für Nachhaltigkeit der UNESCO 2017).
Seit einiger Zeit gibt es Bestrebungen, die Förderung von BNE auf internationaler Ebene zu verankern, z. B. mit der UN-Dekade BNE (2005-2014; BUCKLER, CREECH 2014), dem Weltaktionsprogramm Bildung für nachhaltige Entwicklung (2015-2019; UNESCO 2014) und schließlich der aktuellen Agenda 2030 (UN GENERALVERSAMMLUNG 2015), in deren Rahmen ein eigenes Unterziel für BNE formuliert wurde (Unterziel 4.7). Mit diesen Programmen ist auch der Bedarf an einem breit angelegten Monitoring gestiegen, um den Stand der Erreichung BNE-bezogener Ziele erfassen zu können. Ein solches internationales Monitoring ist mit unterschiedlichen Anforderungen an Indikatoren für die Erreichung der verschiedenen (Teil-) Ziele verbunden – z. B. sollte die Anwendung der Indikatoren einfach sowie zeit- und kosteneffizient sein (EUROPEAN COMMISSION 2016; TILBURY et al. 2007).
Für die Systemkompetenz als eine der Schlüsselkompetenzen im Bereich der BNE bedeutet dies, dass Indikatoren benötigt werden, die diesen Anforderungen entsprechen. Bestehende Instrumente zur Messung von Systemkompetenz sind jedoch aufwendig in der Auswertung, da sie zum Beispiel die Codierung offener Textantworten durch ExpertInnen erfordern.
Dieser Bedarf stellte den Rahmen dar für die Entwicklung des in diesem Artikel vorgestellten kompakten und leicht einzusetzenden Instruments zur Messung von Systemkompetenz in BNE-Kontexten.

1.1 Systemkompetenz

Die Forschung zum systemischen Denken erlebt in der geographie- bzw. fachdidaktischen Forschung sowohl national wie international (exemplarisch COX 2018; MEISTER 2019; JANKELL, JOHANSSON 2022) seit den 1990er Jahren eine große Aufmerksamkeit. Systemkompetenz wird in diesem Kontext definiert als die Fähigkeit und Fertigkeit, (1) einen komplexen Wirklichkeitsbereich sozialer und/oder natürlicher Prägung unterschiedlicher Maßstabsgröße in seiner Organisation und seinem Verhalten als erdräumliches System erkennen, beschreiben und modellieren zu können und (2) auf dieser Basis Prognosen und Maßnahmen zur Systemnutzung und -regulation treffen zu können (MEHREN et al. 2018).
Mittlerweile liegen verschiedene Modellierungen der Systemkompetenz vor, die sich in ihrer Ausdifferenzierung und Schwerpunktsetzung in Teilen unterscheiden (u.a. BEN-ZVI ASSARAF, ORION 2005; HMELO-SILVER et al. 2007; FRISCHKNECHT-TOBLER et al. 2008, ROSENKRÄNZER et al. 2017). Ein besonders umfassend theoretisch und empirisch validiertes Kompetenzstruktur- und -stufenmodell für das Fach Geographie ist das in Abbildung 1 dargestellte GeoSysKo-Modell (MEHREN et al. 2016; 2018).

	(1) Systemorganisation & -verhalten *Struktur / Grenze / Emergenz / Interaktion / Dynamik*	(2) Systemadäquate Handlungsintention *Prognose / Regulation*
Stufe 1	a) L identifiziert eine niedrige Anzahl an Elementen & Relationen b) überwiegend isoliert oder monokausal & als vage abgrenzbaren Beziehungszusammenhang. c) Die Analyse monokausaler Entwicklungsverläufe basiert auf einem schwach entwickelten Funktions- und Prozessverständnis.	a) L entwickelt bei einer niedrigen Anzahl an Elementen & Relationen b) Prognosen & regulative Maßnahmen aufgrund monokausaler Wirkungsanalyse, c) vager Antizipation der Wirkung & schwach ausgeprägter Komplexitätsreduktion.
Stufe 2	a) L identifiziert eine mittlere Anzahl an Elementen & Relationen b) überwiegend linear & als mäßig abgrenzbaren Beziehungszusammenhang. c) Die Analyse linearer Entwicklungsverläufe basiert auf dem Verständnis von Wechselbeziehungen, Reihen-/Parallelkopplungen sowie einfachen Haushaltsbeziehungen.	a) L entwickelt bei einer mittleren Anzahl an Elementen & Relationen b) Prognosen & regulative Maßnahmen aufgrund linearer Wirkungsanalyse, c) Antizipation der Wirkung & mäßig ausgeprägter Komplexitätsreduktion.
Stufe 3	a) L identifiziert eine hohe Anzahl an Elementen & Relationen b) überwiegend komplex & als eindeutig abgrenzbaren Beziehungszusammenhang sowie als Teil verschachtelter Systeme. c) Die Analyse linearer & exponentieller Entwicklungsverläufe basiert auf dem Verständnis von Rückkopplungen/Kreisläufen sowie anspruchsvollen Haushaltsbeziehungen, Irreversibilität & Emergenz.	a) L entwickelt bei einer hohen Anzahl an Elementen & Relationen b) Prognosen & regulative Maßnahmen aufgrund komplexer Wirkungsanalyse, c) Antizipation der Wirkung & stark ausgeprägter Komplexitätsreduktion sowie mit dem Bewusstsein eingeschränkter Vorhersagbarkeit.

Abb. 1 | Kompetenzmodell der Systemkompetenz (L steht für „die/der Lernende“)

In diesem Modell werden entsprechend der oben genannten Definition von Systemkompetenz die Dimensionen (1) Systemorganisation & -verhalten sowie (2) Systemadäquate Handlungsintention unterschieden und jeweils auf drei Niveaustufen beschrieben (siehe für eine ausführliche Beschreibung Mehren et al. 2018).

1.2 Ziele für die Testentwicklung

Während der oben beschriebene GeoSysKo-Test für das Fach Geographie und nicht ausschließlich für den BNE-Kontext entwickelt worden war, sollte das neu zu entwickelnde Instrument Systemkompetenz fächerübergreifend anhand für die BNE zentraler Themen und Prinzipien messen. Das Testinstrument sollte insbesondere für ein internationales Monitoring im Bereich BNE anwendbar sein, sich zudem aber auch für den Einsatz in der Praxis eignen, z. B. um die Wirksamkeit einzelner BNE-Maßnahmen zu evaluieren. Das Instrument sollte daher kompakt und einfach zu handhaben sein. Konkret sollte dies dadurch erreicht werden, dass die Systemkompetenz mit nur einer Dimension gemessen wird[1] und ausschließlich geschlossene Testformate verwendet werden. Die Anwendung von Skalierungsverfahren der Item-Response-Theorie (IRT) ermöglicht es darüber hinaus, Testwerte auf einer gemeinsamen Skala für SchülerInnen zu erhalten und miteinander vergleichen zu können, auch wenn die entsprechenden Personen unterschiedliche Teilbereiche des Gesamttests bearbeiten. Auf diese Weise lässt sich Systemkompetenz auch mit einer reduzierten Anzahl von Items zuverlässig messen. Um die Systemkompetenz aller Personen in der Zielstichprobe präzise messen zu können, sollten die Schwierigkeiten der Testaufgaben in etwa die Bandbreite der Kompetenzniveaus von 15-Jährigen abdecken.
Da es sich bei BNE um eine interdisziplinäre Aufgabe handelt (DE HAAN 2010), sollten die Testinstrumente nicht schulfachspezifisch, sondern auf das gesamte Feld der BNE anwendbar sein. Die inhaltliche Breite der Tests sollte durch den Rückgriff auf zentrale Referenzdokumente sichergestellt werden. Zentrale konzeptionelle Unterrichtsprinzipien der BNE sollten ebenfalls berücksichtigt werden.
Die Testentwicklung und psychometrische Überprüfung werden im Folgenden zusammenfassend dargestellt (siehe für eine ausführliche Beschreibung ROCZEN et al., in Vorbereitung).

2. Testentwicklung

Die Testentwicklung gliederte sich in drei Phasen. Zunächst wurden Themen für die Testaufgaben abgeleitet und basierend darauf Items entwickelt. Diese wurden dann zunächst im Rahmen von *Cognitive Laboratories* und Expertenbefragungen qualitativ und anschließend in einer Pilotierungsstudie quantitativ überprüft.

---

[1] Im GeoSysko Modell werden zwei Dimensionen beschrieben (siehe Abbildung 1). Die psychometrische Prüfung hatte allerdings ergeben, dass ein eindimensionales Modell eine vergleichbar gute Anpassung an die Daten erreicht wie das zweidimensionale Modell (siehe MEHREN et al. 2018). Die Entscheidung für das zweidimensionale Modell war auch eine didaktische, da die systemadäquate Handlungsintention im Geographieunterricht bislang wenig gefördert wird. Für das neue SysCo-ESD Messinstrument, bei dessen Entwicklung die Kompaktheit ein wichtiger Aspekt war, wurde auf die sparsamere eindimensionale Modellvariante zurückgegriffen.

2.1 Konzeption der Testaufgaben

Auswahl der Inhalte

Zunächst wurden Themen für die Teststämme ausgewählt, die in Rahmenwerken und konzeptionellen Arbeiten im Bereich der BNE übereinstimmend als bedeutsam herausgestellt werden. Aus dem Vergleich des deutschen "Fächerübergreifenden Orientierungsrahmens im Kontext der Bildung für nachhaltige Entwicklung" (KMK & BMZ 2016), den in der Agenda 21 gesetzten thematischen Schwerpunkten (VEREINTE NATIONEN 1992), einer fächerübergreifenden Analyse von Themen in (inter-)nationalen Lehrplänen (BAGOLY-SIMÓ 2014) und den UN Nachhaltigkeitszielen (SDGs; UNESCO 2017) wurden die folgenden Themenbereiche herausgearbeitet und entsprechende Testaufgaben entwickelt, die auch BNE Unterrichtsprinzipien aufgreifen (z. B. die Berücksichtigung unterschiedlicher Perspektiven wie lokal und global oder intergenerationell; siehe z. B. KMK & BMZ 2016): (1) Elektroschrott, (2) Klimawandel und Korallensterben, (3) Megastädte, (4) Rindfleisch und Regenwald, (5) Modekonsum, und (6) Übertourismus.

Aufbau der Testaufgaben und Itementwicklung

Jede Testaufgabe enthält am Anfang einen umfassenden Informationstext, der das notwendige Wissen zur Lösung der systembasierten Aufgaben liefert (siehe Abbildung 2). Da Fachwissen und Systemkompetenz eng miteinander verknüpft sind und es kaum möglich ist, systemische Zusammenhänge ohne entsprechendes Fachwissen zu modellieren (SWEENEY 2004), war es wichtig, das Vorwissen der ProbandInnen als mögliche Störvariable möglichst konstant zu halten.

Im Anschluss an den Informationstext wurden jeweils ca. 10 Testaufgaben von erfahrenen AufgabenentwicklerInnen konzipiert (siehe Abbildungen 2-5).

Da auch die Formate der Testaufgaben einen Einfluss haben (NESBIT et al. 2007), wurden diese variiert (FÖGELE et al. 2020). Bei der Aufgabenentwicklung wurden die beiden in Abbildung 1 dargestellten Dimensionen des GeoSysko Modells berücksichtigt. Außerdem wurden Aufgaben für drei Niveaustufen entwickelt (siehe Abbildung 1 und Abbildungen 2-5).

Informationsblatt: *Modekonsum – Wo kommt unsere Kleidung her?*

Aufgabe: *Lies dir den folgenden Text aufmerksam durch! Gerne darfst du anstreichen, was dir wichtig erscheint.*

Das Kaufverhalten der Deutschen hat sich in den letzten Jahren verändert. Es wird mehr Kleidung gekauft und gleichzeitig werden die Kleidungsstücke weniger lange getragen. Viele Menschen wollen sehr günstige Kleidung. In den Läden gibt es ständig neue und immer günstigere Mode zu kaufen.

Wie kommt neue und günstige Mode so schnell in den Laden? – „Fast Fashion" (= „schnelle Mode") ist die Erklärung. Modeunternehmen wollen ihre Gewinne erhöhen und konkurrieren um die Kund/-innen: Jedes Unternehmen möchte, dass die Kund/innen bei ihnen die günstige Kleidung einkaufen. Darum gibt es immer schneller neue Kleidung in den Läden zu kaufen. Diese muss noch dazu so günstig wie möglich sein, damit sie von den Kund/-innen in großen Mengen gekauft wird. Um möglichst günstig zu produzieren, beauftragen die Modeunternehmen Fabriken in ärmeren Ländern, wie zum Beispiel in Bangladesch. Dort kann Kleidung schneller und günstiger als in Deutschland produziert werden. Viele Modeunternehmen setzen die Fabrikleitungen stark unter Druck: Wenn sie die Kleidung zu spät liefern, ziehen die Unternehmen die Aufträge zurück.

Die niedrigen Produktionskosten werden durch unfaire Mittel ermöglicht: geringer Lohn, extreme Arbeitszeiten und ungenügender Arbeitsschutz. Die Arbeiter/-innen bekommen keine Schutzkleidung oder Krankenversicherung, weil das die Produktionskosten erhöhen würde...

Abb. 2 | Auszug aus dem Informationsblatt zum Testheft „Modekonsum"

Kreuze die <u>passende Beschriftung</u> für den folgenden Pfeil an!

	A. erfordern
	B. verhindern
	C. sind unabhängig von

Abb. 3 | Beispielitem für Kompetenzniveaustufe 1 aus dem Testheft „Modekonsum"

Um den Schwierigkeitsgrad der Testaufgaben zu variieren, wurden bei der Aufgabenentwicklung folgende schwierigkeitsgenerierende Merkmale manipuliert: (a) die Anzahl der zu berücksichtigenden Elemente & Relationen eines Systems, (b) der Grad der zu erfassenden Vernetzung der Elemente und (c) der Grad, in dem systemspezifische Eigenschaften (z. B. Emergenzverständnis, begrenzte Vorhersagbarkeit etc.) bei der Bearbeitung der Aufgaben berücksichtigt werden müssen.

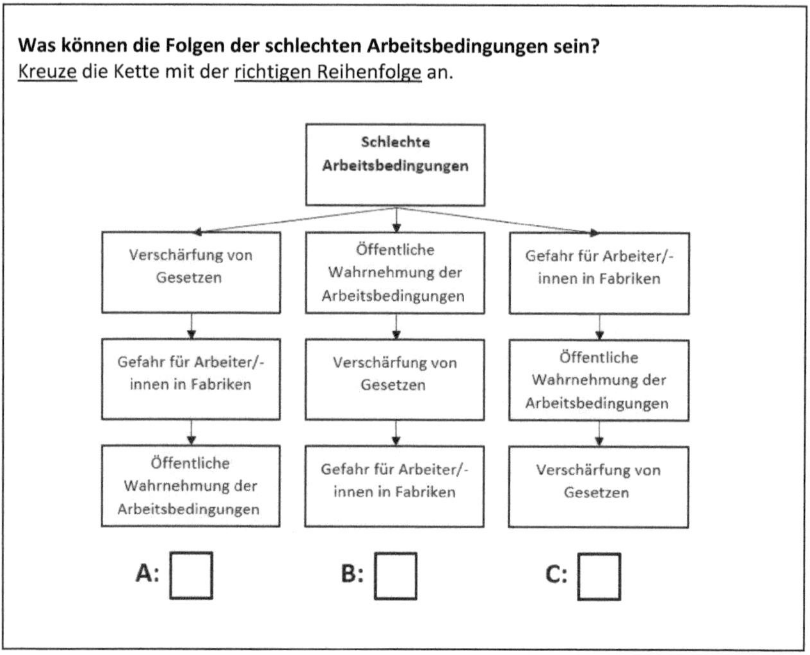

Abb. 4 | Beispielitem für Kompetenzniveaustufe 2 aus dem Testheft „Modekonsum"

Welche Auswirkungen hätte es, wenn die Regierung Bangladeschs die Rechte der Arbeitnehmer / - innen tatsächlich umsetzen und kontrollieren würde?
Die Pfeile in folgendem Diagramm sind als „führt zu“ zu lesen. Beschrifte die Kreise neben den Begriffskästen jeweils mit

- **(+)** (bedeutet: „erhöht“ oder „mehr“)
- **(-)** (bedeutet: „vermindert“ oder „weniger“), um die Folgen zu erklären!

Startpunkt:

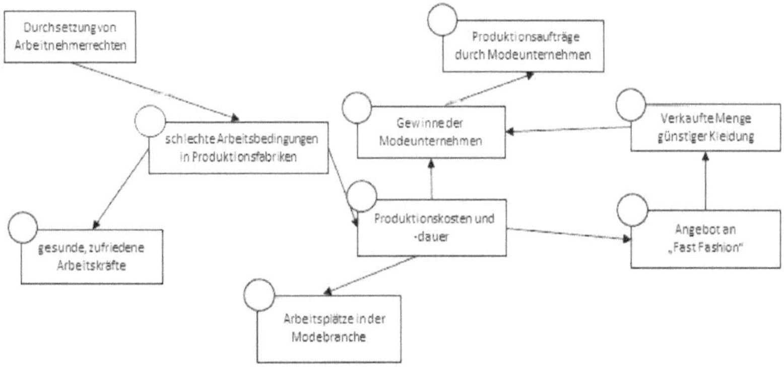

Abb. 5 | Beispielitem für Kompetenzniveaustufe 3 aus dem Testheft „Modekonsum“

2.3 Qualitative Pilotierung

Cognitive Laboratory und Expertenrating
In Anlehnung an die Methoden, die z. B. bei der PISA Studie eingesetzt werden, durchliefen die entwickelten Aufgaben ein sogenanntes *Cognitive Laboratory* (ALAVI 2005), um Probleme in der Aufgabenkonstruktion oder im Testablauf frühzeitig zu erkennen. Dazu wurden die Aufgaben von SchülerInnen aus der Zielpopulation bearbeitet, wobei diese dazu ermutigt wurden, während der Bearbeitung der Aufgaben laut zu denken und ihr Verständnis der Aufgabenstellung sowie die eigenen Antworten zu erläutern (REXROTH, PRÜFER 2000). Dieses Verfahren lieferte Informationen über das Textverständnis, die Lösungsstrategien und Schwierigkeiten der SchülerInnen. Nach Auswertung der Antworten wurden Fachbegriffe und die jeweiligen Informationstexte und Aufgabenformulierungen entsprechend der aufgedeckten Schwierigkeiten angepasst.
Parallel zum *Cognitive Laboratory* baten wir LehrerInnen, unsere Aufgaben hinsichtlich ihrer inhaltlichen, didaktischen und sprachlichen Angemessenheit für die

neunte Klasse zu bewerten. Diese Überprüfung lieferte unter anderem wichtige Hinweise auf falsche oder unvollständige Vorstellungen von SchülerInnen. Darauf aufbauend haben wir in verschiedenen Fällen deutlichere Formulierungen gewählt. Darüber hinaus wurde ein Expertenrating mit externen ExpertInnen im Bereich Systemkompetenz durchgeführt. Die ExpertInnen beurteilten, inwieweit die Systemkompetenz in den Aufgaben adäquat operationalisiert wurde. Darüber hinaus wurde bewertet, ob die gewählten Itemformate aus theoretischer Sicht geeignet sind, Systemkompetenz zu testen. Nach diesem Expertenrating haben wir einzelne Items nur noch geringfügig optimiert.

2.4 Quantitative Pilotierung

Nach der Optimierung des Tests wurde eine Pilotierungsstudie mit *N* = 366 15-jährigen Schülerinnen und Schülern durchgeführt (siehe für eine ausführliche Beschreibung ROCZEN et al. 2021). Die Analysen ergaben, dass der Test die Systemkompetenz genau misst und dass nur ein sehr geringer Anteil der Items angepasst bzw. gelöscht werden musste. Die Schwierigkeit der Items deckte die Bandbreite der Schülerkompetenzen gut ab. Analysen lokaler Itemabhängigkeiten (d.h. Korrelationen zwischen einzelnen Testitems nach Kontrolle des individuellen Kompetenzniveaus) und eine eindimensionale konfirmatorische Faktorenanalyse (CFA) mit aggregierten Scores für jede der sechs Testaufgaben gaben erste Hinweise darauf, dass der Test in der Lage ist, Systemkompetenz mit nur einer Dimension zu erfassen.

3. Psychometrische Testung im Rahmen der Hauptstudie

Ziel der Hauptstudie war die Fertigstellung des Systemkompetenztests. Die finalen Eigenschaften der einzelnen Testitems sollten dabei bestimmt und letzte nicht gut funktionierende Items gelöscht werden. Bei dieser psychometrischen Überprüfung sollten die folgenden Forschungsfragen beantwortet werden:

(1) Kann der Test Systemkompetenz reliabel messen?
(2) Decken die Schwierigkeitslevel der Testitems das Kompetenzspektrum von 15-jährigen SchülerInnen ab?
(3) Kann Systemkompetenz mit einer Dimension gemessen werden?
(4) Stehen die empirischen Schwierigkeiten im Zusammenhang mit den bei der Aufgabenentwicklung vorgesehenen Kompetenzniveaus?

3.1 Methode

Stichprobe und Testdurchführung
Die Hauptstudie im Bundesland Hessen wurde mit einer Stichprobe von *N* = 1.098 SchülerInnen aus acht Gesamtschulen, einer Realschule und sechs Gymnasien

durchgeführt. Das Durchschnittsalter war 15 Jahre (*M* = 14.78, *SD* = 0,70). Jede/r ProbandIn erhielt ein Testheft mit jeweils drei der insgesamt sechs Testaufgaben. Bei der Verteilung der Aufgaben auf die Hefte wurde ein Testheftdesign verwendet, das sicherstellte, dass jede Aufgabe an jeder der drei Positionen innerhalb der Hefte präsentiert wurde und dass jede Aufgabenkombination mindestens einmal präsentiert wurde.

Statistische Analysen

Die Skalierung des Tests erfolgte im Rahmen der Item-Response-Theorie (IRT; EMBRETSON, REISE 2009) mit dem R-Paket TAM (ROBITZSCH et al. 2020). Für dichotome Items wurde das eindimensionale Rasch-Modell und für polytome Items das Partial-Credit-Modell spezifiziert. Um die Qualität der einzelnen Items zu beurteilen, wurden die Itemschwierigkeiten und die Infit-Statistiken[2] der IRT-Kalibrierung untersucht. Zusätzlich wurden die Trennschärfen (korrigierte Item-Test-Korrelationen) betrachtet.

Das IRT-Skalierungsverfahren liefert sowohl Schätzungen der Kompetenzen der Schülerinnen und Schüler als auch der Itemschwierigkeiten auf einer gemeinsamen Skala. Auf diese Weise konnte die Kongruenz beider Verteilungen überprüft werden, d.h. es konnte untersucht werden, ob der Bereich der Itemschwierigkeiten dem Bereich der Kompetenzniveaus der Schülerinnen und Schüler entspricht. Um die Dimensionalität des Tests zu bestätigen, wurden vier verschiedene konfirmatorische Faktorenanalysen (CFA) für kategoriale Faktorenindikatoren mit der Software Mplus (MUTHÉN, MUTHÉN 1998-2012) durchgeführt. In Modell 1 wurde ein einziger Faktor (Systemkompetenz) für alle Items angenommen. Modell 2 basiert auf dem Kompetenzmodell von GeoSysKo und geht von zwei korrelierten Dimensionen aus: Systemorganisation/-verhalten und Systemregulation. In Modell 3 wird für jede der sechs Aufgaben eine Dimension angenommen (d.h. Elektroschrott, Klimawandel und Korallenriffe, Megastädte, Rindfleischkonsum und Regenwald, Modekonsum und Übertourismus). Modell 4 geht ebenfalls von den in Modell 3 beschriebenen sechs Dimensionen aus, enthält aber zusätzlich einen Faktor höherer Ordnung (d.h. Systemkompetenz), auf dem die sechs Aufgabenfaktoren laden. Um die Übereinstimmung zwischen den in der Aufgabenentwicklung vorgesehenen Niveaus und den empirischen Itemschwierigkeiten zu untersuchen, wurden die durchschnittlichen Itemschwierigkeiten innerhalb jedes vorab zugewiesenen Kompetenzniveaus betrachtet.

[2] Der Infit-Index basiert auf den quadratischen Abweichungen zwischen den beobachteten und erwarteten Antwortwahrscheinlichkeiten und gibt an, wie gut das Modell die Daten passend beschreibt (EMBRETSON, REISE 2009).

3.2 Ergebnisse

Reliabilität und Item-Trennschärfen

Auf der Grundlage der Trennschärfen wurden drei der 72 Items identifiziert, die nicht zufriedenstellend zwischen Jugendlichen mit hoher und niedriger Systemkompetenz unterscheiden; diese wiesen Trennschärfen unter 0,2 auf und wurden aus der finalen Version des Systemkompetenztests gelöscht. Basierend auf den Infit-Indices der IRT-Skalierung wurden keine der Items als ungeeignet eingestuft (d.h. Items mit Infit-Werten < 1,25). Die WLE-Reliabilität für den Test mit den verbleibenden 69 Items, bei dem jede/r SchülerIn drei Testaufgaben bearbeitete, lag bei 0,90. Auf der Grundlage der Spearman-Brown-Formel kann erwartet werden, dass auch bei Verwendung von nur zwei oder sogar nur einer Aufgabe noch gute bis zufriedenstellende Reliabilitäten erreicht werden.

Übereinstimmung der Verteilungen von Kompetenzniveaus und Itemschwierigkeiten

Die klassischen Itemschwierigkeiten (auf einer Metrik mit P_i von 0 bis 1) zeigten, dass die Items insgesamt von durchschnittlicher Schwierigkeit waren (P = 0,63), mit nur wenigen sehr schwierigen und wenigen sehr leichten Items. Ein Vergleich der Verteilungen der Itemschwierigkeiten und der Kompetenzniveaus, die auf derselben Skala abgebildet werden, ergab, dass diese sowohl in Bezug auf die Lage als auch auf die Streuung gut übereinstimmen.

Dimensionalität

Zunächst kann festgestellt werden, dass alle vier getesteten Modelle eine (ähnlich) gute Passung zu den empirischen Daten aufweisen: Die Modelle 1 (ein „Systemkompetenz“ - Faktor) und 2 (zwei Systemkompetenzfaktoren „Systemorganisation/-verhalten“ und „Systemregulation“) zeigen eine gleich gute Anpassung an die Daten, während die Modelle 3 und 4, die von sechs Aufgaben-Faktoren ausgehen, eine nur geringfügig bessere Anpassung aufweisen. Bei einer gleichzeitigen Berücksichtigung von Modellanpassung und Sparsamkeit des Modells erweist sich Modell 1 als am geeignetsten.

Zusammenhang zwischen empirisch ermittelten Schwierigkeiten und theoretisch abgeleiteten Kompetenzstufen

Die bei der Aufgabenentwicklung intendierten Niveaustufen zeigten sich auch empirisch: Die durchschnittliche Häufigkeit von richtigen Antworten auf für die niedrigste Kompetenzstufe entwickelten Items liegt bei 73 %. Die Items der Kompetenzstufe zwei werden durchschnittlich zu 61 % korrekt gelöst. Die durch-schnittliche Häufigkeit richtiger Lösungen liegt für Items, die auf die Kompetenzstufe drei abzielen, bei 54 %.

4. Diskussion und Fazit

Ziel der vorliegenden Studie war es, ein Instrument zur Erfassung von Systemkompetenz im Bereich BNE zu entwickeln, das nicht nur reliabel und valide, sondern auch ökonomisch, einfach zu handhaben und zu interpretieren ist, so dass es für breit angelegte Monitorings in diesem Bereich, aber auch zur Evaluation von einzelnen Maßnahmen in der Praxis eingesetzt werden kann. Um dieses Ziel zu erreichen, wurde ein Testinstrument entwickelt, das im Gegensatz zu bestehenden Tests oder Modellen zur Systemkompetenz nicht auf den Inhalten und Konzepten einzelner Schulfächer basiert, sondern sich auf zentrale Themen und Prinzipien von BNE konzentriert. Darüber hinaus basiert das im Rahmen des SysCo-ESD-Projekts entwickelte Messinstrument ausschließlich auf geschlossenen Itemformaten, um dem Anspruch eines einfachen und kostengünstigen Einsatzes im Rahmen eines BNE-Monitorings gerecht zu werden.

Die Entwicklung unseres Systemkompetenztests war erfolgreich: Das Instrument weist eine hohe Messgenauigkeit auf – besonders erfreulich im Hinblick auf das Ziel, den Test für Monitoringzwecke im Bereich der BNE einzusetzen, ist das Ergebnis, dass auch mit nur ein bis zwei Items pro SchülerIn noch eine zufriedenstellende Reliabilität erreicht wird. Der Test erreicht eine gute Übereinstimmung der Verteilungen von Itemschwierigkeiten und Kompetenzniveaus der SchülerInnen (der 9. Klasse). Darüber hinaus zeigte nur ein sehr kleiner Anteil der Items eine mangelnde Fähigkeit, hoch- und niedrigkompetente Personen zu unterscheiden. Ein Vergleich unterschiedlicher Modelle unter Verwendung von konfirmatorischen Faktorenanalysen ergab, dass sich Systemkompetenz am besten mit nur einer Dimension erfassen lässt. Die geplanten Niveaus bei der Entwicklung von Aufgaben wurden durch empirische Schwierigkeiten bestätigt.

Mit Hilfe der IRT-Skalierung ist es auch möglich, eine kriterienorientierte Auswertung durchzuführen, mittels derer überprüft werden kann, welche Aufgaben von SchülerInnen mit einem bestimmten Kompetenzniveau bereits gelöst werden können und welche noch nicht. Auf diese Weise können auch Informationen für zukünftige Interventionen oder Unterrichtsinhalte gewonnen werden.

Trotz dieser ermutigenden Ergebnisse sind einige Einschränkungen zu beachten. Die Tatsache, dass unser Instrument nun einfach und kostengünstig eingesetzt werden kann (anstatt z. B. auf Expertenbewertungen von Schülerantworten angewiesen zu sein), könnte einen Preis haben: Das Instrument muss kritisch daraufhin überprüft werden, ob wichtige Elemente des Verständnisses komplexer sozio-ökologischer Systeme, wie z. B. die Mehrdeutigkeit von Richtig und Falsch oder die begrenzte Vorhersagbarkeit, mit geschlossenen Itemformaten adäquat erfasst werden können.

Das Autorenteam bereitet zurzeit einen Aufsatz vor, in dem der Einsatz und Datenanalyse beschrieben sowie alle sechs Testaufgaben publiziert werden sollen (FÖGELE et al., in Vorbereitung).

Das Projekt „Messung von Systemkompetenz als Indikator im Bereich Bildung für nachhaltige Entwicklung (SysKo-BNE/SysCo-ESD)" wurde im Zeitraum 2018-2021 durch das Bundesministerium für Bildung und Forschung (BMBF) gefördert.

5. Literatur

ALAVI, S. M. (2005): On the adequacy of verbal protocols in examining an underlying construct of a test. In: Stud. Educ. Evaluation (Studies in Educational Evaluation) 31, Heft 1, S. 1-26, DOI: 10.1016/j.stueduc.2005.02.004.

ALBERT SCHWEITZER STIFTUNG FÜR UNSERE MITWELT (2018): Zur Ökobilanz von Pflanzenmilch. https://albert-schweitzer-stiftung.de/aktuell/oekobilanz-pflanzenmilch (14.02.2023).

BAGOLY-SIMÓ, P. (2014): Implementierung von BNE am Ende der UN-Dekade. Eine internationale Vergleichsstudie am Beispiel des Fachunterrichts. In: Zeitschrift für Geographiedidaktik 42, Heft 4, S. 221-256.

BEN-ZVI ASSARAF, O., ORION, N. (2005): Development of system thinking skills in the context of earth system education. In: Research in Science Teaching 24, Heft 5, S. 518-560. DOI: 10.1002/tea.20061.

BUCKLER, C., CREECH, H. (2014): Shaping the Future We Want: UN Decade of Education for Sustainable Development (2005-2014): Final Report. DESD Monitoring and Evaluation. UNESCO.

COX, M. (2018): A systems thinking approach in secondary geography education. Leuven. https://lirias.kuleuven.be/retrieve/515311 (09.03.2023).

BZL – BUNDESINFORMATIONSZENTRUM LANDWIRTSCHAFT (2022): Welchen Einfluss hat die Landwirtschaft auf den Klimawandel? https://www.youtube.com/ watch?v=wlgh3BKM0tw (14.02.2023).

DE HAAN, G. (2008): Gestaltungskompetenz als Kompetenzkonzept für Bildung für nachhaltige Entwicklung. In: BORMANN, I., HAAN, G. (Hrsg.): Kompetenzen der Bildung für nachhaltige Entwicklung. Wiesbaden, S. 23-44.

DE HAAN, G. (2010): The development of ESD-related competencies in supportive institutional frameworks. In: International Review of Education 56, Heft 2-3, S. 315-328. DOI: 10.1007/s11159-010-9157-9.

EMBRETSON, S. E., REISE, S. P. (2009): Item response theory for psychologists (Reprinted 2009 by Psychology Press). In: Multivariate applications books series 4.

EUROPEAN COMMISSION (2016): Tools and Methods Series. Guidelines No.6. Integrating the environment and climate change into EU international cooperation and development. Towards sustainable development. https://europa.eu/capacity4dev/public-environment-climate/wiki/new-guidelines-integrating-environment-and-climate-change-eu-international-cooperation (20.03.2023).

FÖGELE, J., FISCHER, F., HARTIG, J., MEHREN, R., ROCZEN, N., (i. V.): SysCo-ESD – A test instrument for measuring system competence in the context of ESD. Research in Subject matter Teaching and Learning.

FÖGELE, J., MEHREN, R., REMPFLER, A. (2020): Tipping Points – Schlüssel zum tiefgründigen Verständnis komplexer dynamischer Systeme bei Lernenden? In: Zeitschrift für Geographiedidaktik 48, Heft 3, S. 83-100.

FRISCHKNECHT-TOBLER, U., NAGEL, U., SEYBOLD, H. J. (Hrsg.) (2008): Systemdenken. Wie Kinder und Jugendliche komplexe Systeme verstehen lernen. Zürich.

HMELO-SILVER, C. E., MARATHE, S., LIU, L. (2007): Fish swim, rocks sit, and lungs breathe: expert-novice understanding of complex systems. In: The Journal of the Learning Sciences 16, Heft 3, S. 307-331.

JANKELL, L. D., JOHANSSON, P. (2022): System Geographical Webbing as an Object of Knowing to analyze Sustainability Issues in Geography. In: Zeitschrift für Geographiedidaktik 50, Heft 3, S. 119-140.

KMK & BMZ (Hrsg.) (2016): Orientierungsrahmen für den Lernbereich Globale Entwicklung im Rahmen einer Bildung für nachhaltige Entwicklung: Ein Beitrag zum Weltaktionsprogramm "Bildung für nachhaltige Entwicklung" [2. aktualisierte und erweiterte Auflage]. Bonn. https://edumedia-depot.gei.de/handle/11163/4161 (20.03.2023).

MEHREN, M., MEHREN, R., OHL, U., RESENBERGER, C. (2015): Die doppelte Komplexität geographischer Themen. Eine lohnenswerte Herausforderung für Schüler und Lehrer. In: Geographie aktuell und Schule 216, Heft 37, S. 4-11.

MEHREN, R., REMPFLER, A., ULLRICH-RIEDHAMMER, E.M., BUCHHOLZ, J., HARTIG, J. (2016): Systemkompetenz im Geographieunterricht. Ein theoretisch hergeleitetes und empirisch überprüftes Kompetenzstrukturmodell. In: Zeitschrift für Didaktik der Naturwissenschaften 22, S. 147-163.

MEHREN, R., REMPFLER, A., BUCHHOLZ, J., HARTIG, J., ULRICH-RIEDHAMMER, E. (2018): System competence modelling: Theoretical foundation and empirical validation of a model involving natural, social, and human-environment systems. In: Journal of Research in Science Teaching 55, Heft 5, S. 685-711.

MEISTER, J. (2019): Eine videogestützte Prozess- und Produktanalyse der Systemkompetenz: am Beispiel der Bearbeitung eines Mysterys. Gießen. http://geb.

uni-giessen.de/geb/volltexte/2021/15846/.

MUTHEN, L. K., MUTHEN, B. O. (1998-2012): Mplus user's guide (7th ed.). Los Angeles.

NESBIT, J., LARIOS, H., ADESOPE, O. (2007): How students read concept maps: a study of eye movements. In: MONTGOMERIE, C., SEALE, J. (Hrsg.): Proceedings of World Conference on Educational Multimedia, Hypermedia and Telecommunications. Vancouver, S. 3961-3970.

REXROTH, M., PRÜFER, P. (2000): Zwei-Phasen-Pretesting. ZUMA-Arbeitsbericht 2000/08. Mannheim.

ROBITZSCH, A., KIEFER, T., WU, M. (2020): TAM: Test analysis modules. R package version 3.5-19 [Computer software]. http://CRAN.R-project.org/package=TAM.

ROCZEN, N., FISCHER, F., FÖGELE, J., HARTIG, J., MEHREN, R. (i.V.): "SysCo-ESD" - A Compact Test for Measuring System Competence in Education for Sustainable Development.

ROCZEN, N., FISCHER, F., FÖGELE, J., HARTIG, J., MEHREN, R. (2021): Measuring System Competence in Education for Sustainable Development. In: Sustainability 13, Heft 9, 4932. DOI: 10.3390/su13094932.

ROSENKRÄNZER, F., HÖRSCH, C., SCHULER, S., & RIESS, W. (2017): Student teachers' pedagogical content knowledge for teaching systems thinking: Effects of different interventions. In: International Journal of Science Education 39, Heft 14, S. 1932-1951. DOI: 10.1080/09500693.2017.1362603.

SWEENEY, L. B. (2004): Thinking about Everyday Systems: An empirical investigation of middle school students' and their teachers' conceptions of natural and social systems. Harvard University.

TILBURY, D., JANOUSEK, S., DENBY, L., ELIAS, D., BACHA, J. E. (2007): Monitoring and assessing progress during the UNDESD in the Asia-Pacific region: A quick guide to developing national ESD indicators. Bangkok.

UNESCO (2014): UNESCO Roadmap for Implementing the Global Action Programme on Education for Sustainable Development. Paris. https://sustainabledevelopment.un.org/content/documents/1674unescoroadmap.pdf (20.03.2023).

UNESCO (2017): UNESCO Education For Sustainable Development Goals. Learning Objectives. Paris. https://www.unesco.de/sites/default/files/2018-08/unesco_education_for_sustainable_development_goals.pdf (20.03.2023).

UN GENERALVERSAMMLUNG (2015): Transforming our World: Die 2030 Agenda für nachhaltige Entwicklung. Resolution A/RES/70/1.

VARE, P., SCOTT, W. (2007): Learning for a Change: Exploring the Relationship between Education and Sustainable Development. In: Journal of Education for Sustainable Development 1, Heft 2, S. 191-198.

VEREINTE NATIONEN (1992): Agenda 21: Das Programm für nachhaltige Entwicklung. New York.

Miriam Schöps und Anne-Kathrin Lindau

Komplexität im Geographieunterricht sprachlich aushandeln – Eine Annäherung aus gesprächsanalytischer Perspektive

1. Einleitung

Systemisches Denken gilt als gesellschaftliche Kernaufgabe des 21. Jahrhunderts, um mit komplexen Problemlagen und emergenten Systemen, beispielsweise Klimawandelfolgen, umgehen zu können. In den 1990er Jahren wurde das Thema Komplexität als für die Geographiedidaktik zu bearbeitende Herausforderung in Bezug auf räumliche Komplexität und Wissensstrukturen (ARBINGER 1998, KÖCK 1998) bereits identifiziert, mittlerweile unter Bezugnahme auf das Basiskonzept System als Kompetenz modelliert (z. B. GeoSysKo, MEHREN et al. 2018; HEIGIS, VIEHRIG et al. 2017) und die Entwicklung von Systemkompetenz als zentrales Ziel des Geographieunterrichts definiert (DGFG 2020, S. 10). Um Einsicht in Zusammenhänge in komplexen Systemen erlangen und Handlungsoptionen ableiten zu können, wird die Entwicklung einer systemischen Denkweise angestrebt. Methodisch wird versucht, dies auf vielfältige Weise zu unterstützen, u.a. wird diesbezüglich die sprachliche Gestaltung von Unterricht zunehmend beforscht (HEUZEROTH, BUDKE 2021).

Wie sich die interaktional-kommunikative Konstruktion von Wissen in solchen Unterrichtssettings vollzieht, welche Rolle sprachliche Muster und Anforderungen dabei spielen und welche Faktoren im „System Unterricht“ zudem einwirken, ist bisher nicht umfassend geklärt. Im Projekt „Sprache(n) im Geographieunterricht“ im Rahmen des KALEI²-Projektes[1] wird dies u.a. anhand der Analyse mündlicher Gespräche im systemorientierten Geographieunterricht untersucht. Diese Gespräche entstanden im Kontext der Mystery-Bearbeitung in Kleingruppen von SchülerInnen (HEMPOWICZ 2021).

Der Artikel widmet sich der Frage nach Ausprägungen und Anforderungen von Komplexität, mit denen SchülerInnen im Geographieunterricht konfrontiert sind. Zunächst wird eine theoretische Perspektive auf unterrichtliche Komplexität entwickelt, indem Unterricht inhärente komplexe Anforderungen aus fachdidaktischer und interaktionstheoretischer Perspektive reflektiert und auf die Unter-

[1] Das Projekt ist eingebunden in das Gesamtprojekt „Professionalisierung durch Heterogenitätssensibilisierung - KALEI²“ an der Martin-Luther-Universität Halle-Wittenberg und wurde im Zeitraum 2020 – 2023 vom BMBF im Rahmen der Initiative „Qualitätsoffensive Lehrerbildung“ gefördert (https://kalei.uni-halle.de/).

richtssituation der Mystery-Bearbeitung bezogen werden (Kap. 2). Anschließend wird anhand des forschungsmethodischen Zugangs der gesprächsanalytischen Rekonstruktion (Kap. 3) an einem Fallbeispiel der Umgang mit dieser Komplexität in einer SchülerInnengruppe im systemorientierten Geographieunterricht exemplarisch illustriert (Kap. 4). Abschließend werden didaktische Überlegungen zur multiplen Komplexität im Geographieunterricht angestellt.

2. Komplexität als unterrichtliche Anforderung

Systemisches Denken wurde als im Geographieunterricht zu entwickelnde Fähigkeit identifiziert, um mit Problemlagen einer komplexen Welt umgehen zu können. Häufig wird dies in kooperativ angelegten Unterrichtssettings gefördert. Offen bleibt, mit welchen Dimensionen von Komplexität SchülerInnen dabei konfrontiert sind.

2.1 Komplexität und Systemkompetenz

Geographische Themen, insbesondere solche, die zukünftige gesellschaftliche und natürliche Entwicklungen betreffen, sind von einer hohen Komplexität der globalen und sphärenübergreifenden Zusammenhänge im Mensch-Umwelt-System geprägt. Komplexität entsteht durch eine Vielzahl von Elementen oder Einflussfaktoren, die in diesen Systemen durch Wirkbeziehungen vernetzt sind sowie Subsysteme und Systemgrenzen ausbilden (ARNDT 2017, S. 10). Bei *einem* Eingreifen in ein Wirkgefüge können sich die Beziehungen *aller* Teile zueinander ändern (VESTER 2019, S. 25) – bedingt durch die Vernetzung, Rückkopplungen und die zeitliche Veränderlichkeit von Systemen (ARNDT 2017, S. 12). Systemische Komplexität ist also geprägt durch eine hohe Zahl an Elementen sowie einen hohen Grad an Kopplung und Dynamik. Im Gegensatz zu Kompliziertheit ist das Vorhandensein systemregulierender Regeln oder Muster, die die Elemente in Relationen setzen, kennzeichnend (VESTER 2019). Jedoch sind Systeme selbst „Konstruktionen, die uns helfen sollen, die Komplexität der Welt besser zu verstehen" (RATTER, TREILING 2008, S. 26).

Aus komplexitätstheoretischer Perspektive ist Komplexität durch Emergenz geprägt, also durch das „Entstehen neuer Strukturen oder Eigenschaften aus dem Zusammenwirken von Elementen eines Systems" (EGNER 2008, S. 40), die qualitativen Veränderungen darstellen. Das Systemverhalten ist auch bei Kenntnis aller Eigenschaften der einzelnen Bestandteile unvorhersagbar und korreliert häufig mit dem Erreichen von Grenzwerten oder Kipppunkten (FÖGELE et al. 2020b, S. 87). LUHMANN dagegen versteht Emergenz „als ein Ergebnis der Konstitution von Systemen und nicht als ein Ergebnis der Interaktionen von einzelnen Elementen des Systems" (EGNER 2008, S. 44). Aus Perspektive seiner *Theorie sozialer Systeme* ist die Ausbildung oder Abgrenzung von Systemen mit der Strukturierung und somit

Reduktion vorliegender Komplexität verbunden. Diese Reduktion passiere nur auf struktureller Ebene.

2.1.1 Faktische und ethische Komplexität im Geographieunterricht

Geographiedidaktisch anschlussfähig erweist sich die Unterscheidung von Struktur- und Verhaltenskomplexität von Systemen nach Schamanek (in RATTER, TREILING 2008, S. 28). Einsicht in die strukturelle Komplexität dynamischer Systeme kann demnach über das Erkennen der Vielzahl an Komponenten im System und deren Vernetzungsgrad gewonnen werden, wie es auch im Kompetenzstruktur- und -stufenmodell von MEHREN et al. (2018, GeoSysKo) niveaustufenbezogen modelliert wurde. Die Verhaltenskomplexität ist weniger klar zu bestimmen. Daher leiten FÖGELE et al. (2020b, S. 92) für den didaktischen Kontext sechs systemspezifische Eigenschaften aus Analysen der Kipppunkt-Forschung (Tipping Points) ab. Sie ergänzen das GeoSysKo-Modell.

Lernende sind bei der Entwicklung von Systemkompetenz gefordert, beides zu erfassen. Systemdenken als Teilbereich von „Systemkompetenz meint die Fähigkeit und Fertigkeit, einen komplexen Wirklichkeitsbereich in seiner Struktur und seinem Verhalten als System zu erkennen, zu beschreiben und zu modellieren [...]“ (REMPFLER, UPHUES 2013, S. 265), also Systemelemente, Vernetzungsgrade und Eigenschaften komplexer dynamischer Systeme zu verstehen (FÖGELE et al. 2020a), Emergenz und Unsicherheiten als Teil von Systemverhalten zu betrachten (RATTER, TREILING 2008, S. 36). Solche Systematisierungen sind geeignet, die faktische Komplexität der Sachlagen (HANKE et al. 2023, S. 98) abzubilden. Geographieunterricht unterliegt jedoch einer doppelten Komplexität (MEHREN et al. 2015, S. 4f). In vielen zukunftsorientierten Themen müssen Lernende neben der faktischen auch mit ethischer Komplexität aufgrund divergierender Wertmaßstäbe in Gesellschaftsbereichen oder Kulturen umgehen, Werteorientierungen abwägen oder normative Bewertungen vornehmen (ebd. S. 6).

2.1.2 Eigenkomplexität im Geographieunterricht

Mit Komplexität umgehen zu können, erfordert nach VESTER (2004, 2019) vernetztes Denken. Dies beinhaltet, die Welt als verschachtelte Systeme zu erkennen und die darin wirkenden Muster über die Beziehungen der Systemelemente zu erschließen (2004, S. 138; 2019, S. 21). Eigenkomplexität aus Luhmannscher Perspektive bezieht dabei die Komplexität der Beobachtenden ein: deren Möglichkeit, sich eine interne Ordnung zu erschaffen, indem Umweltkomplexität reduziert wird. Dazu ist die Fähigkeit zur Selektivität nötig (WILKE 2005, S. 307). Diese beobachterinterne Komplexität wird transformiert, beispielsweise in Gedanken, Sprache oder Kommunikation (ebd. S. 320).

Geographieunterricht zielt darauf ab, Lernende zu befähigen, strukturiert mit komplexen Sachlagen umzugehen und Handlungsoptionen aufgrund mehr-

dimensionaler Abwägungen von Ursache-Ursachen und resultierenden Folge-Folgen zu planen, statt der Eruierung einfacher Ursache-Wirkungs-Zusammenhänge als Basis der Problemlösung zu unterliegen (MEHREN et al. 2014, S. 4). Die Steigerung dieser Eigenkomplexität der Lernenden kann durch die Nutzung metakognitiver Strategien gefördert werden (ebd.).
In aktuellen geographiedidaktischen Debatten wird davon ausgegangen, dass die Auseinandersetzung mit komplexen Inhalten in Verbindung mit unsicherem Wissen vernetztes Denken fördert (HANKE et. al 2023, S. 85). Concept Mapping als „reduktiv-organisierende Strategie" (ebd. S. 99) unterstütze die Entwicklung systemischen Denkens (JAHN et al. 2015) und ein tieferes Verständnis größerer Zusammenhänge aufgrund einer vergleichsweise höheren kognitiven Verarbeitungstiefe (FÖGELE et al. 2023, S. 213), sofern sinnvoll reduzierte Materialien bereitgestellt werden (HANKE et al. 2023). Sowohl die angebotene inhaltliche Komplexität in der Materialgestaltung als auch die Art der Aufgabenstellung werden dabei wirksam.

2.1.3 Strategien im Umgang mit Komplexität

Für das didaktische Setting Mystery haben HEMPOWICZ (2021) und MEISTER (2020) Strategien der Concept Map-Erstellung (Systemorganisation) anhand videographischer Analysen untersucht. Die Beobachtungen zeigen, dass Lernende unterschiedlich effektive Strategien der Systemorganisation anwenden und so zu unterschiedlicher struktureller Komplexität gelangen (HEMPOWICZ 2021, S. 218), wobei unter anderem die Kollaborationsmuster in der Gruppe sowie die sprachlichen Fähigkeiten in beiden Studien maßgeblich Einfluss zu haben scheinen.
MEISTER (2020) arbeitet entlang der *habits of a system thinker* der Waters Foundation Strategien kompetenter Systemdenkender heraus (S. 262ff, z. B. „Zirkuläre Wirkungsbeziehung", „Blick aufs Ganze" oder „Strukturiertheit", S. 191). Weniger gute Systemdenkende stellen u.a. „Verbindungen zwischen den Elementen" (S. 178f) her und präferieren das Aufstellen unbegründeter Behauptungen.
In den Daten von HEMPOWICZ (2021), die auch der vorzustellenden Studie zu Grunde liegen, zeigt sich: Während die Anzahl der Elemente, die im Rahmen des Settings gegeben sind, SchülerInnen geringerer Systemkompetenz überfordert, entwickeln kompetenter Handelnde Strategien zum Umgang mit dieser faktischen Komplexität, z. B. indem sie Karten aussortieren oder lineare Ketten schrittweise ausbilden und erst anschließend verbinden (ebd. S. 208).
Obgleich auch eine Auseinandersetzung mit ethischer Komplexität durch die Formulierung der Mystery-Leitfrage (Wer ist schuld an Fischer Chumbas Situation?) bei HEMPOWICZ (2021, S. 196) intendiert wurde, zeigen die Daten, dass ethische Komplexität im Arbeitsprozess kaum explizit verhandelt wird.
Offen bleibt bisher die Frage nach dem *Wie* der konkreten Herstellung von systemischen Zusammenhängen in diesen kooperativen Settings. Wie werden sie im

Kontext doppelter Komplexität unter Maßgabe der Steigerung der Eigenkomplexität sprachlich-interaktional verhandelt?

2.2 Unterricht als situational und sozial komplexe Interaktion

Soziale Wirklichkeit wird interaktional kontinuierlich hergestellt und ist bedeutungsvoll strukturiert (BERGMANN 2001). Ausgehend von dieser ethnomethodologischen Grundannahme ist Unterricht als konstruiert zu betrachten, die Situation wird von den Teilnehmenden also im Moment gemeinsam hergestellt (SCHMITT 2011). Aus praxeologischer Perspektive ist anzunehmen, dass soziale Praktiken und Vollzugslogiken als konstituierendes Moment von Unterricht wirken (BREIDENSTEIN 2006). Unterricht stellt eine spezifische institutionelle Interaktionsform dar (GROß, HARREN 2016, S. 14). Dies bedeutet, institutionell gerahmt erfüllen alle Beteiligten bestimmte soziale Rollen, gehen mit gewissen pädagogischen Orientierungen in die Situation und aktivieren entsprechend ihrer bisherigen Erfahrungen in diesem Setting bestimmte Ressourcen und andere (vermutlich) nicht (BREIDENSTEIN 2018).

Dabei richten sich unterschiedliche Anforderungen an alle Situationsbeteiligten. Gestaltungsseitig unterliegt Unterricht sowohl fachdidaktischen als auch pädagogischen Orientierungen. Daneben ist nach BREIDENSTEIN (2006, 2018) davon auszugehen, dass SchülerInnen in Unterrichtssituationen immer einer doppelten Orientierung folgen: einerseits einer unterrichtlichen Ordnung und andererseits einer sozialen, der Peerkultur (ebd. 2018, S. 192). Dies beinhaltet zum einen die Erfüllung des „Schülerjobs" (ebd. 2006, S. 88) und die dabei zentrale „Produktionsorientierung" (ebd. S. 214f), zum anderen die Aushandlung von Beziehungen und Peerstatus, welche im kooperativen Unterricht Formen der Zusammenarbeit determinieren und so eine spezifische Anforderung darstellt (ebd. 2018, S. 196).

Unter institutioneller Interaktion werden nach GROß und HARREN (2016) solche Formen sozialen Austauschs verstanden, die weitreichend vorstrukturiert sind und in der Regel die Möglichkeiten selbstbestimmter Beteiligung einschränken. Im kooperativen Lernsetting Mystery ist die Möglichkeit zur Partizipation erhöht. Dennoch liegen dem Handeln der Lernenden durch die kontextuelle Einbettung in der Regel Anforderungen zu Grunde, welche sich aus der institutionellen SchülerInnenrolle, konkurriert durch die gleichzeitigen Orientierungen an der Peerkultur, im Rahmen der Schulklasse ergeben (BREIDENSTEIN 2018, S. 196).

2.3 Sprache im Unterricht und sprachliche Komplexität

Sprache selbst, als bedeutendstes Mittel der Kommunikation und des Wissensaustauschs in Gesellschaft und Schule, stellt ebenfalls ein komplexes System dar. Unter dem Begriff sprachlicher Komplexität wird wiederum eine Vielzahl an Merkmalen subsummiert. Viele Eigenschaften sprachlicher Komplexität entsprechen den unter dem Begriff Bildungssprache diskutierten, gehen aber u.a. bezüglich der Informationsstrukturierung darüber hinaus (LEISS et al. 2017, S. 103). Komplexität wird als unterscheidendes Merkmal der Sprachlichkeit mündlicher und schriftlicher Texte gehandelt (FRIEDRICH 2019). Es wurden verschiedene Ansätze entwickelt, die Komplexität sprachlicher Äußerungen zu bestimmen (ebd.; LEISS et al. 2017). Bei LEISS et al. zeigte sich bezüglich der sprachlichen Schwierigkeit schulischer Texte vor allem, dass sprachliche und fachliche Anforderungen einer Problemstellung eng miteinander verbunden sind und mit der Komplexität variieren (2017, S. 119f). Aus interaktionaler Perspektive stellt sich die Komplexität jedoch umfassender dar: Gesprächsorganisation in unterrichtlichen Settings und Bedeutungsaushandlung nehmen Einfluss auf Wissens- und Verständnisentwicklung, insbesondere Multimodalität wirkt zentral als didaktisch relevante Ressource im Mündlichen (KUPETZ 2021).

Die Bedeutsamkeit sprachlich-heterogener Lernvoraussetzungen für Unterrichtsprozesse und die Beteiligung am Lernen wird aktuell in den Fachdidaktiken wie auch Bildungswissenschaften empirisch untersucht. Bildungs- und fachsprachliche Praktiken werden zur (fachspezifischen) Wissenskonstruktion im Unterricht als unmittelbar relevant angenommen (u.a. HELLER, MOREK 2019). OHLHUS (2019) betrachtet fachliches Lernen als domänenspezifischen Diskurserwerb, welcher die Konstruktion fachlicher Konzepte beinhaltet. Wissenskonstitution und Verstehensdefizite werden über komplexe Praktiken (wie Erklären, Begründen, Rechtfertigen) interaktional bearbeitet (DEPPERMANN 2015). Dies stellt u.a. hohe koordinative Anforderungen an die Interagierenden. Unterrichtsstudien zeigen an, dass Wissen über komplexe Zusammenhänge im Fach sprachlich insbesondere über die diskursiven Praktiken Erklären und Argumentieren in Interaktion hergestellt und transferiert werden kann (HELLER 2021, QUASTHOFF et al. 2021).

Welche sprachlichen Anforderungen sich für Lernende im Fach Geographie daraus in Bezug auf sprachliche Varietäten ergeben, wurde von BUDKE und KUCKUCK (2017) sowie MORAWSKI (2019) systematisch (auf Wort-, Satz- und Textebene) dargestellt. SCHWARZE (2017) führt diese vor allem hinsichtlich der Fachsprachverwendung aus. In der neueren geographiedidaktischen Forschung wird die Gestaltung und Unterstützung sprachlicher Lernprozesse, unter anderem durch die Entwicklung von Argumentationskompetenz im Geographieunterricht (BUDKE, SCHÄBITZ 2021; DITTRICH 2017) sowie die Wirksamkeit von Scaffolds hinsichtlich des Wissens- und Fachspracherwerbs im schriftlichen Modus überprüft (WEY 2022; HEUZEROTH, BUDKE 2021). Die Bedeutung sprachlicher Praktiken (DEPPERMANN et al. 2016) und möglicher Hürden insbesondere im mündlich organisierten Prozess der Bedeutungsaushandlung im Geographieunterricht ist noch nicht geklärt, obgleich Bedeutungsexplikationen als konstitutives Moment eines didaktischen Settings zu betrachten sind (DEPPERMANN 2020, S. 246).

Unter Anwendung der Perspektiven der Interaktionalen Linguistik, Konversationsanalyse und Multimodalitätsforschung auf Unterrichtskommunikation ist im

Mündlichen von einem sequenziell organisierten Interaktionsgeschehen auszugehen, welches sich *turn by turn*, einer inneren Ordnung folgend, aufbaut (DEPPERMANN 2008; BERGMANN 2001). Daraus ergeben sich Anforderungen der Verständigung und einer situativ den Gesprächsteilnehmenden und dem Gegenstand angepassten *turn*-Gestaltung. Diese kann u.a. durch Praktiken der Verstehensdokumentation und durch *recipient design*, also Adressiertenzuschnitt, bearbeitet werden (DEPPERMANN 2015, S. 7). Für die Verständigung über Bedeutungen und Relationen werden Formen des Herstellens eines gemeinsam geteilten Wissens, des *common ground*, relevant (REINEKE, 2016, S. 11, 36).
Das Verstehen fachlicher Zusammenhänge, die über schriftliche Darstellungen im Arbeitsmaterial eingebracht werden, eröffnet eine weitere sprachliche Anforderung und die Perspektive auf das zu untersuchende Arbeitsmaterial als zusätzlicher Interaktant. In den Daten der Mystery-Bearbeitung zeigt sich insbesondere die Nutzung deiktischer Ressourcen (verbale oder gestische Verweise) und Entwicklung deiktisch-verbaler Praktiken (DEPPERMANN 2016) zur Organisation des Materialeinbezugs.

2.4 Multiple Komplexität im Geographieunterricht

Aus obigen Überlegungen ergibt sich das Konstrukt einer multiplen Komplexität im Geographieunterricht, insbesondere bei der systemorientierten Arbeit. Sie umfasst sachbezogen die Dimensionen der ethischen sowie faktischen Komplexität. Diese sowie die unterrichtsbezogene didaktisch-materiale Gestaltung der Informationsübermittlung nehmen Einfluss auf die Entwicklungsmöglichkeit der Eigenkomplexität der Lernenden. Weiter ist davon auszugehen, dass die Situation Unterricht, welche interaktional geprägt ist und institutionellen Regeln und Hierarchien unterliegt, auf die Lernenden einwirkt. Ihr inhärent ist eine soziale Komplexität durch die doppelte Orientierung an Unterrichts- und Peerkultur. Für Lernende ergeben sich in Verhandlung dieser Komplexitäten im Geographieunterricht sprachliche Anforderungen, die den Umgang mit den Anforderungen im Sachbezug sowie im unterrichtlichen situationalen und sozialen Bezug rahmen (Abb. 1). SchülerInnen sind gefordert, mit der sachbezogenen Komplexität in drei unterschiedlichen Bezugsebenen umzugehen, nämlich der Struktur-, Verhaltens- und ethischen Komplexität, und dafür über entsprechende (fach-)sprachliche Mittel zu verfügen. Welche dies sind, insbesondere beim Thematisieren von Systemeigenschaften, ist empirisch zu prüfen. Zugleich sind im alltags- oder schulsprachlichen Register die Aushandlungen mit den Mitlernenden zu führen und Arbeitsprozesse zu strukturieren. Sie müssen einerseits Praktiken entwickeln, ihre (Gruppen-)Kommunikation zu organisieren, andererseits diskursive Aushandlungspraktiken erkennen und nutzen, um Wissensaushandlung und -transfer auf sachbezogener Ebene zu bewerkstelligen (ausführlicher dazu HELLER 2021; HELLER, MOREK 2019) und unterrichtsadäquate Sprachprodukte erzeugen. Simultan sind die sozialen Rollen in den Peer-Konstellationen – oft alltags- oder jugendsprachlich – auszuhandeln.

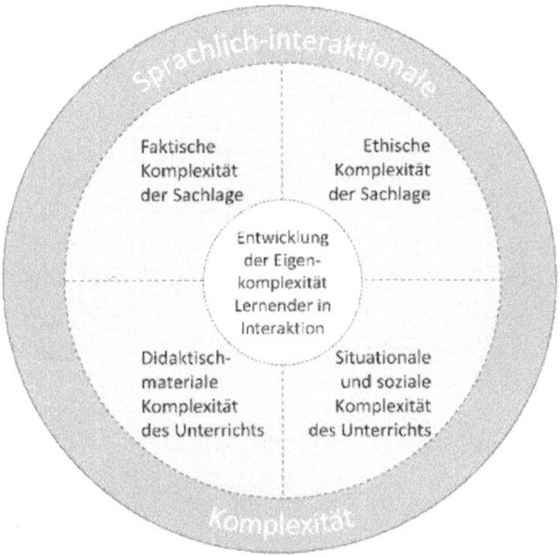

Sprachliche Komplexität
beinhaltet u.a.
- Praktiken der Gesprächs-organisation und Wissens-konstruktion
- Bildungssprachliche Praktiken
- Diskursive Anforderungen
- Sprachliche Register
- Mündlichkeit/Schriftlichkeit
- Multimodalität

Abb. 1 | Dimensionen multipler Komplexität unterrichtlicher Anforderungen und ihre sprachlich-interaktionale Rahmung im Geographieunterricht (eigene Darstellung).

Der Umgang mit dem Material, der Aufgabenstellung und dem zu erstellenden Produkt erfordert einen Transfer zwischen mündlichem und schriftlichem Modus (rezeptiv sowie produktiv). Dieser sowie der Wechsel zwischen Peer- und Lehrendenkommunikation macht stetige Registerwechsel und das Verfügen über entsprechende Ressourcen (lexiko-semantische Inventare, syntaktisches Wissen und situationsadäquate Interaktionsmuster) nötig. Auch deiktische und verbale Praktiken gezielt kombiniert einzusetzen (multimodal), um die Handlungsziele zu erreichen, stellt eine Anforderung dar. Die faktische, ethische, situationale, soziale, didaktische und materiale Komplexität bilden so eine hochkomplexe Interaktionssituation im Geographieunterricht, die sprachlich bearbeitet wird.

2.5 Problemstellung und Zielsetzung

Der Einfluss von Sprache auf schulisches Lernen wird in den Fachdidaktiken in den letzten Jahren verstärkt in den Blick genommen (Bock 2020, S. 279). Der Mystery-Methode als fachdidaktisch-methodischem Zugang zu komplexen globalen Zusammenhängen wird unter Rückgriff auf Concept Maps Potenzial zur Entwicklung von systemischem Denken zugesprochen (Fögele et al. 2020a; Hanke et al., 2023). Wie genau die Prozesse der Erarbeitung geteilten Wissens und einer Aufgabenlösung sprachlich-interaktional umgesetzt werden, ist aber noch ungeklärt (Meister 2020,

Hempowicz 2021). Daher werden die sprachlichen Dimensionen bei deren Erarbeitung untersucht. Die Studie widmet sich der Frage: Wie wird Systemdenken bzw. ein Verständnis komplexer Systeme bei der Erstellung von Concept Maps im Fach Geographie sprachlich und interaktional konstituiert und dargestellt?

3. Forschungsansatz zur Analyse sprachlich-interaktionaler Komplexitätsbearbeitung im Geographieunterricht

Die dem Beitrag zugrundeliegende Studie *Zur sprachlich-interaktionalen Dimension fachlichen Lernens im systemorientierten Geographieunterricht* geht von der Grundannahme aus, dass fachliches Lernen sprachlich bedingt ist. Daher werden Interaktionsmuster, sprachliche Praktiken und Ressourcen, mit denen SchülerInnen im Fachunterricht Geographie systemische Verstehensprozesse und deren Darstellung bearbeiten, untersucht. Folgend wird das Studiendesign, die Datengrundlage und das forschungsmethodische Vorgehen dargestellt, um anschließend anhand eines Analysebeispiels die Erkenntnisse zu illustrieren (Kap. 4).

3.1 Fragestellung und Studiendesign

Forschungsleitend für die qualitativ angelegte Studie sind die folgenden Fragen:

1) Welche interaktionalen Praktiken nutzen SchülerInnen zur Herstellung von fachlichem Verstehen bei der Entwicklung von Systemdenken?
2) Welche sprachlichen und kommunikativen Anforderungen stellen sich ihnen dabei für die Partizipation am Lernen?

Das kooperativ-organisierte Setting der Mystery-Bearbeitung im Geographieunterricht stellt den Untersuchungsrahmen dar. Ausgehend von gemeinsam erstellten Arbeitsergebnissen in Form von schriftlich-graphischen Produkten von SchülerInnen (Hempowicz 2021) werden deren Entstehungsprozesse unter Fokussierung auf dabei genutzte sprachliche Praktiken und Ressourcen nachvollzogen. Dabei werden einzelne interaktionale Aufgaben in den Arbeitsprozessen fokussiert, u.a. die Aushandlungsprozesse der Relationen in einer Concept Map.

In einem ethnomethodologisch-fundierten Forschungsdesign, orientiert an den Prämissen der Gesprächsanalyse konversationsanalytischer Provenienz (Deppermann 2008; Bergmann 2001), werden die im Setting Mystery auf Mündlichkeit basierende Erschließung von Systemzusammenhängen sowie deren Transfer vom mündlichen in einen schriftlichen Sprachmodus analysiert. Ziel ist es, zu rekonstruieren, wie systemisches Denken sprachlich-interaktional hervorgebracht und dargestellt wird. Dies soll didaktische Ableitungen zur sprachlichen Gestaltung und Unterstützung der Mystery-Bearbeitung im systemorientierten Geographieunterricht ermöglichen (Kupetz et al. 2021).

3.2 Daten

Die Datenbasis bilden Unterrichtsvideographien, welche 2016 im Vorläuferprojekt *Dem System auf der Spur* von Jannick Hempowicz (2021) erhoben und fachdidaktisch analysiert wurden. Sie bilden die Unterrichtskommunikation zwischen SchülerInnen der 9. Jahrgangsstufe im Fach Geographie ab, die im didaktisch stark gesteuerten Setting Mystery arbeiten. Sie wurden gruppenweise mit statischen Kameras und Audiorekordern dokumentiert. Die leistungsorientierte Zusammensetzung der Kleingruppen wurde unter Berücksichtigung der Sozialstruktur der Klasse mit dem Fachlehrer abgestimmt (Hempowicz 2021, S. 91), so dass von einer annähernd natürlichen institutionellen Kommunikation auszugehen ist. Das Korpus umfasst 15 Unterrichtsvideographien von zehn Kleingruppen á drei bis vier SchülerInnen (insgesamt ca. 12 Stunden) sowie die bearbeiteten Dokumente und Materialien der Gruppen.

Anhand dieser Videographien der geographietypischen Erarbeitung von Concept Maps zum Thema *Rosenanbau in Kenia* (Hempowicz 2021) in Kleingruppenarbeit wird untersucht, wie systemische Zusammenhänge von SchülerInnen hergestellt und formuliert werden. Die SchülerInnen sollen darüber zu einer Antwort auf die Leitfrage: *„Wer ist schuld an Fischer Chumbas Situation?"*, die auf das Fischsterben in einem kenianischen See verweist, gelangen. Dabei müssen ungeordnete Informationen (auf Kärtchen) strukturiert, als Wirkdiagramm auf einer Fläche angeordnet und mit Pfeilen, die eine Wirkrichtung anzeigen, verbunden werden. Die Pfeile sind entsprechend der didaktischen Vorgabe mit einem Verb zu beschriften, welches die Beziehung der beiden Einzelinformationen zueinander ausdrückt (Abb. 2). Diese Anforderung erweist sich als problematisch und wird von den Gruppen unterschiedlich strukturiert bearbeitet. Es werden daher die Aushandlung der von den jeweiligen Gruppen im späteren Arbeitsprozess als relevant gesetzten Relationen im System analysiert. Betrachtet wird, wie die Gruppen die Benennung der Relation (über ein Verb oder als Verbalphrase) aushandeln und formulieren.

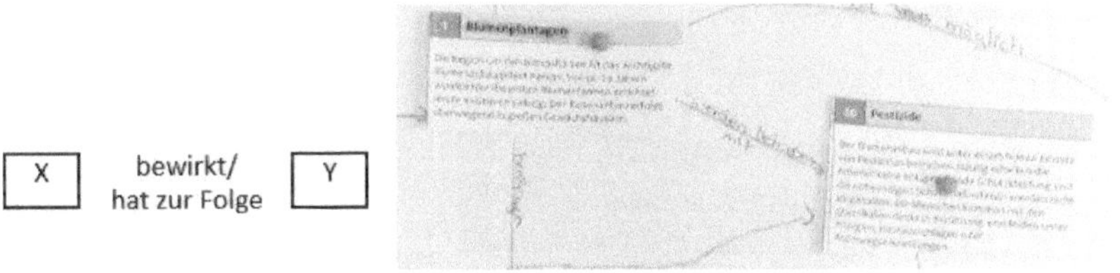

Abb. 2 | Beispiel einer schematischen Darstellung einer Relation auf einer Concept Map (basierend auf Hempowicz 2021).

3.3 Gesprächsanalyse als methodischer Zugang

Die Gesprächsanalyse als qualitative, ethnomethodologische, sequenziell orientierte Methode bietet dazu einen Zugang und geht von den Prämissen der Konversationsanalyse aus: Analyse natürlicher Daten, Kontextsensitivität und das Einnehmen einer Teilnehmendenperspektive, Sequenzialität und Strukturierung sozialer Interaktionen (IMO, LANWER 2019, S. 58f; Bergmann 2001). An die Untersuchung natürlicher institutioneller Gespräche werden demnach nicht zu prüfende Hypothesen angelegt, sondern die offenen Fragen nach dem *Wie* und *Warum* herangetragen: Wie wird die Interaktion der SchülerInnen gestaltet, um Systemverstehen hervorzubringen? Welche sprachlichen Ressourcen und Praktiken werden wofür genutzt?

Das gesprächsanalytische Vorgehen (DEPPERMANN 2008) mit einer Fokussierung auf Wissenskonstruktion (DEPPERMANN 2015) ermöglicht mikroanalytische Einsichten in die Aushandlungsprozesse. Basierend auf dem Datenkorpus der fünfzehn Videographien wurden zunächst die komplexen Erarbeitungsprozesse inventarisiert und Gesprächsphasen identifiziert. Anschließend wurden gesprächsanalytische Transkripte erstellt und für eine Fallauswahl (gefolgert aus HEMPOWICZ 2021) durch Sequenzanalyse rekonstruiert. Diese Analysen wurden in Forschungsgruppen kommunikativ-interpretativ validiert.

Für sechs der Gruppen, die entsprechend der fachdidaktischen Analyse der Arbeitsprodukte (HEMPOWICZ 2021) kontrastiv ausgewählt wurden, wurden Gesprächsinventare und Minimaltranskripte erstellt. Da der prominente Einsatz von Gestik und lokaler Deixis immer wieder auffiel, sind sie auszugsweise multimodal transkribiert, und die Multimodalitätsforschung als Perspektive wird insbesondere im Hinblick auf den Einbezug des didaktischen Materials einbezogen (MONDADA 2019). Im Datenmaterial fehlen in vielen Situationen allerdings Mimik und Blickrichtungen in den Aufnahmen.

4. Datenanalyse

Im Folgenden gibt ein Transkriptauszug aus dem Arbeitsprozess einer Gruppe Einblick in die interaktionale Aushandlung einiger Komplexitätsaspekte. Die Interaktionslogik dieses Aushandlungsprozesses fachlicher Zusammenhänge wird exemplarisch rekonstruiert und interpretiert.

4.1 Exemplarische Einzelfallanalyse „Pestizide – Blumenplantagen"

Das folgende Beispiel gewährt einen Einblick in die Aushandlungsprozesse einer Gruppe (G04) bei der Erarbeitung ihrer Concept Map (Abb. 5). Die Gruppe wurde aus SchülerInnen mit mittlerer Systemkompetenz im Pretest leistungshomogen zusammengesetzt und in der Vorstudie als Gruppe, die eine Concept Map mittel-

mäßiger komplexer Strukturen erarbeitete (Strukturindex 0,45), identifiziert (Hempowicz 2021, S. 120).
Die zwei Schüler August und Claus und die Schülerin Bibi bearbeiten hier die im Rahmen des Mysterys gestellte Aufgabe, Karten mit Einzelinformationen auf einer Pinwand in einer Concept Map anzuordnen, mit Pfeilen zu verbinden und diese zu beschriften. Abb. 3 zeigt die zwei im dargestellten Beispiel relevanten Karten. Die Schülerin Bibi beteiligt sich im gesamten Prozess sprachlich sehr wenig am Geschehen.

1 Blumenplantagen

Die Region um den Naivasha-See ist das wichtigste Blumenanbaugebiet Kenias. Vor ca. 20 Jahren wurden hier die ersten Blumenfarmen errichtet. Heute existieren siebzig. Der Rosenanbau erfolgt überwiegend in großen Gewächshäusern.

20 Pestizide

Der Blumenanbau wird unter einem hohen Einsatz von Pestiziden betrieben. Häufig erhalten die Arbeiter keine entsprechende Schutzkleidung und die notwendigen Schutzmaßnahmen werden nicht eingehalten. Die Menschen kommen mit den Chemikalien direkt in Berührung und leiden unter Allergien, Hautausschlägen oder Atemwegserkrankungen.

Abb. 3 | Informationskarten, die im Fallbeispiel bearbeitet werden (Hempowicz 2021, S.243).

4.1.1 Transkript: Pestizide – Blumenplantagen

Das Transkript (Abb. 4) ist als GAT2-Basistranskript nach Selting et al. (2009) angelegt und enthält multimodale Ergänzungen (Mondada 2019) zur Nachvollziehbarkeit der umfangreichen nonverbalen Handlungen (Erläuterungen siehe Kasten).

SprecherInnen: *August (AUGm), Bibi (BIBf) und Claus (CLAm) stehen zumeist über Eck am Tisch, der Lehrer (LEHm) läuft durch den Raum*

Erläuterung multimodales Transkript

* begrenzt Gesten von AUG	Δ Position Screenshot
# begrenzt Gesten von CLA	Δ fig. Nr. Screenshot
+ begrenzt Gesten von BIB	→ Geste wird über Zeile/turn hinaus fortgeführt
% begrenzt Gesten mehrere Personen	→* bis zum nächsten Symbol

```
                 alle %(schauen) auf Arbeitsfläche%
{17:53} 0002 CLAm guck ma du kannst #hier BLUmenplantagen;#
                                    #legt Finger auf K1    #
                                     Blumenplantagen
        0003      #verURΔsachen. #
                  #schiebt Finger#
                   zwei mal zu K20 Pestizide
```

```
                     Δ fig.1
        0004       (0.87)
        0005 CLAm kannste MAchen.# (2.0)                  #
                                   #legt Lineal und Stift an#
{17:59} 0006 AUGm #nja sie #(.) entHALten halt-
             cla  #nimmt es#
                   wieder weg
        0007      _aber verURsachen_ja kann man AUch schreiben ja.
        0008      (1.34)
{18:04} 0009 AUGm s wird halt *geNUTZT* pesti[zide.]
                            *zeigt    *
                             auf Map
{18:06} 0010 CLAm                              [ja  .]
        0011      (6.63)
{18:13} 0012 AUGm bluman (-) plantagen BRAUchen pestizide.
        0013      °hh
        0014      was wUrden <<all> SIE dazu sagen >?
{18:20} 0015 LEHm ich sache [JARnischt.]
{18:21} 0016 BIBf           [°h        ]
{18:21} 0017 LEHm IHR seid doch (.) die chefs.
        0018      (4.02)
{18:27} 0019 CLAm #JA: das is besser. →
                  #legt Lineal zwischen K1 und K20 an
        0020      weil,#
                  -----#
{18:29} 0021 AUGm hm:
        0022      Δ#(4.15)                    #
             cla  Δ#zieht Linie und Pfeilspitze#
                  Δ fig. 2
{18:35} 0023 CLAm schreib du m[a #beNOtigen hier.] #
                               #legt Stift auf K1#
                                Blumenplantagen
{18:35} 0024 BIBf             [ja WAS denn?      ]
        0025      +(7.85)                            +
             bib  + nimmt Stift, schreibt /benötigen/+
```

figure 1

figure 2

Abb. 4 | Trankskriptauszug und Screenshots des Aushandlungsprozesses der Gruppe G04_4- Pestizide (Datenbasis: HEMPOWICZ 2021).

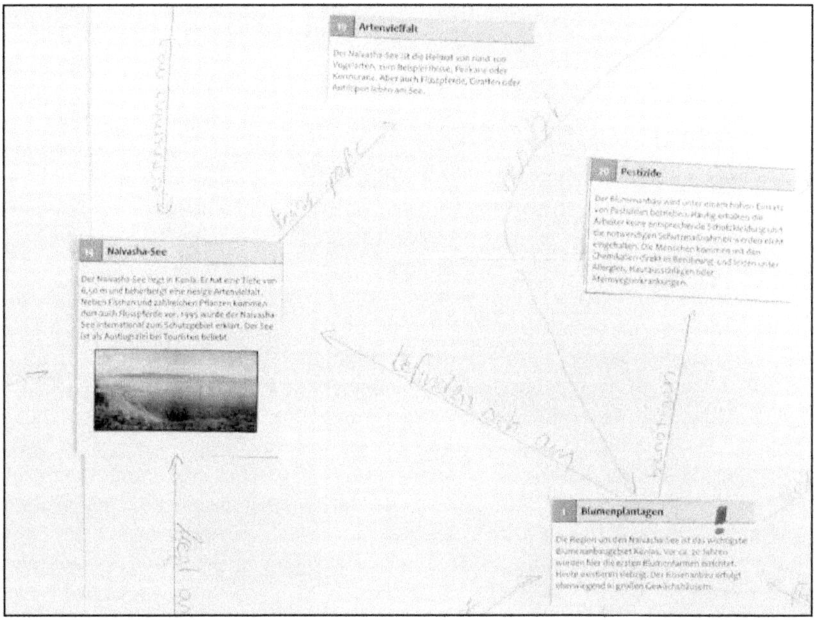

Abb. 5 | Ausschnitt der Concept Map, an dem die Gruppe G04 arbeitet (basierend auf HEMPOWICZ 2021).

4.1.2 Einordnung in den Gesprächsverlauf

Die Gruppe befindet sich in ihrem Arbeitsprozess in der Phase der Concept Map-Konstruktion. Zuvor wurden die gegeben Informationskärtchen gelesen und zu clustern begonnen. Vier Minuten vor Einsetzen des Transkriptauszugs haben die SchülerInnen begonnen, die Systemelemente zu verknüpfen. Diese Gruppe geht kombiniert vor: wurde eine Relation sicher ausgehandelt, wird sie durch Festpinnen der Elemente (Karten), Einzeichnen und Beschriften eines Verbindungspfeils direkt fixiert. Zu Beginn der Beobachtung sind drei Verknüpfungen bereits fixiert, eine verknüpft die Elemente „Blumenplantagen“ und „Naivasha- See“. Die Karte 20 „Pestizide“ wurde von August durch Paraphrasierung des Karteninhalts bereits thematisiert, anschließend aber nicht weiter beachtet. Zwei Minuten vor Transkriptbeginn wird die verbleibende Arbeitszeit in der Gruppe besprochen und von August mit wir ham noch nur ne halbe stunde zeit problematisiert. Unmittelbar vor Einsetzen des Transkriptes fordert der Geographielehrer im Vorbeigehen die Schülerin Bibi auf, sich zu beteiligen: BIbi du; | KANnst dich ruhig auch betei[ligen (.) ja? was Bibi sofort mit ich weiß | MACH ich doch. und Claus mit <lachend<hm>> quittiert.

4.1.3 Sequenzielle Analyse

Nach einer Pause, in der alle drei SchülerInnen auf die Arbeitsfläche schauen, erfolgt die Eröffnung eines neuen Themas durch Claus: die Verbindung der Karten 1 „Blumenplantagen“ und 20 „Pestizide“ (Segment 0002). Er rahmt die Einführung durch die alltagssprachliche Floskel `guck ma`, die in dieser Gruppe ritualisiert von allen Sprechenden (August 8x, Claus 6x, Bibi 1x) für Verweise verwendet wird, in der Regel zum Einführen von Vorschlägen (Elemente oder Relationen) und zum Einfordern von Aufmerksamkeit. In Verbindung mit dem folgenden Turnpart `du kannst` wird so die Aufgabenbearbeitung als *joint action* (CLARK 1996, S. 59) angestrebt, die eine inhaltliche sowie prozedurale Koordination von Einzelaktivitäten in der Gruppe erfordert.

Das bereits bearbeitete Systemelement „Blumenplantagen“ thematisiert Claus gleich dreifach: durch nonverbale (`legt Finger auf Karte`) und verbale Deixis (`hier`) sowie das Benennen durch Rekurrenz des Kartentitels, wodurch er es als relevant setzt (0003). Seinen Vorschlag für die herzustellende Relation zur Karte „Pestizide“ markiert er ebenso durch zweimalige gestische Anzeige der herzustellenden Verbindung und Richtung und durch Verbalisierung seines Formulierungsvorschlages `verURsachen.` Mit der Akzentuierung markiert er den Zusammenhang als klar kausal und definiert die Blumenplantagen als Ursache. Die Leerstelle, die er erzeugt, „Blumenplantagen verursachen x“, wird von ihm jedoch nicht oder nur implizit durch das gestische „Anlanden“ an der Karte „Pestizide“ gefüllt. Auf dieser Karte sind mehrere Informationen dargestellt: hoher Einsatz von Pestiziden, mangelnde Schutzmaßnahmen und Erkrankungen der BlumenarbeiterInnen. Worauf sich Claus mit der Ursachenzuschreibung genau beziehen möchte, bleibt unklar. Damit nimmt er eine Wissenszuschreibung zum Inhalt der Karte 20 vor, welche durch die Formulierung `du kannst` im Kontext der vorangegangenen, zumeist dyadischen, Interaktion August adressiert. Mit dieser Formulierung zeigt Claus einerseits die epistemische Sicherheit seines Vorschlages an. Andererseits markiert er diese Äußerung als Angebot und kreiert so einen ersten Teil einer Paarsequenz, der mindestens einen zweiten Teil erwartbar macht. Als kommunikativ typisches *adjacency pair* (IMO, LANWER 2019, S. 177) würde zur Vervollständigung dieser Sequenz nun eine Annahme oder Ablehnung als zweiter und ggf. eine Reaktion als dritter Paarteil gehören. Den so gesetzten Zugzwang erfüllt August aber zunächst nicht, sondern pausiert, signalisiert auch kein Verstehen. Aufgrund der ausbleibenden Reaktion bestätigt Claus die Sicherheit des Vorschlages in Z 0005 noch einmal und fordert eine Handlung zur Verbindung der zwei Karten ein (`kannste MAchen`), die er nun selbst vornimmt. Die zunächst monokausale Ursache-Wirkungs-Zuordnung scheint ihm ausreichend dokumentationswürdig.

Nun widerspricht August mit dem Partikel `nja`, was zum Abbruch von Claus‘ Handlung führt. August steigt hier in den Aushandlungsprozess ein und legt mit der überlegenden Formulierung `sie (.) entHALten halt` (Z 0006) seine

Bedenken offen. Nicht die Relation an sich, sondern deren Beschreibung und das implizierte Verständnis der Plantagen als Aktanten bzw. Akteure in „Blumenplantagen verursachen", wird von ihm in Zweifel gezogen. Durch die suchende Formulierung „Blumenplantagen enthalten" als neues Angebot markiert er zunächst ein Verständnis der Plantagen als Struktur oder als Containerraum, die passiv Pestizide beinhalten. Weitere Zusammenhänge bleiben unerklärt.

Mit der Formulierung `entHALten` dokumentiert er sein Verständnis von Claus' Verweis auf die Karte 20 als „verursachen Pestizide" (Deppermann 2015, S. 12), da die anderen auf der Karte aufgeführten Faktoren semantisch und syntaktisch nicht „enthalten" sein können. Der Modalpartikel `halt` übernimmt hier eine erklärende, zugleich abschwächende Funktion seiner Ablehnung. Diese wird im schnell anschließenden Folgeturn 0007 ausgeführt: `_aber verURsachen_ja kann man AUch schreiben ja`. August nimmt damit seinen Gegenvorschlag zurück und setzt die vorherige Lösung des „Allgemeinplatz Ursache" von Claus wieder aktuell. Ob er dies aus Gründen der Unzufriedenheit mit dem eigenen Vorschlag oder zur Gesichtswahrung von Claus, der sich zuvor als sicher wissend positionierte, also durch Orientierung an sozialen Peernormen, vornimmt, kann nicht final geklärt werden (Blickkontakte etc. fehlen in den Daten).

Nun erfüllt Claus den gesetzten Zugzwang der Positionierung zum Vorschlag jedoch nicht, so dass August in 0009 einen weiteren Vorschlag im Zuge einer selbstinitiierten Selbstreparatur elaboriert: `s wird halt *geNUTZT* pestizide.` Damit macht er das Patiens „es – Pestizide" explizit klar. Das Verb „nutzen" eröffnet syntaktisch aber noch zwei weitere Leerstellen (oder Valenzen), es erfordert Aussagen dazu: *Wer* nutzt was *wofür*? (z. B. Plantagenbetreibende nutzen Pestizide zur Produktivitätssteigerung). Das Agens (im Sinne der faktischen Komplexität sind dies weitere, damit in Beziehung zu setzende Elemente, im Sinne ethischer Komplexität die Frage nach VerantwortungsträgerInnen) sowie die resultierende Funktion werden von August möglicherweise mitgedacht, jedoch nicht ausgeführt. Damit scheint deutlich zu werden, dass August implizit eine komplexe Vorstellung des Subsystems Blumenplantagen aktuell entwickelt oder bereits darüber verfügt, diese aber nicht im Sinne eines weiteren *grounding* offenlegt. Entweder verfügt er sprachlich und kognitiv aktuell nicht über die passenden Mittel oder er schreibt Bibi und Claus ausreichend Wissen zu, aufgrund der bekannten Bedeutung von „nutzen" sowie des angenommenen geteilten Wissens über die Karteninhalte (*common ground*; Reineke 2016, S. 36-37), seine Vernetzungsüberlegungen nachvollziehen zu können. Dem *recipient design* entsprechend passt er seine Äußerung diesem Wissen, welches er seinen InteraktionspartnerInnen zuschreibt, an und gestaltet sie minimal.

Claus nimmt diesen Vorschlag sofort mit einer einfachen Bestätigung an, die folgende lange Interaktionspause zeigt aber die fehlende Überzeugung aller Beteiligten an. Ein erforderlicher Folgeturn (Reaktion von August oder Bibi oder visuelles Fixieren als Ratifikation des Vorschlages) bleibt aus, so dass August einen weiteren

Vorschlag einbringt: `bluman (-) plantagen BRAUchen pestizide.` Der Versuch, durch eine direkte offene Frage an den Lehrer eine Unterstützung oder letztinstanzliche Validierung zu bekommen (0014), wird wahrgenommen, jedoch prompt zurückgewiesen mit der – für Unterricht ungewöhnlichen – Rollenzuschreibung `IHR seid doch (.) die chefs`. Mit dieser Rolle scheint auch der Verlust des Rechts, sich Hilfe zu holen, verbunden. Diese Ablehnung zieht von Bibi die Reaktion einer hörbaren Atmung nach sich.
Obgleich die Frage nach Unterstützung scheitert, wird „brauchen" von der Lehrperson nicht abgelehnt und dahingehend gewissermaßen legitimiert. Nach einer weiteren „Denkpause" überwindet Claus die Unsicherheit, nimmt die „Chef-Rolle" wieder ein und ratifiziert die semantische Fassung „Blumenplantagen brauchen Pestizide" durch verbale Zustimmung `JA: das is besser` und simultan gestisch durch Anlegen des Lineals. In 0020 setzt er zu einer Begründung seiner Entscheidung an, die er jedoch abbricht. Das gestische Angebot ratifiziert August verbal (0021), so dass Claus direkt die Verbindung zwischen den Elementen zeichnet. Unerwartet bindet er Bibi zum Abschluss der Aufgabe durch „Ablegen der Macht der Schreibwerkzeuge" und seine Instruktion `schreib du m[a` (0023) in die Aufgabenerfüllung ein. Bibi weist die Aufgabe, zu entscheiden, welcher der vielen genannten Begriffe nun notiert werden soll, zunächst zurück. In ihrer überlappenden Rückfrage `[ja WAS denn?]` zeigt sich eine potenzielle begriffliche Überforderung oder eine Scheu, sich sozial positionieren zu müssen. Diese entkräftet Claus mit der Hilfe durch Vorgabe des nun umformulierten Begriffs `beNÖtigen hier,` wodurch Bibi die Aufgabe erfüllt. In dieser aktionsabschließenden, nicht mehr abgestimmten Handlung von Claus ist eine Orientierung sowohl an der unterrichtlichen Norm der Produktion bildungssprachlicher Formulierungen in schriftlichen Texten, als auch an seiner bereits eingangs durch die Instruktion an August (0002) etablierten Rolle „Chef" (Praktik: *doing being Chef*) dokumentiert.

4.2 Zusammenfassende Interpretation

Aus diesem singulären Beispiel können keine allgemeinen Schlüsse abgeleitet werden. Ähnliche Muster zeigen sich aber auch in anderen Aushandlungsprozessen dieser sowie einer weiteren Gruppe, so dass folgende Interpretationsansätze formuliert werden können.

4.2.1 Faktische und didaktische Komplexität – Bezeichnung der Relationen

In der sequenziellen Analyse zeigt sich, dass die Gruppe, obgleich sozial in den Beteiligungsstrukturen nicht ausbalanciert (dominante und unbeteiligte Rollen), gemeinsame Aushandlungsprozesse etabliert, die sich auf die Semantik der Relation von Blumenplantage und Pestiziden beziehen. Allerdings finden diese Aushandlungen nicht inhaltlich-argumentativ statt. Die Art und Weise der Ursache-Folge-

Beziehungen wird nur durch die Aneinanderreihung von Verben als Bedeutungsoption bearbeitet, nicht diskursiv ausgehandelt, was die Wörter bedeuten. Die Wortbedeutung verbleibt auf impliziter Ebene, so dass das Verständnis dahinterliegender Konzepte ungeklärt bleibt. Die syntaktische und semantische Passung wird deiktisch und durch Propositionen in Phrasen verhandelt. Als Ressourcen werden häufig Gesten und basale Verbalformen sowie das Material und gegebene Formulierungen genutzt. Auch die Reduktion der Komplexität der eingebrachten Elemente (Kartentexte) erfolgt durch Deixis. Der Versuch der Ko-Konstruktion der Relationsbezeichnung kann als *formulating* (HERITAGE, WATSON 1979), jedoch nur bedingt als hier erfolgreiche Praktik des Wissenstransfers, betrachtet werden.

Die in der Gruppe dennoch abgestimmte semantische Bedeutungsverschiebung von „verursachen" zu „brauchen/benötigen" beinhaltet eine Zurücknahme des sogenannten Subjektschubes. Auf der Textoberfläche wird damit also nicht mehr signalisiert, dass die Blumenplantagen *handeln,* indem sie „verursachen", sondern sie werden zum Element in einer Kette. Da sich bei „benötigen" implizit ebenfalls ein *um zu* anschließt und dies somit ein weiteres Element erforderlich macht (beispielsweise die im Material gegebene „Hohe Nachfrage nach Blumen" zu bedienen), wird die Komplexität der Relation erweitert. Dieses wird von der Gruppe jedoch nicht expliziert, so dass die Leerstelle unbesetzt und die dargestellte Komplexität reduziert bleibt. Dies scheint durch die Aufgabenstellung sowie die Gruppendynamik begrenzt.

Potenziell wird im Aushandlungsprozess also eine Steigerung der Komplexität durch die Ko-Konstruktion angeregt. Solange diese implizit bleibt, ist aber unklar, ob dies zu einem geteilten Verständnis führt. Im obigen Beispiel scheint die ausbleibende Begründung von Claus (0020 `weil, ---`) offenzulegen, dass die Verarbeitung nicht auf einem kognitiven Niveau erfolgt, welches die Verbalisierung erlaubt. Andererseits kann auch angenommen werden, dass die explizite Begründung wie auch das Explizieren der Verbensemantik den Teilnehmenden nicht notwendig erscheint, da sie dieses Wissen den anderen Gruppenmitgliedern zuschreiben. So nehmen sprachliche und faktische Aspekte des Prozesses Einfluss auf die Eigenkomplexitätsentwicklung der Einzelnen in der Gruppe. Diese Hypothese bleibt an weiterem Material zu überprüfen.

4.2.2 Situationale und soziale Komplexität – Organisation des Prozesses

Im Vergleich zu anderen Gruppen, die eine Überforderung durch die Anzahl der Elemente ausdrücken und auf Kompliziertheit verweisen, nimmt Gruppe G04 die Aufgabe, die vorliegenden Sachinhalte als komplexes System zu (re)konstruieren, wahr. Sie gestalten dies wiederkehrend als *joint action* (CLARK 1996), was sich bereits durch die doppelte Adressierung „guck" und „du" bei der Eröffnung einer neuen „Verbindungsaushandlung" sowie durch die folgende Koordination ihrer Handlungen zwischen August, Claus und Bibi ausdrückt – inhaltlich sowie prozessual. Sie entwickeln damit eine Gruppenpraktik des *doing collaborating*, welche das gleichzeitige Bearbeiten der Aufgabe und das Herstellen sozialer Balance beinhaltet.

Obgleich die einzelnen SchülerInnen ein komplexeres Verständnis zu entwickeln scheinen, verhandelt die Gruppe nicht tiefgründig inhaltlich. Möglicherweise fehlen Nachfragen oder Begründungen, da sie den anderen Gruppenmitgliedern das entsprechende Wissen zuschreiben oder weil sie einem unterrichtlichen Zeitdruck unterliegen. Dies könnte ein Grund dafür sein, dass die SchülerInnen in Abwägung der Zielstellungen sich kollektiv implizit dafür entscheiden, die vollständige Lösung der gestellten Aufgabe tiefen inhaltlichen Diskussionen vorzuziehen (Orientierung an unterrichtlichen Anforderungen). Andererseits könnten Wahrungen der Sozialbeziehungen und Rollenzuschreibungen im Arbeitsprozess hier Einfluss nehmen (Orientierung an der Peerordnung). Dadurch bleibt aber sowohl die fachliche Passung der stark verkürzenden finalen Relationsbeschreibung „Blumenplantagen benötigen Pestizide“ fraglich, als auch, welches geteilte Wissen über die Zusammenhänge hier konstruiert wurde.

4.2.3 Material und Aufgabenstellung

Die Ausführungen zur Problematik der von August eingebrachten Formulierung „werden genutzt“ (0009) zeigen eine Schwierigkeit des Settings sowie der Aufgabenstellung auf: Die visuelle Verfügbarkeit und Strukturierung der Karten in ein Überschriftsfeld und ein Textfeld verhindern potenziell diskursive Erklärungen. Eine Linear- oder Parallelkonstruktion von Kausalketten, die dieser Formulierung entspricht, wie beispielsweise „Blumenplantagen werden mit Pestiziden betrieben, um ...“ oder „Plantagenbetreiber/Mr. Dewere (Karte 2) setzen auf Blumenplantagen Pestizide ein, um resistente Blumen zu produzieren, um die gestiegene Nachfrage zu bedienen und hohe Gewinne zu erzielen“, wird durch die engen Vorgaben der Aufgabenstellung nicht möglich gemacht.

5. Diskussion: Komplexe Anforderungen sprachlich-interaktional gerahmt

Die Untersuchung der Gesprächssituationen im peergesteuerten Setting zeigt eine mehrfache Komplexität, mit der SchülerInnen bei der beobachteten Mystery-Bearbeitung umgehen müssen. Sprachlich-interaktionale Anforderungen, die sich bei der Herstellung von Systemverständnissen stellen, und dafür genutzte Praktiken wurde exemplarisch herausgestellt.

Die inhaltlichen Anforderungen, komplexe Zusammenhänge auf unterschiedlichen Maßstabsebenen sowie faktische und ethische Komplexität zu erschließen, werden durch soziale Anforderungen von Positionierungen und Rollen-Aushandlungen implizit im Unterrichtsgespräch erweitert. Diese Prozesse sind durch sprachliche Anforderungen der situationsadäquaten Sprachverwendung, Gestaltung der (diskursiven) Aushandlung sowie der kollektiven Anforderung, die Gesprächssituation zu organisieren, gerahmt.

Diese Anforderungen wiederum werden durch die unterrichtliche Situation im Allgemeinen (Hierarchiegefälle, „Schülerjob“, Peerkultur, bildungssprachliche Orientierung und Leistungsnorm der Schule) sowie durch die Materialgestaltung und methodischen Merkmale des Settings Mystery im Spezifischen beeinflusst. All diese Faktoren nehmen Einfluss auf die Lernprozessgestaltung, die Entwicklung der Eigenkomplexität, vor allem aber auf das Lernprodukt. Inwiefern und wo sinnvolle Unterstützungsmaßnahmen ansetzen können, ist entlang der Praktiken und Ressourcen weiterhin zu prüfen.

Hinsichtlich der Praktiken (Deppermann et al. 2016), die zur Herstellung eines (geteilten) Verständnisses von Systemrelationen genutzt werden, liefert die obige Fallanalyse Einsicht in die Bedeutung der Strukturierung der Aushandlung durch (argumentative) Muster des Vorschlagens und Ratifizierens (Imo, Lanwer 2019, S. 177) sowie deiktische Praktiken, um materialbezogen Informationen einzubringen. Die Aushandlungen der Relationen werden so als gemeinsame Aktion (Clark 1996) ausgestaltet, unterliegen in ihrer Realisierung aber scheinbar sprachlichen, kognitiven sowie sozialen Restriktionen – sprachlich subtil vermittelt. Nach Hempowicz 2021 konnten umso komplexere Strukturen von den Lernenden erkannt werden, „[j]e stärker die Gruppenmitglieder miteinander kollaborierten, z. B. durch direkte und indirekte Ko-Konstruktionen oder durch die Bildung von Allianzen“ (S. 218). Jedoch wird die Qualität der Darstellungen beispielsweise häufig durch die Verfügbarkeit präziser lexikosemantischer Mittel (Ressourcen) und die fehlende Realisierung von Begründungen (Praktiken) beschränkt. Allerdings zeigen sich die SchülerInnen sehr kompetent im Einbezug des Materials.

Insbesondere zum Einbringen von Systemelementen wird durch Zeigegesten, basale verbale Äußerungen oder Aufruf der Kartentitel (inklusive Fachbegriffe) stark auf das Material verwiesen. Relationen werden zuerst zeigend hergestellt. Hieran wird der große Einfluss der Material- und Aufgabengestaltung und das darin für Unterstützungsangebote liegende Potenzial deutlich.

Die Annahme von Thürmann und Vollmer (2017), die komplexe mündlich-diskursive Aushandlung von Zusammenhängen erfordere und fördere sinnentwickelndes zusammenhängendes Sprechen, kann bezüglich der hier beobachteten didaktischen Strukturierung im Mystery nur eingeschränkt belegt werden. Dafür, dass die Aushandlung tatsächlich komplex diskursiv verläuft, reicht es offenbar nicht aus, ein kommunikationsermöglichendes Setting zu schaffen. Es sollten auch Unterstützungsmaßnahmen, die Lernende nach eigenem Ermessen abrufen können, bereitgestellt werden. Das Fallbeispiel belegt das Potenzial mündlicher Aushandlung: Prävalenz von Deixis und materialbezogenen Verkürzungen, alltagssprachliche Verwendungsweisen und Mündlichkeit stehen dem Aushandeln von fachlichem Verstehen nicht per se entgegen. Das materialgestützte Setting scheint aber ein sinnentwickelndes Sprechen nicht voraussetzungsunabhängig zu fördern. Ohne Unterstützungsangebote, die – anders als das hier gegebene Kartenmaterial – an den Entwicklungsschritten oder Hilfegesuchen der Lernenden orientiert sind und sowohl semantische und syntaktische Ressourcen als auch diskursive Praktiken betreffen, scheint eine explizite Darstellung der Einsichten entsprechend schulsprachlicher Normen (mündlich sowie schriftlich) nicht erwartbar.

6. Didaktische Ableitungen

Concept Maps bieten durch die Notwendigkeit des Verschriftlichens Anlass zur differenzierten Auseinandersetzung mit Relationen. Die mündliche Aushandlung dieser Relationen erscheint nötig und zeigt sich im Prozess zum Teil elaborierter als schriftliche Produkte, wobei Bedeutungen häufig implizit bleiben.

Hinsichtlich der komplexen Anforderungen im Untersuchungsdesign zeigt sich bisher, dass das Setting der Concept Map-Erstellung im Rahmen des Mystery (ohne individuelle Unterstützungsmöglichkeit) sprachlich von den SchülerInnen unter anderem Folgendes erfordert:

- hohe Relevanz deiktischer (gestischer) Praktiken (durch Aufforderungs- bzw. Entlastungscharakter des Materials),
- ein Bewusstsein über den Nutzen diskursiver Aushandlungen sowie diskursiver Fähigkeiten (hinsichtlich Erklären, Begründen sowie Argumentieren),
- einen ausgebauten Verben-Wortschatz,
- Fähigkeiten, eine soziale Balance zu erhalten und Kompetenzen der Gruppe über sprachliche Mittel zu nutzen,
- Wissen um eine angemessene Registerwahl.

Als herausfordernd für die Gruppen erweisen sich in den Analysen in Abhängigkeit von den sprachlichen und systemischen Kompetenzen:

- die Prozessstrukturierung,
- die fehlende Explizierung von gemeinsamen Bedeutungskonstitutionen,
- die stark deiktische Auswahl der Elemente,
- das Verständnis von Fachwortschatz und spezifischen Textsorten.

Anschließend an bisherige Einsichten und Überlegungen ergibt sich für die schulische Praxis die Anregung, Diskursfähigkeit gezielt zu entwickeln: diskursives Aushandeln auch und insbesondere im Mündlichen zu modellieren und Hilfen zur Prozessstrukturierung anzubieten oder gemeinsam zu entwickeln (Morek, Heller 2021; Ohlhus 2019). Anregungen zur Bereitstellung von Wortschatz zur Relationenherstellung als Makroscaffolds finden sich unter anderem bei Heuzeroth und Budke (2021) und zur Argumentationskompetenzentwicklung bei Budke et al. (2023).

Dem übergeordnet scheint es notwendig, eine Reflexivität über sprachliche Aushandlungsprozesse lernendenseitig anzuregen und lehrendenseitig die Materialgestaltung kritisch zu reflektieren (Kupetz et al. 2021).

7. Literatur

ARBINGER, R. (1998): Komplexität bei der Entwicklung und dem Aufbau von Wissensstrukturen. In: Geographie und Schule 20, Heft 116, S. 25-31.

ARNDT, H. (2017): Systemisches Denken im Fachunterricht. In: ARNDT, H. (Hrsg.): Systemisches Denken im Fachunterricht. Erlangen, S. 9-24.

BERGMANN, J. (2001): Das Konzept der Konversationsanalyse. In: BRINKER, K. (Hrsg.): Text- und Gesprächslinguistik 2. Ein internationales Handbuch zeitgenössischer Forschung. Bd. 2: Gesprächslinguistik, S. 919-927.

BOCK, B. (2020): Exklusionssensible Sprachreflexionskompetenz als Ziel inklusionsorientierter LehrerInnenbildung. In: k:ON – Kölner Online Journal für Lehrer*innenbildung, Bd. 2, Nr. 2 (2020): Inklusive Bildung aus fachdidaktischer und fachwissenschaftlicher Perspektive. S. 279-294.

BREIDENSTEIN G. (2018): Schülerpraktiken. In: PROSKE, M., RABENSTEIN, K. (Hrsg.): Kompendium Qualitative Unterrichtsforschung. Unterricht Beobachten – Beschreiben – Rekonstruieren. Bad Heilbrunn, S. 189-206.

BREIDENSTEIN, G. (2006): Teilnahme am Unterricht. Wiesbaden.

BUDKE, A., KUCKUCK, M. (2017): Sprache im Geographieunterricht. In: BUDKE, A., KUCKUCK, M. (Hrsg.): Sprache im Geographieunterricht. Bilinguale und sprachsensible Materialien und Methoden. Münster, S. 7-35.

BUDKE, A., KUCKUCK, M., ENGELEN, E. (2023): Kommunikation und Argumentation im Geographieunterricht. In: GRYL, I., LEHNER, M., FLEISCHHAUER, T., HOFFMANN, K. W. (Hrsg.): Geographiedidaktik. Fachwissenschaftliche Grundlagen, Fachdidaktische Bezüge, Unterrichtspraktische Beispiele – Band 1. Berlin, Heidelberg, S. 299-308.

BUDKE, A., SCHÄBITZ, F. (Hrsg.). (2021): Argumentieren und Vergleichen. Beiträge aus der Perspektive verschiedener Fachdidaktiken. Zürich.

CLARK, H. H. (1996): Using Language. Cambridge.

DEPPERMANN, A. (2020): Interaktionale Semantik. In: STAFFELDT, S., HAGEMANN, J. (Hrsg.): Semantiktheorien II. Analysen von Wort- und Satzbedeutung im Vergleich. Tübingen, S. 235-276.

DEPPERMANN, A., FEILKE, H., LINKE, A. (2016): Sprachliche und kommunikative Praktiken: Eine Annäherung aus linguistischer Sicht. In: DEPPERMANN, A., FEILKE, H., LINKE, A. (Hrsg.): Sprachliche und kommunikative Praktiken. Berlin, S. 1-23.

DEPPERMANN, A. (2015): Wissen Im Gespräch: Voraussetzung und Produkt, Gegenstand und Ressource. In: InLiSt, Heft 57.

DEPPERMANN, A. (2008): Gespräche analysieren. Eine Einführung. Wiesbaden.

DGFG (DEUTSCHE GESELLSCHAFT FÜR GEOGRAPHIE E. V.) (2020): Bildungsstandards im Fach Geographie für den Mittleren Schulabschluss. Mit Aufgabenbeispielen. Bonn.

DITTRICH, S. (2017): Argumentieren als Methode zur Problemlösung. Eine Unterrichtsstudie zur mündlichen Argumentation von Schülerinnen und Schülern in kooperativen Settings im Geographieunterricht. Münster.

EGNER, H. (2008): Komplexität. Zwischen Emergenz und Reduktion. In: EGNER, H., RATTER, B. M., DIKAU, R. (Hrsg.): Umwelt als System - System als Umwelt. Systemtheorien auf dem Prüfstand. München, S. 39-54.

FÖGELE, J., MEHREN, R., REMPFLER, A. (2020a): Wissen vernetzen. Concept Maps im Geographieunterricht. In: Praxis Geographie, Heft 4, S. 10-14.

FÖGELE, J., MEHREN, R., REMPFLER, A. (2020b): Tipping Points – Schlüssel zum tiefgründigen Verständnis komplexer dynamischer Systeme bei Lernenden? In: ZGD 48, Heft 3, S. 83-100.

FÖGELE, J., MEHREN, R., REMPFLER, A. (2023): Systemisches Denken. Stickstoff in der Umwelt – Planetare Belastungsgrenze überschritten? In: GRYL, I., LEHNER, M., FLEISCHHAUER, T., HOFFMANN, K. W. (Hrsg.): Geographiedidaktik. Fachwissenschaftliche Grundlagen, Fachdidaktische Bezüge, Unterrichtspraktische Beispiele – Band 1. Berlin, Heidelberg, S. 211-222.

FRIEDRICH, L. (2019): Sprachliche Komplexität zwischen kognitiven Veränderungen, Individualität und Prädiktion. Dissertation. Mainz, Johannes-Gutenberg-Universität.

GROß, A., HARREN, I. (Hrsg.). (2016): Wissen in institutioneller Interaktion. Frankfurt am Main.

HANKE, M., OHL, U., SPRENGER, S. (2023): Faktische Komplexität und unsicheres Wissen im Geographieunterricht. Die Golfstromzirkulation – Einfluss auf das Klima und mögliche Veränderungen infolge des Klimawandels. In: GRYL, I., LEHNER, M., FLEISCHHAUER, T., HOFFMANN, K. W. (Hrsg.): Geographiedidaktik. Fachwissenschaftliche Grundlagen, Fachdidaktische Bezüge, Unterrichtspraktische Beispiele – Band 1. Berlin, Heidelberg, S. 95-106.

HELLER, V. (2021): Die sprachlich-diskursive Darstellung komplexer Zusammenhänge im Fachunterricht. In: QUASTHOFF, U., HELLER, V., MOREK, M. (Hrsg.): Diskurserwerb in Familie, Peergroup und Unterricht. Berlin, S. 303-346.

HELLER, V., MOREK, M. (2019): Fachliches und sprachliches Lernen durch diskurs(erwerbs)orientierte Unterrichtsgespräche. Empirische Evidenzen und Desiderata mit Blick auf inklusive Settings. In: Deutsch Didaktik 24, Heft 46, S. 102-121.

HEMPOWICZ, J. (2021): Systemorganisationskompetenz im Geographieunterricht. Videobasierte Fallanalysen von Schüler*innen im Rahmen der Mystery-Methode. Norderstedt.

HERITAGE, J. C., WATSON, D. R. (1979): Formulations as Conversational Objects. In: PSATHAS, G. (Hrsg.): Everyday Language. New York, S. 123-162.

HEUZEROTH, J., BUDKE, A. (2021): Formulierung von fachlichen Beziehungen. In: ZGD 49, Heft 1, S. 14-31.

IMO, W., LANWER, J. P. (2019): Interaktionale Linguistik. Eine Einführung. Berlin.

JAHN, M., VIEHRIG, K., FIENE, C., SIEGMUND, A. (2015): Mit Concept Maps systemisches Denken von 341 Schüler/innen bewerten. In: BUDKE, A., KUCKUCK, M. (Hrsg.): Geographiedidaktische Forschungsmethoden. Berlin, Münster, S. 341-368.

KÖCK, H. (1998): Räumliche Komplexität. In: Geographie und Schule 20, Heft 116, 1, 18-24.

KUPETZ, M. (2021): Multimodalität und Adressatenorientierung in Instruktionen im DaZ- und Fachintegrierten Unterricht. In: Gesprächsforschung – Online-Zeitschrift zur verbalen Interaktion (ISSN 1617-1837), Heft 22, S. 348-389.

KUPETZ, M., BECKER, E., HELZEL, A., SCHÖPS, M., LINDNER, M., RABE, T. (2021): Sprache(n) im Fachunterricht: Heterogenitätssensibilisierung durch Kasuistik. In: k:ON – Kölner Online Journal für Lehrer*innenbildung 1, Heft 3, S. 153-189.

LEISS, D., DOMENECH, M., EHMKE, T., SCHWIPPERT, K. (2017): Schwer – schwierig – diffizil: Zum Einfluss sprachlicher Komplexität von Aufgaben auf fachliche Leistungen in der Sekundarstufe I. In: LEISS, D., HAGENA, M., NEUMANN, A., SCHWIPPERT, K. (Hrsg.): Mathematik und Sprache. Empirischer Forschungsstand und unterrichtliche Herausforderungen. Münster, S. 99-125.

MEHREN, R., REMPFLER, A., BUCHHOLZ, J., HARTIG, J. & ULRICH-RIEDHAMMER, E. M. (2018): System Competence Modelling: Theoretical Foundation and Empirical Validation of a Model Involving Natural, Social, and Human-environment Systems. In: Journal of Research in Science Teaching 55, Heft 5, S. 685-711.

MEHREN, R., MEHREN, M., OHL, U., RESENBERGER, C. (2015): Die doppelte Komplexität geographischer Themen. In: Ga&S 37, Heft 216, S. 4-11.

MEHREN, R., REMPFLER, A., ULRICH-RIEDHAMMER, E. M. (2014): Denken in komplexen Zusammenhängen. Systemkompetenz als Schlüssel zur Steigerung der Eigenkomplexität von Schülern. In: Praxis Geographie 44, Heft 4, S. 4-8.

MEISTER, J. (2020): Eine videogestützte Prozess- und Produktanalyse der Systemkompetenz - Am Beispiel der Bearbeitung eines Mysterys. Dissertation. Gießen, Justus-Liebig-Universität.

MONDADA, L. (2019): Conventions for Multimodal Transcription. https://www.lorenzamondada.net/multimodal-transcription (31.10.2023).

MORAWSKI, M. (2019): Von und mit Sprache lernen. Identifikation von Sprachbewusstsein und Entwicklung von Förderstrategien für den sprachsensiblen Geographieunterricht durch eine Analyse des bilingualen Geographieunterrichts. Dissertation. Universität zu Köln.

MOREK, M., HELLER, V. (2021): Individualisierter Zuschnitt diskursiver Anforderung und Unterstützung. In: QUASTHOFF, U., HELLER, V., MOREK, M. (Hrsg.): Diskurserwerb in Familie, Peergroup und Unterricht. Berlin, S. 381-424.

OHLHUS, S. (2019): Fachliches Lernen als domänenspezifischer Diskurserwerb. Eine Fallstudie aus dem mathematischen Förderunterricht. In: AHRENHOLZ, B., JEUK, S., LÜTKE, B., PAETSCH, J., ROLL, H. (Hrsg.): Fachunterricht, Sprachbildung und Sprachkompetenzen. Berlin, Boston, S. 209-234.

QUASTHOFF, U., HELLER, V., MOREK, M. (2021): Diskurskompetenz und diskursive Partizipation als Schlüssel zur Teilhabe an Bildungsprozessen. In: QUASTHOFF, U., HELLER, V., MOREK, M. (Hrsg.): Diskurserwerb in Familie, Peergroup und Unterricht. Berlin, S. 13-34.

RATTER, B. M. W., TREILING, T. (2008): Komplexität – Oder was bedeuten die Pfeile zwischen den Kästchen? In: EGNER, H., RATTER, B. M., DIKAU, R. (Hrsg.): Umwelt als System – System als Umwelt. Systemtheorien auf dem Prüfstand. München, S. 23-38.

REINEKE, S. (2016): Wissenszuschreibungen in der Interaktion. Eine gesprächsanalytische Untersuchung impliziter und expliziter Formen der Zuschreibung von Wissen. Dissertation. Heidelberg, Universität Mannheim.

REMPFLER, A., UPHUES, R. (2013): Systemkompetenz. In: BÖHN, D., OBERMAIER, G. (Hrsg.): Wörterbuch der Geographiedidaktik. Begriffe von A - Z. Braunschweig, S. 265-266.

SCHMITT, R. (2011): Unterricht ist Interaktion! In: SCHMITT, R. (Hrsg.): Unterricht Ist Interaktion! Analysen Zur De-Facto-Didaktik. Mannheim, S. 7-30.

SCHWARZE, S. (2017): Fachsprachliche Bildung in der Geographie. In: GW-Unterricht, Heft 148, S. 16-27.

SELTING, M., AUER, P., BARTH-WEINGARTEN, D., BERGMANN, J., BERGMANN, P., BIRKNER, K., COUPER-KUHLEN, E., DEPPERMANN, A., GILLES, P., GÜNTHNER, S., HARTUNG, M., KERN,

F., Mertzlufft, C., Meyer, C., Morek, M., Oberzaucher, F., Peters, J., Quasthoff, U., Schütte, W., Stukenbrock, A., Uhmann, S. (2009): Gesprächsanalytisches Transkriptionssystem 2 (GAT 2). In: Gesprächsforschung – Online-Zeitschrift zur verbalen Interaktion, Heft 10, S. 353-402.

Thürmann, E., Vollmer, H. J. (2017): Sprachliche Dimensionen fachlichen Lernens. In: Becker-Mrotzek, M., Roth, H.-J. (Hrsg.): Sprachliche Bildung – Grundlagen und Handlungsfelder. Münster, New York, S. 299-320.

Vester, F. (2019): Die Kunst vernetzt zu denken. Ideen und Werkzeuge für einen neuen Umgang mit Komplexität. München.

Vester, F. (2004): Vernetztes Denken und Handeln als Ansatz zur Krisenbewältigung. In: Fisch, R., Beck, D. (Hrsg.): Komplexitätsmanagement. Methoden zum Umgang mit komplexen Aufgabenstellungen, S. 137-146.

Viehrig, K., Siegmund, A., Funke, J., Wüstenberg, S., Greiff, S. (2017): The Heidelberg Inventory of Geographic System Competency Model. In: Leutner, D., Fleischer, J., Grünkorn, J., Klieme, E. (Hrsg.): Competence Assessment in Education. Cham, S. 31-53.

Wey (2022): Wie Sprache dem Verstehen hilft. Wiesbaden.

Wilke, H. (2005): Komplexität als Formprinzip. Helmut Wilke über Niklas Luhmann "Soziale Systeme. Grundriss einer allgemeinen Theorie" (1984). In: Baecker, D. (Hrsg.): Schlüsselwerke der Systemtheorie. Wiesbaden, S. 303-323.

Johannes Heuzeroth und Alexandra Budke

Metakognition und systemisches Denken – Wirkung von Sprache und metakognitiven Methoden auf die Entwicklung von Kausalbeziehungen im Geographieunterricht

1. Einleitung: Systemisches Denken und Ursache-Wirkungs-Beziehungen im Geographieunterricht

Ausgangspunkt der Betrachtung von Systembeziehungen im Geographieunterricht ist in der Regel ein komplexes Problem (z. B. Meereslebewesen verenden an Plastikmüll), dessen Ursachen und Lösungsmöglichkeiten die SchülerInnen zunächst nicht vollständig überschauen. Komplexes Problemlösen heißt dabei, die Diskrepanz bzw. das Hindernis zwischen einem Ist-Zustand (z. B. Plastik im Ozean) und einem Ziel (z. B. weniger Plastikmüll) zu überwinden (Fischer et al. 2012, S. 36f). Elementar ist dabei das Erstellen von Verbindungen oder Beziehungen zwischen Wirkungen (z. B. Fischsterben) und Ursachen (z. B. Umweltbewusstsein von Mitmenschen). Diese Ursache-Wirkungs-Beziehungen und das entstehende Geflecht von Beziehungen sind die Grundlagen des systemischen Denkens, der Entwicklung nachhaltiger (Problem-)Lösungen und möglicher Handlungsempfehlungen (Mehren et al. 2015, S. 30; Heuzeroth, Budke 2021b, S. 386f).
SchülerInnen können dieses komplexe Denken in Beziehungen und Relationen oftmals nur in Ansätzen leisten (Kaminske 2001; Köck 2001; Heuzeroth, Budke 2021a). Oftmals entwickeln SchülerInnen lediglich monokausale, lineare Kausalbeziehungen oder einfache Kausalketten. Komplexe, multikausale, systemische Wechselwirkungen auf verschiedenen Systemebenen und unter Berücksichtigung zentraler Systemmerkmale (z. B. Emergenz, Rückkopplungseffekte, Kippunkte; vgl. Mehren et al. 2018) werden jedoch in der Regel nicht oder nur unzureichend entwickelt (Brockmüller, Siegmund 2020; Heuzeroth, Budke 2021a).
Inhaltliche Ursachen könnten nach Kaminske (2001, S. 20) die Überforderung der SchülerInnen durch die Koinzidenz und Rückkopplungseffekte der Systemvariablen und Kausalbeziehungen sein. Mehren et al. (2014, S. 4) stellen fest, dass Kausalvorstellungen von SchülerInnen auf den Nahraum determiniert sind. Gründe sind eine erhöhte emotionale und affektive Aufladung, in Folge einer unvermittelten sinnlichen Wahrnehmung der subjektiven Lebenswelt. Mambrey et al. (2020, S. 15ff) arbeiten heraus, dass die fachlich bedingten Beziehungsarten / Wirkungszusammenhänge eines Systems von SchülerInnen häufig nicht erkannt und nicht geklärt werden können, da domänenspezifisches (fachliches) Wissen fehlt. Müller

(2016, S. 37ff) erklärt, dass Schwierigkeiten, raumzeitliche Dynamiken und komplexere Verbindungen zwischen einzelnen Aspekten zu erfassen, die Ursache für mehrheitlich einfache, lineare und monokausale Kausalbeziehungen sind.
Auf einer sprachlichen Ebene könnten ein fehlerhaftes Verständnis und fehlendes Wissen der SchülerInnen bezüglich kausalitätsanzeigender sprachlicher Strukturen (kausale Marker) auf Wort- und Satzebene Gründe für die Schwierigkeiten zur Darstellung von Systemen sein (BLÜHDORN 2006, S. 258ff). Herausfordernd für SchülerInnen auf einer Wortebene ist zum Beispiel das Wissen um die Bedeutung von Fachbegriffen, der Umgang mit Präpositionen oder die Nutzung entsprechender Verben (HEUZEROTH, BUDKE 2021a, S. 23ff). Problematisch sind der fehlerhafte Gebrauch von bestimmten Satzstrukturen (Kausal- und Bedingungssätze) und die Verwendung entsprechender Konjunktionen (z. B., weil, dann; ebd. S. 23-25).
Um diese inhaltlichen und sprachlichen Barrieren zu überwinden und SchülerInnen zu befähigen, in komplexen, hochvernetzten und systemischen Relationen zu denken und zu versprachlichen, wird im geographiedidaktischen Diskurs Metakognition als ein vielversprechender Ansatz diskutiert (REMPFLER, MEHREN 2011; KOCH, LASKE 2014; SCHULER et al. 2017). Metakognition beschreibt dabei das Wissen über das eigene Wissen und unterteilt sich in Wissen um Inhalte, über das eigene Gedächtnis sowie über bereits vorhandene Strategien sowie das Bewusstsein über deren Anwendung im Handlungsvollzug (FLAVELL 1979, S. 909ff; HASSELHORN 1992, S. 37f). Formen der Metakognition könnten SchülerInnen somit auf einer inhaltlichen, sprachlichen und auch auf einer strategischen Ebene unterstützen.
Der vorliegende Beitrag widmet sich der Forschungsfrage, welche Auswirkungen der Einsatz metakognitiver Strategien und Unterrichtsmethoden auf die Konstruktion von inhaltlich-sprachlich kohärenten komplexen Kausalbeziehungen durch SchülerInnen hat. Ausgehend von einer kurzen Darstellung der inhaltlichen und sprachlichen Merkmale geographischer Kausalbeziehungen werden die theoretischen Hintergründe des Konzeptes der Metakognition vorgestellt und deren Bedeutung zur Entwicklung des systemischen Denkens erläutert. Vorgestellt wird eine explanative Studie, die mit N=49 SchülerInnen in einer Gesamtschule in Nordrhein-Westfalen durchgeführt wurde. Die zentralen Forschungshypothesen waren, dass: a) metakognitive Strategien die inhaltlich-sprachliche Kohärenz und die Komplexität von Kausalbeziehungen im Geographieunterricht erhöhen und b) der Einsatz von metakognitiven Methoden vor oder während der Aufgabenbearbeitung bzw. des komplexen Problemlösens einen Zusammenhang/ Einfluss auf die Anzahl und Qualität der durch SchülerInnen entwickelten Kausalbeziehungen besitzt (HEUZEROTH, BUDKE 2021b, S. 383).
Abschließend soll auf Grundlage der durchgeführten Studie ein Modell zum Einsatz von Metakognition im Kontext der Entwicklung von Kausalstrukturen zum systemischen Denken vorgestellt werden.

2. Kausalbeziehungen als Bausteine von Systemen – Inhaltliche und sprachliche Merkmale

Im Folgenden werden einerseits die inhaltlichen und sprachlichen Merkmale von Kausalbeziehungen erklärt sowie die zentralen kognitiven Operationen beim Erstellen dieser herausgearbeitet, um das Potenzial von Metakognition in der Entwicklung und Versprachlichung von Kausalbeziehungen zu verdeutlichen. Ziel ist es, die Bedeutung und Notwendigkeit des Einsatzes metakognitiver Förderstrategien zur Entwicklung von Kausalbeziehungen im Geographieunterricht zu konkretisieren.

Kausalität im Geographieunterricht beschreibt grundsätzlich einen funktionalen Zusammenhang zwischen Ursache und Wirkung. Dieser Zusammenhang ist dabei in Abhängigkeit von Zeit und Raum gegeben. Eine Ursache ist ein Element, das eine bestimmte Wirkung hervorrufen kann oder eine Veränderung initialisiert. Eine Wirkung beschreibt die Veränderung, d.h. die Wirkungseffekte eines Elementes auf ein oder mehrere andere Elemente (Drewitz 2020, S. 33f). Die Wechselbeziehungen von Ursache und Wirkung wird durch Richtung, Stärke, Zeit und Räumlichkeit der Interaktion der Elemente bestimmt. Je nach Grad der Bedingtheit bzw. Abhängigkeit liegt dieser Bedingtheit das Verursachungsprinzip oder das Kausalprinzip zu Grunde (Heuzeroth 2021, S. 34ff).

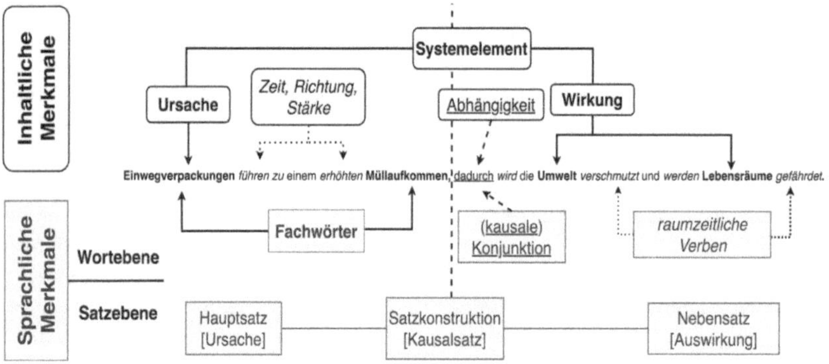

Abb. 1 | Inhaltliche und sprachliche Merkmale auf Wort- und Satzebene einer geographischen Kausalbeziehung (eigene Darstellung nach Heuzeroth, Budke 2021b, S. 391)

Im Beispiel (siehe Abb. 1) handelt es sich um eine Verbindung zwischen einer Ursache und einer Wirkung. Die fachliche Relation, d.h. die zeitliche Wirkrichtung sowie Abhängigkeit kennzeichnet die Einwegverpackungen als Ursache von mehr Müll. Die Stärke ist zeitlich spezifisch, jedoch räumlich unklar. Der Grad der Vernetzung ist gering und linear. Die hier dargestellte Beziehung bezeichnet man als monokausal (siehe Abb. 1). Ziel des Geographieunterrichts sollte es jedoch sein,

ein höheres Systemverständnis auf der Grundlage von multikausalen Beziehungen zu erzeugen, um damit die Fähigkeit anzubahnen, Systeme zu verstehen und zielgerichtet zu verändern (DGFG 2020, S. 10). Multikausalität definiert sich durch das Vorhandensein von mindestens drei Elementen und eine adäquate Repräsentation systemischer Eigenschaften (FÖGELE et al. 2020, S. 84). Systemelemente werden im Geographieunterricht sprachlich vorrangig mit Fachwörtern bzw. Substantiven abgebildet (siehe Tab. 1). Der sprachliche Kausalmarker für die inhaltlichen Aspekte Wirkrichtung, Stärke und Zeit einer fachlichen Relation sind Verben (siehe Tab. 1).

Tab 1. | Inhaltliche und sprachliche Kausalmarker sowie erforderliche fachspezifische Sprachkompetenzen (nach HEUZEROTH 2021, S. 34ff)

Beispielsatz:
„Einwegverpackungen führen zu einem erhöhten Müllaufkommen, dadurch wird die Umwelt verschmutzt und werden Lebensräume gefährdet."

Merkmale von Systemen		Inhaltliche Kausalmarker	Beispiel	sprachliche Kausalmarker	Fachspezifische Sprachkompetenz
Systemeigenschaften	Elemente	Fachwörter	Einwegverpackungen, erhöhtes Müllaufkommen, Umwelt,	Substantive, Wortgruppen	Fachwortschatz, spezifische Wortbildungen
	fachliche Relation	Zeit, Richtung, Stärke	führen zu, wird verschmutzt	Verben (mit Präpositionen)	Fachwortschatz, spezifische Verbstrukturen
		Abhängigkeit	dadurch	(kausale) Konjunktionen	Grammatik, Satzbau
Systemeigenschaften					Merkmale eines Arguments, Schreiben eines Sachtextes

Die Abhängigkeit von Ursache und Wirkung wird mit syntaktischen Mitteln ausgedrückt, d.h. die Verbindung des Hauptsatzes und Nebensatzes mit einer kausalen Konjunktion (BLÜHDORN 2006, S. 256ff). Im Beispiel geschieht dies durch Verwendung eines Kausalsatzes mit der Konjunktion „dadurch" (siehe Abb. 1 und Tab. 1). Für die Abbildung von Systemeigenschaften ist Kohärenz das zentrale Merkmal zur Bestimmung fachwissenschaftlicher und sprachlicher Richtigkeit. Kohärenz heißt, dass die sprachlichen Kausalmarker eine fachwissenschaftlich richtige Repräsentation von Elementen und Relationen und den systemspezifischen Eigenschaften abbilden (HEUZEROTH, BUDKE 2021a, S. 22f). Dies gilt sowohl für monokausale als auch für multikausale Aussagen.

3. Wirkung von Sprachförderung und Metakognition auf die Entwicklung komplexer geographischer Kausalbeziehungen

Im folgenden Kapitel wird die Wirksamkeit von Sprachbewusstheit und Metakognition im Kontext der Entwicklung von Kausalbeziehungen im Geographieunterricht auf Grundlage der aktuellen Studienlage skizziert. Zugleich wird die Funktion und Funktionsweise sprachlicher und strategischer (metakognitiver) Fördermaßnahmen erörtert.

3.1 Sprache und Sprachbewusstheit im Rahmen des systemischen Denkens

3.1.1 Der Zusammenhang von sprachlichem und fachlichen Lernen

Der Ansatz des sprachbewussten Fachunterrichts beruht auf der Beobachtung, dass Denken und Sprache in einer Wechselwirkung miteinander stehen und fachliches Lernen fachsprachliche Kompetenzen erfordert (LEISEN 2013; BUDKE, KUCKUCK 2017; MICHALAK 2017; BEYER, GERLACH 2018). Die erforderlichen fachbezogenen Sprachkompetenzen werden als fachbezogenes Sprachregister bezeichnet (OLESCHKO et al. 2016, S. 14). Geographische Inhalte und systemische Denkprozesse sind zugleich immer auch Gegenstand, Ergebnis oder Voraussetzung sprachlicher Prozesse im Geographieunterricht. Sprachbewusstsein ist kurz gesagt ein Reflektieren über Sprache und deren Gebrauch. In den Sprachwissenschaften wird Sprachbewusstsein (*Language Awareness*) „als explizites Wissen über Sprache und als bewusste Wahrnehmung und Sensibilität beim Sprachenlernen, Sprachunterricht und Sprachgebrauch [...]" definiert (ALA 2012, zitiert nach FINKBEINER, WHITE 2017, S. 7). Ausgehend von der Annahme, dass verbesserte Sprachfähigkeiten inhaltsbezogene Lernprozesse verbessern (ALLEMANN-GHIONDA et al. 2010, S. 11) und komplexere Sprachfähigkeiten zu komplexeren Denkoperationen und zu komplexeren Sprachproduktionen führen (OLESCHKO et al. 2016, S. 15; MICHALAK, MÜLLER 2017), erhält Sprache eine zentrale Bedeutung im Rahmen des systemischen Denkens. Diverse Studien (HEIDARI et al. 2022; WEY 2022) zeigen, dass eine erhöhte Sprachfähigkeit eine hohe Wirksamkeit auf das fachliche Lernen besitzt, demnach auch zu einer erhöhten inhaltlich-sprachlichen Richtigkeit bei der Entwicklung von Kausalbeziehungen führen kann (HEUZEROTH, BUDKE 2020; 2021a).

3.1.2 Förderung des fachsprachlichen Registers zur Förderung systemischer Denkoperationen

Bei der mündlichen und schriftlichen Sprachproduktion (z. B. Argumentation) oder bei der Rezeption kontinuierlicher (z. B. Fachtexte) und diskontinuierlicher Texte (z. B. Tabellen, Grafiken) ist ein Wissen und Verständnis komplexer fachsprachlicher Strukturen (z. B. Wortschatz, Grammatik) unabdingbar für das fachliche Lernen (SCHROETER-BRAUSS et al. 2018, S. 2). Im Rahmen des systemischen Denkens braucht es dementsprechend beides, a) ein umfassendes fachliches Wissen und b) ein fachsprachliches Register auf Wort-, Satz- und Textebene (siehe auch Tab. 1), um die geforderten inhaltlichen und sprachlichen Herausforderungen aufgabenbezogen bewältigen zu können. Ein fachsprachliches Register ist damit eine zentrale Voraussetzung für eine inhaltlich und sprachlich kohärente Verknüpfung und Versprachlichung von Fachwissen. HEUZEROTH und BUDKE (2020, S. 16; 2021a, S. 23ff) haben in ihren Studien herausgearbeitet, dass eine inhaltlich kohärente Konstruktion von Ursache, Wirkung und derer kausaler Beziehung unter anderem an den bewussten Gebrauch fachbezogener sprachlicher Mittel geknüpft ist. Dies kann durch den Einsatz von inhaltlichen und sprachlichen Scaffolding-Angeboten bei der Sprachrezeption und Sprachproduktion unterstützt werden (HEUZEROTH, BUDKE 2021a, S. 24f; 2022, S. 33ff). Besonders relevant sind dabei fachsprachliche Kausalmarker auf Wort- und Satzebene, die Kausalzusammenhänge kennzeichnen (siehe Tab. 1). Hierzu gehört beispielsweise der richtige Gebrauch entsprechender Verben, die Wirkungsrichtung, -stärke sowie Raumbezogenheit einer fachlichen Relation ausdrücken (z. B. „führt zu“, „vermindert“, siehe Tab. 1).

3.2 Metakognition – Wissen um Vorwissen, Gedächtnis und Strategien der Problemlösung

Metakognitive Kompetenzen umschreiben basale, (über)fachliche Kompetenzen, die einen sehr starken Effekt auf den Lernerfolg und -fortschritt von SchülerInnen haben können. Sie befähigen SchülerInnen zu lernen, wie man lernt und wie das eigene Lernen selbst zu regulieren ist. Allgemein wird daher unter Metakognition die bewusste Steuerung und Kontrolle eigener Kognitionen und Lernprozesse verstanden (VEENMAN et al. 2006, S. 3f). Eine Reihe von Studien (SERRA, METCALFE 2009; TRIPTO et al. 2016; DUNLOSKY et al. 2020; NEDERHAND et al. 2020) legen nahe, dass metakognitive Unterrichtsphasen und -methoden eine signifikante Steigerung der Komplexität (multikausal, hoch vernetzt) fachlicher Relationen bewirken können. Die ist für eine systemadäquate Lösung komplexer Probleme, bei der Betrachtung von Mensch-Umwelt-Beziehungen im Geographieunterricht, von zentraler Bedeutung (APPLIS et al. 2022).
In der geographiedidaktischen Forschung wird bisher immer wieder betont, wie wichtig Metakognition für die Anbahnung höherer Denkkompetenzen im Geographieunterricht ist (AYDIN 2011; REMPFLER, MEHREN 2011, S. 31f; SETIAWAN et al. 2020, S. 89). Bisherige Publikationen stützen die Vermutung, dass Metakognition einen hohen Effekt auf Lernen im Allgemeinen und auf das Lösen komplexer Probleme im Besondern hat (u.a. BURATTI, ALLWOOD 2015; METCALFE, XU 2018; METCALFE, HUELSER 2020). HMELO-SILVER et al. (2017, S. 68) betonen die Wichtigkeit von metakognitiven und reflexiven Prozessen zur Konzeptionalisierung systemischen

Denkens. Im Rahmen des Geographieunterrichtes erläutert KÖCK (2004, S. 46) die entscheidende Wirkung einer kompetenten strategischen Reduktion von Komplexität durch metakognitive Fähigkeiten, um im Anschluss komplexe Wirkungszusammenhänge konstruieren zu können. KOCH und LASKE (2014, S. 16f) betonen in ihrer Arbeit, dass „Strategien und deren reflektierte Anwendung beim Lösen komplexer, geographischer Fragestellungen eine große Rolle spielen" (ebd. S. 17) und fordern eine lernerzentrierte Transparentmachung und permanente Einübung und Reflektion von Lern- und Prozessstrategien. MEHREN et al. (2014, S. 7f) betonen, dass „metakognitive Denkmuster" (ebd. S. 8) sowie Lösungswege permanent Gegenstand intensiver Reflexionsprozesse sein sollten, um systemische Charakteristika umfassender verstehen zu lernen. APPLIS (2012, S. 281ff) konnte zeigen, dass metakognitive Kompetenzen die affektive Haltung von SchülerInnen zu geographischen Inhalten positiv beeinflussen, mit der Folge einer erhöhten Motivation, kognitiver Aktivierung und Bereitschaft zu einem mehrperspektivischen Denken. GEBELE et al. (2022, S. 968) kommen in ihrer Arbeit zum Schluss, dass die Verwendung metakognitiver Strategien einerseits beim Lesen und Schreiben einen positiven Effekt auf die Qualität der von den SchülerInnen produzierten Inhalte hatte und anderseits dazu führte, dass fachbezogene Argumente kohärenter entwickelt wurden. Jedoch sind Studien, die klären, welche Formen der unterrichtlichen Vermittlung metakognitiver Strategien besonders wirksam und effektiv sind, nur begrenzt vorhanden (KOCH, LASKE 2014; SETIAWAN et al. 2020). Veröffentlichungen, die die Wirksamkeit metakognitiver Strategien auf die Entwicklung und Versprachlichung geographischer, komplexer, kausalbezogener Denkprozesse untersuchen, sind bisher nicht vorhanden.

3.2.1 Wissen um Wissen

Metawissen stellt die deklarative Komponente der Metakognition dar und ist das Wissen um Inhalte, das eigene Gedächtnis oder bereits vorhandene Strategien zur Problemlösung (AZEVEDO, ALEVEN 2013, S. 2ff). Das Wissen über das eigene Wissen und die eigenen Gedächtnisstärken werden dabei als Personenvariable bezeichnet (*self-knowledge*). Das Wissen über die Anforderungen, die mit einem Problem oder einer Aufgabe verbunden sind, spezifiziert FLAVELL (1979, S. 907) als Problemvariablen *(knowledge about tasks)*. Die Kenntnisse über Strategien und darüber, wann welche Strategie effektiv eingesetzt werden kann, werden als Strategievariablen bezeichnet (*strategic knowledge*; FLAVELL 1979, S. 907; PINTRICH 2002, S. 220ff). Das Wissen um die Planung und Steuerung des eigenen Denkens und Handelns, zum Beispiel in der Handlungsvorbereitung und dem Handlungsvollzug, stellt die prozedurale Dimension des Metawissens dar (HARMS 2007, S. 130; HASSELHORN 1992).

3.2.2 Metagedächtnis

Das Metagedächtnis umfasst intrapersonale kognitive Strukturen und Prozesse, die sich auf das Wissen um eigene Gedächtnis- und kognitive Erwerbsprozesse beziehen (SCHNEIDER et al. 1998; LOCKL, SCHNEIDER 2007; SCHWARTZ, METCALFE 2017). Im Grunde bezieht sich das Metagedächtnis auf jedes Urteil, das über eine Erinnerung bzw. eine Erfahrung gefällt wird – auch in Bezug zu Lernen und Kausalität. Das Wissen um eigene Lernstrategien ermöglicht und fördert das eigene Lernen bei der Vernetzung von neuen kausalen Informationen im mentalen Lexikon. Das Wissen um das eigene Gedächtnis unterstützt die Aktivierung eigenen inhaltlichen Vorwissens, z. B. kausaler Modelle oder die Bedeutung von Fachbegriffen.

3.2.3 Metastrategien und Lösungsheuristiken

Metastrategien sind die prozessuale und exekutive Komponente der Metakognition. Während des Problemlösungsprozesses überwachen und steuern Metastrategien die Kognition, also den Lernprozess sowie die zielführende Strategieanwendung (BROWN, DELOACHE 1978, S. 28ff). Dabei werden vorhandene Wissensstrukturen und strategische Ressourcen für den Prozess und die Lösung eines Problems bzw. einer Aufgabe aktiviert (SCHMID, FUNKE 2013, 338f). Metastrategien aktivieren Wissensstrukturen und Ressourcen, die Fähigkeiten der SchülerInnen zur Auswahl, Kategorisierung und Kombination (Selektion) vorhandener Informationen (z. B. Kausalbeziehungen). Dadurch können problem- oder lösungsbezogene, relevante Systemelemente und deren kausale Bedeutung aller Voraussicht nach eher erkannt werden. Werden einzelne Systemelemente erkannt, unterstützen metakognitive Strategien vermutlich die Identifikation zielbezogener Kombinationsmöglichkeiten von Kausalbeziehungen in Bezug zu Richtung, Stärke und Abhängigkeit der Wechselbeziehungen. Metastrategien erleichtern es SchülerInnen, aus den gegebenen inhaltlichen Informationen (z. B. Systemelemente, Kipppunkte) und Lösungsoptionen (z. B. nachhaltig, realisierbar) auszuwählen und jene funktional, d.h. aufgabenbezogen zu nutzen (DAVIDSON et al., S. 212ff; PFISTER et al. 2017). SchülerInnen sind folglich besser in der Lage, die Entwicklung komplexer Kausalbeziehungen zu überwachen und das Ergebnis, die sprachlich korrekte Repräsentation inhaltlicher (geographischer) Beziehungen, zu kontrollieren und ggf. zu korrigieren (VUORRE, METCALFE 2021, S. 19f). Eine Problemlösung findet jedoch aufgrund bestimmter subjektiver Heuristiken oder auch klar definierter Handlungs- und Denkmuster statt (DOSTÁL 2015, S. 5f). Der Aufbau bzw. die Modifikation vorhandener Lösungsheuristiken sind deshalb für das Denken in Systemen von zentraler Bedeutung. Jene können durch den Einsatz entsprechender Unterrichtsmethoden und deren Reflektion verändert werden und führen zu einer „metakognitiven Bewusstheit" von SchülerInnen.

4. Methodik

Die Wirksamkeit von Metakognition bzw. metakognitiven Unterrichtsmethoden auf die kohärente und sprachliche Entwicklung von Kausalstrukturen durch SchülerInnen im Geographieunterricht zu überprüfen, war das zentrale Ziel der Untersuchung. Dafür wurde eine explanative Studie, mittels eines quasi-experimentellen randomisierten Prä-Post-Test-Designs, konzipiert und durchgeführt (DÖRING, BORTZ 2016, S. 213f).

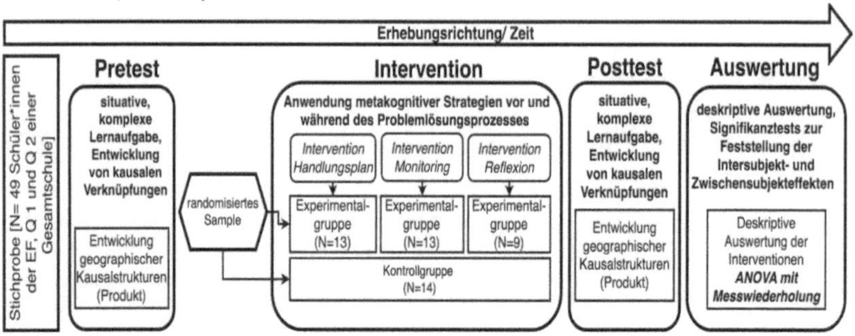

Abb. 2 | Erhebungsdesign (übersetzt nach HEUZEROTH, BUDKE, 2021b, S. 389)

Das abgebildete Erhebungsdesign (Abb. 2) wurde im Dezember 2020 in drei Klassen einer Oberstufe[1] in einer Gesamtschule in Nordrhein-Westfalen (NRW) angewendet. Durch die Schulschließung ab Dezember 2020, bedingt durch Sars- COVID 19, musste der Post-Test im Lernen auf Distanz (digital) durchgeführt werden. Dies führte zu einer erhöhten Stichprobenmortalität. Der Stichprobenumfang betrug ursprünglich 66 SchülerInnen (männlich: N=29; weiblich: N=37) in einem Alter zwischen 16 und 20 Jahren. Zum Ende der Erhebung lagen Datensätze von N = 49 (männlich: N=20; weiblich: N=29; Alter: M=17.02, SD=0.878) Probanden vor. Eine vorher durchgeführte Teststärkenanalyse ergab, dass ein Stichprobenumfang von N=48 (G-Power, $1-\beta=0.80$, $\alpha=0.05$, $f=0.25$; DÖRING, BORTZ 2016, S. 841) signifikante und belastbare statistische Effekte hervorbringen sollte.

Eingerahmt in einen „situativen Entscheidungskontext" mit einer Leitfrage (z. B. Kaffee, Salat, Sandwich und Burger to-go?! – Welche Ursachen und Auswirkungen hätte ein Verbot von Einwegverpackungen?), sollten die SchülerInnen, im Rahmen einer explorativen Aufgabenstellung (DÖRNER 2000, S. 198), materialungebunden Kausalbeziehungen konstruieren und versprachlichen. Alle Gruppen erhielten sprachliche Scaffolds zur sprachlichen Unterstützung und Ausschaltung der Störvariable Sprache (vgl. HEUZEROTH, BUDKE 2021a, S. 21).

[1] Die Oberstufe mit dem Ziel des Abiturs in Nordrhein-Westfalen gliedert sich in die einjährige Einführungsphase und die zweijährige Qualifikationsphase.

Es wurden drei metakognitive Interventionen[2] entwickelt: a) Handlungsplan, b) Zirkuläres Denken, c) Reflexion und jeweils in einer Experimentalgruppe eingesetzt. In Abbildung 3 ist beispielhaft die Intervention „Zirkuläres Denken" zu sehen. Diese wurde während der Aufgabenbearbeitung, mit dem Ziel der Regulation und Strukturierung des Arbeitsprozesses vom Erkennen der Ursachen bis zur Versprachlichung der geographischen Kausalbeziehungen, eingesetzt[3].

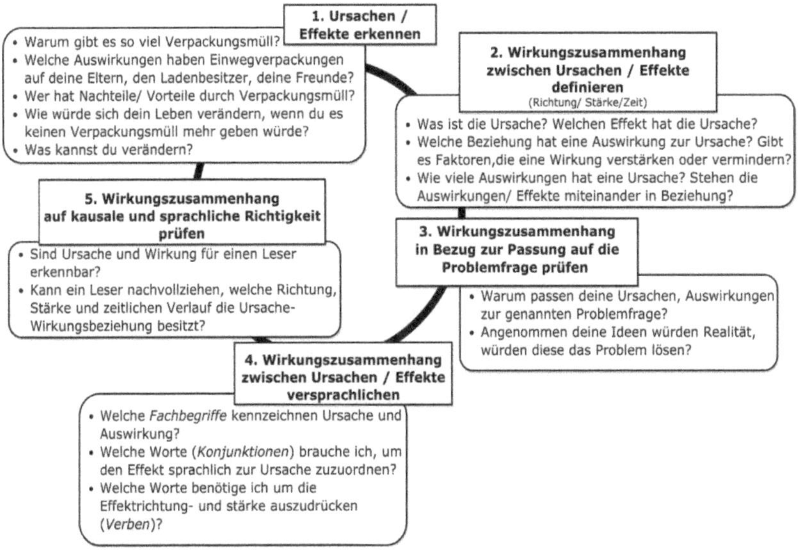

Abb. 3 | Beispiel für die Intervention „Zirkuläres Denken" (eigene Darstellung nach HEUZEROTH, BUDKE 2021b, S. 392)

Die Randomisierung erfolgte durch das Prinzip des *„matched sample"*, unter Berücksichtigung der Ergebnisse des Prä-Tests, der Noten in den Fächern Mathematik, Deutsch und Erdkunde sowie des Alters und des Geschlechts der Probanden (STEIN 2019, S. 140). Die Störvariable Sprache bzw. sprachliche Barrieren bei Versprachlichung von Kausalbeziehungen sollte durch Einsatz von sprachlichen Scaffolds ausgeschaltet werden und wurde allen Gruppen zur Verfügung gestellt. Statistische Korrelationen der Wirkung metakognitiver Strategien auf die Anzahl und Richtigkeit multikausaler Kausalstrukturen wurden im Hinblick auf die individuelle

[2] Alle Materialien zu den Interventionen finden sich unter: https://geodidaktik.uni-koeln.de/multimedia/metakognitive-strategien-fuer-die-entwicklung-geographischer-kausalstrukturen-im-rahmen-des-denkens-in-mensch-umwelt-systemen, Zugriff am 23.04.2023

[3] Die Abbildung entspricht inhaltlich dem Schülermaterial. Zur besseren Lesbarkeit wurde das Layout verändert und die Eintragungsfelder für die SchülerInnen entfernt.

Verbesserung der Entwicklung multikausaler Verknüpfungen (Innersubjekteffekte) und im Hinblick auf die Unterschiede der Wirksamkeit der eingesetzten Strategien (Zwischensubjekteffekte) geprüft (HEUZEROTH, BUDKE 2021b, S. 389f). Die Ergebnisse wurden codiert und mittels ANOVA mit Messwiederholung in SPSS 27 statistisch ausgewertet (BLASIUS, BAUR 2019, S. 997).

5. Ergebnisse und Diskussion

Insgesamt wurden im Prätest (t_0) 260 (M=5.31) und nach der Intervention im Posttest (t_1) 276 (M=5.63) kausale Verknüpfungen festgestellt. Dabei hat ein relativ hoher Anstieg von entwickelten Kausalbeziehungen durch die Interventionen stattgefunden. In Summe wurden in t_0 n= 111 (M=2.27) und in t_1 n=185 (M=3.78) multikausale Relationen entwickelt, was einer Steigerung von 66.67 % entspricht. Demnach ist nicht nur die Anzahl der kausalen, sondern auch der multikausalen Verknüpfungen nach dem Einsatz der drei Interventionen gestiegen. Von den kausalen Verknüpfungen, die die SchülerInnen formuliert haben, waren in t_0 = 177 (68.08%) und in t_1= 228 (82.61%) thematisch passend, inhaltlich sowie sprachlich richtig (HEUZEROTH, BUDKE 2021b, S. 393).
Tabelle 2 veranschaulicht die Veränderung der durch die SchülerInnen entwickelten kausalen Beziehungen zwischen dem Prätest (t_0) und dem Posttest (t_1) nach dem Einsatz der metakognitiven Unterrichtsmethoden. Zudem werden die Veränderungen in der thematischen Passung und der inhaltlich-sprachlichen Kohärenz im Prä- und Posttest dargestellt. Zu erkennen ist, dass sich, im Vergleich zum Prätest, der durchschnittliche Anteil der inhaltlich-sprachlich kohärenten Kausalbeziehungen aller Interventionsgruppen durch die eingesetzten Methoden durchschnittlich von 69.69 % auf 86.96 % erhöhte (Tab. 2), wohingegen der Anteil der richtigen Kausalstrukturen in der Kontrollgruppe, der keine metakognitiven Unterrichtsmethoden zur Verfügung gestellt wurden, von 66.57 % auf 63.66 % zurückging (Tab. 2).
Es konnte ein statistisch signifikanter Zusammenhang zwischen Intervention und Anzahl der Kausalbeziehungen von F (1.000, 47.000)=6.035, p=0.0178, partielles η^2=0.113798 festgestellt werden (siehe Tab. 2). Die Betrachtung des Aspektes der inhaltlich-sprachlichen Richtigkeit der entwickelten multikausalen Verknüpfungen durch den Einsatz der metakognitiven Methoden ergab einen statistisch signifikanten Zusammenhang F(1.000, 47.000)=5.553, p=0.0227, partielles η^2= 0.105667. Die Wirksamkeit der Interventionen auf die Richtigkeit der durch die SchülerInnen entwickelten Kausalstrukturen betrug dabei f=0,32, auf die Anzahl der Kausalstrukturen f=0,36. Dies sind beides mittlere Effekte mit Tendenz zu einer starken Effektstärke (COHEN 1988, S. 287).

Tab. 2 | Wirksamkeit metakognitiver Unterrichtsmethoden auf die Interventions- und die Kontrollgruppe im Prä- (to) und Posttest (t1) (übersetzt aus HEUZEROTH, BUDKE 2021b, S. 394)

Untersuchungsgruppen	*Gesamtanzahl kausale Verknüpfungen*		*Anzahl der thematisch passenden Verknüpfungen*		*Anzahl der richtigen kausalen Verknüpfungen*		*Anteil der richtigen Verknüpfungen in %*	
	t_0	t_1	t_0	t_1	t_0	t_1	t_0	t_1
	M	*M*	*M*	*M*	*M*	*M*	*M*	*M*
Intervention Handlungsplan	5.38	5.92	4.69	5.62	3.77	5.38	65.75	86.59
Intervention Zirkuläres Denken	5.46	5.85	4.38	5.62	3.31	5.23	70.11	88.19
Intervention Reflexion	6.44	6.22	5.78	6.00	5.00	5.44	73.06	86.11
Kontrollgruppe	4.36	4.79	3.93	4.64	2.86	2.93	66.57	63.66

In Tabelle 3 wird die Wirksamkeit der einzelnen Interventionen auf die Entwicklung von mono- oder multikausalen Kausalbeziehungen im Prä- und Posttest dargestellt. Jede Intervention hatte hierbei einen spezifischen Einsatzzeitpunkt, nämlich vor, während, und nach der Aufgabenbearbeitung (Untersuchungsgruppen, siehe Tab. 2). Die Methode „Handlungsplan" kam vor der Aufgabenbearbeitung, „zirkuläres Denken" während des Problemlösungsprozesses und „Reflexion" nach der Lösung und Bewertung einer Aufgabe, d.h. im Vorfeld einer neuen Aufgabenbearbeitung, zum Einsatz.

Tab. 3 | Wirksamkeit der Interventionen auf die Entwicklung von mono- oder multikausalen Kausalstrukturen (übersetzt aus HEUZEROTH, BUDKE 2021b, S. 395)

Untersuchungsgruppen	*Anzahl der richtigen monokausalen Kausalbeziehungen*			*Anzahl der richtigen multikausalen Kausalbeziehungen*		
	t_0	t_1	Δt	t_0	t_1	Δt
	M	*M*	*in %*	*M*	*M*	*in %*
Kontrollgruppe	0.71	0.71	0.00%	2.14	2.43	13.55%
Intervention Handlungsplan	1.15	1.23	6.96%	2.54	4.23	66.54%
Intervention zirkuläres Denken	1.38	1.15	-16.67%	2.31	4.15	79.65%
Intervention Reflexion	2.89	0.78	-73.01%	2	4.67	133.50%

Die Effekte der Veränderung der Richtigkeit und Anzahl der multikausalen Verknüpfungen, die die SchülerInnen formulierten, war bei allen drei Interventionsgruppen ähnlich hoch (siehe Tab 3.) Gerade die Verminderung der monokausalen Verbindungen der Interventionsgruppe „Reflexion" (Tab. 3) und die erhöhte Wirkung auf die Entwicklung multikausaler Kausalbeziehungen (Zunahme multikausaler Verknüpfungen: *M* t_0=2 auf t_1=4.67, Tab. 3) ist hervorzuheben. Ebenso hervorzuheben ist die hohe Steigerungsrate der Richtigkeit der multikausalen Verknüpfungen der Interventionsgruppe „Handlungsplan" (Tab. 3).
Aufgrund der Ergebnisse (siehe Tab. 2-3) kann geschlussfolgert werden, dass Metakognition SchülerInnen bei der Entwicklung von Kausalbeziehungen unterstützt und zu einer signifikanten Erhöhung der sprachlichen und inhaltlichen Kohärenz führt. Auf Grundlage der Studienergebnisse kann angenommen werden, dass metakognitive Steuerungs- und Kontrollprozesse die aufgabenbezogene und thematische Präzision erhöhen. Dies bestätigt die Erkenntnisse von Vuorre und Metcalfe (2021, S. 19) sowie Dunlovsky et. al. (2020, S. 23ff) über den Zusammenhang von metakognitiven Kompetenzen sowie die Präzision bzw. Passung der Aufgabenbearbeitung bzw. den Lernerfolg. Es bleibt allerdings ungeklärt, welche einzelnen metakognitiven Strategien bzw. Methoden für die Anbahnung einzelner Systemkompetenzen (siehe Kap. 3.2; vgl. Pintrich 2002; Sjuts 2018) besonders geeignet sind. In unserer Studie waren alle drei getesteten metakognitiven Methoden erfolgreich. Die Wirkung metakognitiver Kompetenzen auf den Wissenserwerb und die Wissensanwendung im Problemlösungsprozess (Greiff et al. 2015, S. 20) oder auf das Verständnis von Problemsituation und der Abwägung verschiedener Lösungsmöglichkeiten (Dostál 2015, S. 3ff) kann auf Grundlage der Ergebnisse ebenfalls bestätigt werden. Gerade der Einfluss von Metakognition auf den Problemlösungsprozess und den domänenspezifischen Erwerb einer geographischen, systemischen Expertise (Gruber et al. 2019, S. 56ff) wird aufgrund der Studie deutlich. Die Anwendung eines sprachlichen Scaffolds zur Ausschaltung der Störvariable „fehlende sprachliche Mittel" erleichterte den SchülerInnen die sprachliche Repräsentation komplexer, multikausaler Wirkungszusammenhänge und somit die Entwicklung multikausaler Verknüpfungen (Heuzeroth, Budke 2021a, S. 27).
Den sehr starken Effekt metakognitiver Strategien auf die Entwicklung multikausaler Verknüpfungen könnte einschränkend auf die zwei Messzeitpunkte zurückgeführt und den damit ggf. verbundenen Paneleffekten (z. B. Lerneffekte aufgrund wiederholter Durchführung; Stein 2019, S. 144) erklärt werden. Für eine Bestätigung der Erhebungsergebnisse empfiehlt sich die Durchführung einer Langzeitstudie mit mehreren Messwiederholungen, um einerseits den Zeiteffekt zu minimieren und anderseits die Langzeiteffekte des Einsatzes metakognitiver Strategien im Geographieunterricht aufzuzeigen. Die Limitation des Stichprobenumfangs erhöht die Anfälligkeit für Verzerrungseffekte und mindert die Validität (Stein 2019, S. 144). Die Vernetzung vielschichtiger Aspekte von Metakognition macht es schwer, Teilprozesse isoliert zu erfassen, diese isoliert zu messen und zu bewerten

(HASSELHORN 1992, S. 58). Welchen Aspekt der Metakompetenz (VEENMAN et al. 2006, S. 4ff) die eingesetzten Methoden genau förderten, ist daher nicht bewertbar und erfordert weitere Studien, allenfalls mit Mixed-Methods-Ansätzen. Hierbei könnte das Inbezugsetzen von erhobenen qualitativen Daten (z. B. lautes Denken bei der Anwendung der Intervention) und der quantitativen Daten ggf. Rückschlüsse auf die Funktionsweise einzelner Strategien und deren Wirkung geben.

6. Implikationen/ Ausblick

Nach VRUGT und OORT (2008, S. 143) aktiviert Metakognition eine deklarative Metabewusstheit sowie kognitive und strategische Wissensstrukturen. Die Folge ist eine Aktivierung von a) inhaltlich-sprachlichen Merkmalen von Ursache/ Wirkung, b) sprachlichen Mitteln, die als Kausalmarker fungieren (z. B. Verben), c) kontextabhängigem und problembezogenem Vorwissen sowie d) von (kausalen) Problemlösungsheuristiken. Jene Zusammenhänge werden durch die Ergebnisse der hier vorgestellten Studie bekräftigt (HEUZEROTH, BUDKE 2021b). Zudem wird die aufgabenbezogene Organisation des Vorwissens oder die zielgerichtete Regulation und Steuerung von Denk- und Handlungsprozessen für eine Konstruktion von thematisch passenden und aufgabenbezogenen fachlichen Relationen durch die eingesetzten Unterrichtsmethoden gefördert (DUNLOSKY et al. 2020, S. 113ff). Die im vorliegenden Beitrag eingesetzten metakognitiven Unterrichtsmethoden unterstützen SchülerInnen sehr wirksam beim Entwickeln und Versprachlichen von Kausalbeziehungen. Für Lernprozesse im Rahmen des systemischen Denkens sind metakognitive Werkzeuge damit effektive Förderinstrumente. Nach unserer Ansicht und der Ergebnisse anderer Studien (HEUZEROTH, BUDKE 2020; 2021a) sollten metakognitive Werkzeuge eine inhaltliche, sprachliche und strategische Dimension umfassen. In Abbildung 4 werden für die einzelnen Dimensionen Fördermöglichkeiten vorgestellt, die die Entwicklung von Kausalbeziehungen unterstützen können. Der didaktische Ort metakognitiver (Unterrichts-) Werkzeuge kann vor, während oder nach der systembezogenen Aufgabenbearbeitung im Geographieunterricht sein. Dabei ändert sich jedoch ihre konzeptionelle Gestaltung und demzufolge ihre kognitive (inhaltlich-sprachliche) und strategische Funktion (Abb. 4.)

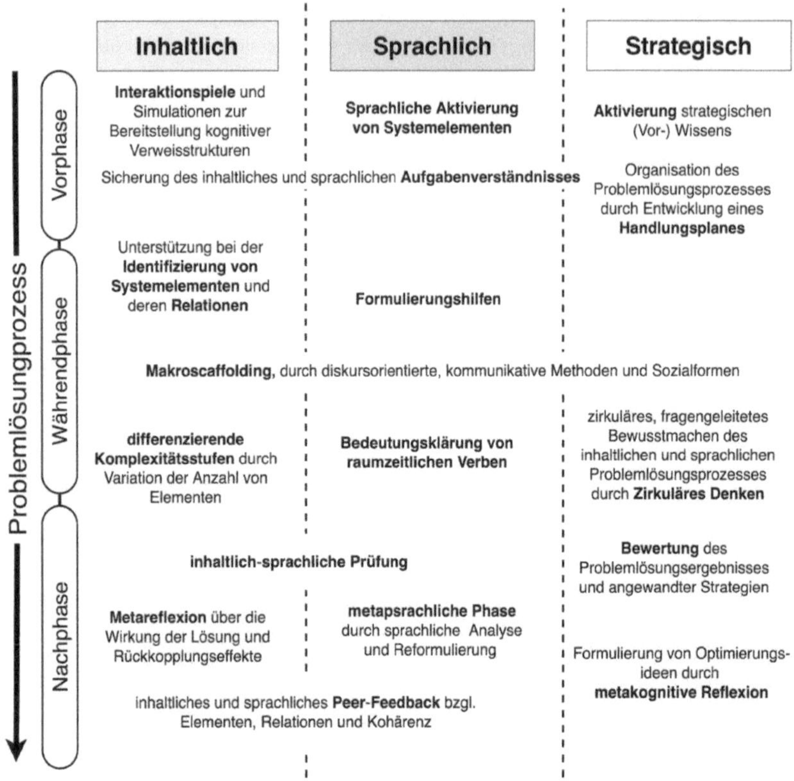

Abb. 4 | Inhaltliche, sprachliche und strategische metakognitive Methoden zur Unterstützung einer inhaltlich-sprachlichen Konstruktion von Kausalbeziehungen im Geographieunterricht (eigene Darstellung nach HEUZEROTH 2021, S. 138)

Zentral vor der Identifizierung von Ursachen und Wirkungen sowie der Entwicklung von Kausalbeziehungen ist es auf einer inhaltlichen Ebene, nicht nur inhaltliches Vorwissen bei den SchülerInnen zu aktivieren, sondern ebenso sprachliches und strategisches Vorwissen. In diesem Zusammenhang können zum Beispiel Fachbegriffe geklärt und bisherige Lösungsstrategien in Erinnerung gerufen werden (Abb. 4 Vorphase). Während des Problemlösungsprozesses sind auf einer Makro-Ebene das Arbeiten in Kleingruppen (Sozialform), zum Beispiel im Rahmen eines Mysterys (Methode) oder durch Erstellen einer Concept-Map (Produkt), hilfreich und unterstützend (Abb. 4, Währendphase). Einerseits, weil kooperative Lernformen iterative Prozesse initiieren und damit verschiedene Lösungsheuristiken und Denkstrategien für den kausalen Problemlösungsprozess verfügbar sind

(JONASSEN, IONAS 2008). Andererseits erfordert vernetzendes und dynamisches Denken einen rückkoppelnden Abgleichungsprozess zwischen Identifizierung der Elemente und deren Kausalbeziehungen, welche durch eine grafische Repräsentation vereinfach wird (DAVIDSON et al. 1996, S. 212f). Differenzierende inhaltliche und sprachliche Fördermaßnahmen (Scaffolds) können diesen Entwicklungsprozess unterstützen und die inhaltlich-sprachliche Kohärenz der Kausalbeziehung erhöhen (zahlreiche Beispiele bei HEUZEROTH, BUDKE 2022, S. 33ff). Nach der Problembearbeitung ist eine umfassende Metaphase, in der inhaltliche, sprachliche und strategische Aspekte mit den SchülerInnen besprochen werden, äußerst zielführend, um eine Meta-Bewusstheit anzubahnen und Lernfortschritte zu verfestigen (KOCH, LASKE 2014; METCALFE, HUELSER 2020). Metakognitive Strategien und deren Werkzeuge sind für den Geographieunterricht geeignet, um Barrieren zu einem komplexen systemischen Denken und Verstehen zu überwinden, konkrete Lösungen zu entwickeln und damit nachhaltiges Handeln zu ermöglichen.

7. Literatur

ALLEMANN-GHIONDA, C., STANAT, P., GÖBEL, K., RÖHNER, C. (2010): Migration, Identität, Sprache und Bildungserfolg – Einleitung zum Themenschwerpunkt. In: ALLEMANN-GHIONDA, C. (Hrsg.): Migration, Identität, Sprache und Bildungserfolg. 55. Beiheft. Weinheim, S. 7-16.

APPLIS, S. (2012): Wertorientierter Geographieunterricht im Kontext Globales Lernen. Theoretische Fundierung und empirische Untersuchung mit Hilfe der dokumentarischen Methode. Dissertation. Erlangen, Universität Erlangen.

APPLIS, S., MEHREN, R., ULRICH-RIEDHAMMER, E. M. (2022): Nachhaltigkeit und Ethisches Lernen im Kontext einer lösungsorientierten Didaktik. In: DICKEL, M., GUDAT, G., LAUB, J. (Hrsg.): Ethik für die Geographiedidaktik. Orientierungen in Forschung und Praxis. Bielefeld, S. 107-128.

AYDIN, F. (2011): Geography Teaching and Metacognition. In: Educational Research and Reviews 6, Heft 3, S. 274-278.

AZEVEDO, R., ALEVEN, V. (2013): Metacognition and Learning Technologies: An Overview of Current Interdisciplinary Research. In: AZEVEDO, R., ALEVEN, V. (Hrsg.): International Handbook of Metacognition and Learning Technologies. New York, S. 1-16.

BEYER, R., GERLACH, R. (2018): Sprache und Denken. Wiesbaden.

BLASIUS, J., BAUR, N. (2019): Multivariate Datenstrukturen. In: BAUR, N., BLASIUS, J. (Hrsg.): Handbuch Methoden der Empirischen Sozialforschung. Wiesbaden, S. 997-1016.

Blühdorn, H. (2006): Kausale Satzverknüpfungen im Deutschen. In: Pandaemonium Germanicum, Heft 10, S. 253-282.

Brockmüller, S., Siegmund, A. (2020): Erfassung und Entwicklung von Systemkompetenz – Empirische Befunde zu Kompetenzstruktur und Förderbarkeit durch den Einsatz analoger und digitaler Modelle. In: Journal of Geography 48, Heft 1, S. 31-49.

Brown, A. L., DeLoache, J. S. (1978): Skills, Plans and Self-Regulation. In: Siegler, R. (Hrsg.): Children's Thinking: What Develops. Hillsdale, New Jersey, S. 3-35.

Budke, A., Kuckuck, M. (2017): Sprache im Geographieunterricht. In: Budke, A., Kuckuck, M. (Hrsg.): Sprache im Geographieunterricht. Bilinguale und sprachsensible Materialien und Methoden. Münster, S. 7-35.

Buratti, S., Allwood, C. M. (2015): Regulating Metacognitive Processes – Support for a Meta-Metacognitive Ability. In: Peña-Ayala, A. (Hrsg.): Metacognition: Fundaments, Applications, and Trends. Cham, S. 17-38.

Cohen, J. (1988): Statistical Power Analysis for the Behavioral Sciences. New York.

Davidson, J. E., Deuser, R., Sternberg, R. J. (1996): The Role of Metacognition in Problem Solving. In: Metcalfe, J., Shimamura, A. P. (Hrsg.): Metacognition. Knowing about Knowing. Cambridge, Mass, S. 207-226.

dgfg – Deutsche Gesellschaft für Geographie (2020): Bildungsstandards im Fach Geographie für den Mittleren Schulabschluss. Mit Aufgabenbeispielen. Bonn.

Döring, N., Bortz, J. (2016): Forschungsmethoden und Evaluation in den Sozial- und Humanwissenschaften. Berlin, Heidelberg.

Dörner, D. (2000): Die Logik des Misslingens. Strategisches Denken in komplexen Situationen. Reinbek bei Hamburg.

Dostál, J. (2015): Theory of Problem Solving. In: Procedia – Social and Behavioral Sciences 174, S. 2-8.

Drewitz, U. (2020): Erwerb und Anwendung kausalen Wissens - Der Einfluss kausaler Kontextwechsel auf die Sicherheit von Vorhersagen und die Geschwindigkeit von Reaktionen. Dissertation. Berlin, Technische Universität Berlin.

Dunlosky, J., Mueller, M. L., Morehead, K., Tauber, S. K., Thiede, K. W., Metcalfe, J. (2020): Why Does Excellent Monitoring Accuracy Not Always Produce Gains in Memory Performance? In: Zeitschrift fur Psychologie, Heft 229, S. 104-119.

Finkbeiner, C., White, J. (2017): Language Awareness and Multilingualism: A Historical Overview. In: Cenoz, J., Gorter, D., May, S. (Hrsg.): Language Awareness and Multilingualism. Cham, S. 3-18.

FISCHER, A., GREIFF, S., FUNKE, J. (2012): The Process of Solving Complex Problems. In: The Journal of Problem Solving, Heft 4, S. 19-42

FLAVELL, J. H. (1979): Metacognition and Cognitive Monitoring. A New Area of Cognitive – Developmental Inquiry. In: American Psychologist 34, Heft 10, S. 906-911.

FÖGELE, J., MEHREN, R., REMPFLER, A. (2020): Tipping Points – Schlüssel zum tiefgründigen Verständnis komplexer dynamischer Systeme bei Lernenden? In: Journal of Geography Education 48, Heft 3, S. 83-100.

GEBELE, D., ZEPTER, A. L., KÖNIGS, P., BUDKE, A. (2022): Metacognition in Argumentative Writing Based on Multiple Sources in Geography Education. In: European Journal of Investigation in Health, Psychology and Education 12, Issue no. 8, S. 948-974.

GREIFF, S., FISCHER, A., STADLER, M., WÜSTENBERG, S. (2015): Assessing Complex Problem-Solving Skills with Multiple Complex Systems. In: Thinking & Reasoning 21, Heft 3, S. 356-382.

GRUBER, H., SCHEUMANN, M., KRAUSS, S. (2019): Problem und Expertiseerwerb. In: URHAHNE, D., DRESEL, M., FISCHER, F. (Hrsg.): Psychologie für den Lehrberuf. Berlin, 54-65.

HARMS, U. (2007): Theoretische Ansätze zur Metakognition. In: KRÜGER, D., VOGT, H. (Hrsg.): Theorien in der biologiedidaktischen Forschung. Ein Handbuch für Lehramtsstudenten und Doktoranden. Berlin, Heidelberg, S. 129-140.

HASSELHORN, M. (1992): Metakognition und Lernen. In: NOLD, G. (Hrsg.): Lernbedingungen Und Lernstrategien: Welche Rolle spielen kognitive Verstehensstrukturen? Tübingen, S. 35-61.

HEIDARI, N., SEBASTIAN FESER, M., SCHOLTEN, N., SCHWIPPERT, K., SPRENGER, S. (2022): Language in Primary and Secondary Geography Education: A Systematic Literature Review of Empirical Geography Education Research. In: International Research in Geographical and Environmental Education, S. 1-18.

HEUZEROTH, J., BUDKE, A. (2020): The Effects of Multilinguality on the Development of Causal Speech Acts in the Geography Classroom. In: Education Sciences 10, Heft 11, S. 1-24.

HEUZEROTH, J. (2021): Kausalität und Sprache im Geographieunterricht. Einflussfaktoren und Förderstrategien für das Entwickeln geographischer Kausalstrukturen Im Rahmen des systemischen Denkens. Dissertation. Köln, Universität zu Köln.

HEUZEROTH, J., BUDKE, A. (2021a): Formulierung von fachlichen Beziehungen – Eine Interventionsstudie zur Wirkung von Sprachlichen Scaffolds auf die Versprachlichung von Kausalstrukturen im Geographieunterrichtunterricht. In: Journal of Geography Education 49, Heft 1, S. 14-31.

HEUZEROTH, J., BUDKE, A. (2021b): Metacognitive Strategies for Developing Complex Geographical Causal Structures – An Interventional Study in the Geography Classroom. In: European Journal of Investigation in Health, Psychology and Education 11, Heft 2, S. 382-404.

HEUZEROTH, J., BUDKE, A. (2022): Inhaltliche und Sprachliche Scaffoldingtechniken für die Entwicklung und Versprachlichung geographischer Kausalstrukturen durch Schüler*innen – Ein Beitrag zur Förderung des Systemischen Denkens im Geographieunterricht. In: GW-Unterricht, Heft 167, S. 30-41.

HMELO-SILVER, C., JORDAN, R., EBERBACH, C., SINHA, S. (2017): Systems Learning with a Conceptual Representation: A Quasi-Experimental Study. In: Instructional Science, Heft 45, S. 53-72.

JONASSEN, D. H., IONAS, I. G. (2008): Designing Effective Supports for Causal Reasoning. In: Educational Technology Research and Development, Heft 56, S. 287-308.

KAMINSKE, V. (2001): Strategien des Zugriffs auf vernetzte Raumsachverhalte. In: Geographie aktuell und Schule, Heft 132, S. 15-23.

KOCH, C., LASKE, J. (2014): Outputorientierung erfordert Prozessstrategien! Kumulative Lernprozesse im Geographieunterricht gestalten. In: GW-Unterricht, Heft 134, S. 5-18.

KÖCK, H. (2001): Typen vernetzenden Denkens im Geographieunterricht. In: Geographie und Schule 23, Heft 132, S. 9-14.

KÖCK, H. (2004): Zur räumlichen Dimension Globalen Lernens. In: KROß, E. (Hrsg.): Globales Lernen im Geographieunterricht – Erziehung zu einer nachhaltigen Entwicklung. 15. Symposium des Hochschulverbandes für Geographie und ihre Didaktik (HGD) vom 10.-12. Juni 2003 an der Ruhr-Universität Bochum. Nürnberg, S. 33-49.

LEISEN, J. (2013): Handbuch Sprachförderung im Fach. Sprachsensibler Fachunterricht in der Praxis; Grundlagenwissen, Anregungen und Beispiele für die Unterstützung von sprachschwachen Lernern und Lernern mit Zuwanderungsgeschichte beim Sprechen, Lesen, Schreiben und Üben im Fach. Stuttgart.

LOCKL, K., SCHNEIDER, W. (2007): Knowledge About the Mind: Links Between Theory of Mind and Later Metamemory. In: Child Development, Heft 78, S. 148-167.

MAMBREY, S., TIMM, J., LANDSKRON, J. J., SCHMIEMANN, P. (2020): The Impact of System Specifics on Systems Thinking. In: Journal of Research in Science Teaching, Heft 57, S. 1632-1651.

MEHREN, R., REMPFLER, A., BUCHHOLZ, J., HARTIG, J., ULRICH-RIEDHAMMER, E. M. (2018): System Competence Modelling: Theoretical Foundation and Empirical Validation of a Model Involving Natural, Social and Human-Environment Systems. In: Journal of Research in Science Teaching, Heft 55, S. 685-711.

MEHREN, R., REMPFLER, A., ULRICH-RIEDHAMMER, E. M. (2014): Denken in komplexen Zusammenhängen. Systemkompetenz als Schlüssel zur Steigerung der Eigenkomplexität von Schülern. In: Praxis Geographie, Heft 4, S. 4-8.

MEHREN, R., REMPFLER, A., ULRICH-RIEDHAMMER, E. M. (2015): Diagnostik von Systemkompetenz mittels Concept Maps. Malariabekämpfung im Kongo als Beispiel. In: Praxis Geographie, 7-8, S. 29-33.

METCALFE, J., HUELSER, B. J. (2020): Learning from Errors Is Attributable to Episodic Recollection Rather Than Semantic Mediation. In: Neuropsychologia 138, S. 107296.

METCALFE, J., XU, J. (2018): Learning from One's Own Errors and Those of Others. In: Psychonomic Bulletin & Review, Heft 25, S. 402-408.

MICHALAK, M. (Hrsg.) (2017): Sprache als Lernmedium im Fachunterricht. Theorien und Modelle für das sprachbewusste Lehren und Lernen. Baltmannsweiler.

MICHALAK, M., MÜLLER, B. (2017): Durch Sprache zum Systemischen Denken. In: ARNDT, H. (Hrsg.): Systemisches Denken im Fachunterricht. Erlangen, S. 111-138.

MÜLLER, B. (2016): Komplexe Mensch-Umwelt-Systeme im Geographieunterricht mit Hilfe von Argumentationen erschließen. Am Beispiel der Trinkwasserproblematik in Guadalajara (Mexiko). Dissertation. Köln, Universität zu Köln.

NEDERHAND, M. L., TABBERS, H. K., BRUIN, A. B. de, RIKERS, R. M. J. P. (2020): Metacognitive Awareness as Measured by Second-Order Judgements Among University and Secondary School Students. In: Metacognition and Learning, 1-14.

OLESCHKO, S., WEINKAUF, B., WIEMERS, S. (2016): Praxishandbuch Sprachbildung Geographie. Sprachsensibel unterrichten – Sprache fördern. Stuttgart.

PFISTER, H.-R., JUNGERMANN, H., FISCHER, K. (2017): Die Psychologie der Entscheidung. Eine Einführung. Berlin, Heidelberg.

PINTRICH, P. R. (2002): The Role of Metacognitive Knowledge in Learning, Teaching, and Assessing. In: Theory Into Practice, Heft 41, S. 219-225.

Rempfler, A., Mehren, R. (2011): Systemkompetenz und ihre Förderung im Geographieunterricht. In: Geographie aktuell und Schule 33, Heft 189, S. 22-33.

Schmid, U., Funke, J. (2013): Kreativität und Problemlösen. In: Stephan, A., Walter, S. (Hrsg.): Handbuch Kognitionswissenschaft. Stuttgart, Weimar, S. 335-343.

Schneider, W., Schlagmüller, M., Visé, M. (1998): The Impact of Metamemory and Domain-Specific Knowledge on Memory Performance. In: European Journal of Psychology of Education, Heft 13, S. 91-103.

Schroeter-Brauss, S., Henrici, L., Wecker, V. (2018): Sprache im naturwissenschaftlichen Unterricht. Eine Einführung. Münster, New York.

Schuler, S., Vankan, L., Rohwer, G. (Hrsg.) (2017): Denken lernen mit Geographie. Braunschweig.

Schwartz, B. L., Metcalfe, J. (2017): Metamemory: An Update of Critical Findings. In: Module in Neuroscience and Biobehavioral Psychology, S. 423-432.

Serra, M. J., Metcalfe, J. (2009): Effective Implementation of Metacognition. In: Hacker, D. J., Dunlosky, J., Graesser, A. C. (Hrsg.): Handbook of Metacognition in Education. New York, S. 278-298.

Setiawan, F. A., Arisanty, D., Hastuti, K. P., Rahman, A. M. (2020): The Effect of Metacognitive Ability on Learning Outcomes of Geography Education Students. In: Indonesian Journal on Learning and Advanced Education, Heft 2, S. 82-90.

Sjuts, J. (2018): Metakognitive Strategien. In: mathematik lehren, Heft 211, S. 20-24.

Stein, P. (2019): Forschungsdesigns für die quantitative Sozialforschung. In: Baur, N., Blasius, J. (Hrsg.): Handbuch Methoden der empirischen Sozialforschung. Wiesbaden, S. 135-152.

Tripto, J., Ben-Zvi Assaraf, O., Snapir, Z., Amit, M. (2016): The 'What Is a System' Reflection Interview as a Knowledge Integration Activity for High School Students' Understanding of Complex Systems in Human Biology. In: International Journal of Science Education, Heft 38(4), S. 564-595.

Veenman, M. V. J., van Hout-Wolters, B. H. A. M., Afflerbach, P. (2006): Metacognition and Learning: Conceptual and Methodological Considerations. In: Metacognition and Learning, Heft 1, S. 3-14.

Vrugt, A., Oort, F. J. (2008): Metacognition, Achievement Goals, Study Strategies and Academic Achievement: Pathways to Achievement. In: Metacognition and Learning, Heft 32(3), S. 123-146.

VUORRE, M., METCALFE, J. (2021): Measures of Relative Metacognitive Accuracy Are Confounded with Task Performance in Tasks That Permit Guessing. In: Metacognition and Learning, Heft 17(3), S. 1-23.

WEY, S. (2022): Wie Sprache dem Verstehen hilft. Ergebnisse einer Interventionsstudie zu sprachsensiblem Geographieunterricht. Wiesbaden.

Annabelle Koch

Eine qualitative Analyse prozessdiagnostischer Fähigkeiten von Lehrkräften in systemorientierten geographischen Lernsituationen

1. Einleitung

„Learning happens when connections are made within and between systems."
(BENSON, MARLIN 2017)

Systeme begegnen uns nicht nur in der Lerntheorie, sondern in allen geographischen Themenbereichen (WARDENGA, WEICHHART 2006). Daher ist das systemische Denken ein zentrales geographisches Basiskonzept, welches kumulativ und sukzessiv ab der Grundschule erlernt werden soll (SOMMER 2005; MEHREN, REMPFLER 2022). Dafür müssen Geographielehrkräfte immer wieder Lernende diagnostizieren, um sie entsprechend ihres Lernstands adäquat fördern zu können (v. AUFSCHNAITER et al. 2020). Bisher existieren jedoch kaum Studien zu den diagnostischen Fähigkeiten im Allgemeinen und prozessdiagnostischen Fähigkeiten, denen eine hohe Lernförderlichkeit zugesprochen wird, im Speziellen von Geographielehrkräften. Daher werden in dieser qualitativen Studie mittels videobasierter Erhebung die diagnostischen Fähigkeiten der Lehrenden im Bereich des systemischen Denkens analysiert.

2. Theoretische Hintergründe

2.1 Der Zusammenhang zwischen Systemtheorie und systemischem Denken

Aus fachwissenschaftlicher Sicht befassen sich viele geographischen Themen mit komplexen dynamischen Systemen. Verschiedene Systemtheorien versuchen diese Systeme zu erklären. „Die Grundvorstellung moderner Systemwissenschaften basieren auf der Annahme, dass es sich sowohl bei natürlichen als auch bei sozialen Systemen um nicht-lineare, dynamische Systeme handelt, die fern von einem Streben nach Gleichgewicht sind und deren Verhalten durch Emergenz und der Systemverlauf durch Sprünge und Überraschungen geprägt ist" (EGNER, RATTER 2008, S. 11). Hingegen betrachtet MEADOWS (2008) die drei Bestandteile von Systemen: Elemente, Verbindungen und Funktion. Gerade die Funktion spielt zum Verstehen des Systemverhaltens eine entscheidende Rolle (ARNOLD, WADE 2015).

Auch die Fachdidaktik konstatiert dem Konstrukt System eine bedeutende Rolle. Empirische Studien zeigen, dass „das Systemkonzept als Hauptbasiskonzept des Faches legitimiert [wird]" (REMPFLER 2018) und die Hälfte der untersuchten Lehrpläne dieses Konzept explizit beinhalten (MÖNTER 2011). Auch wird es in den politischen Bildungsstandards des Faches prominent herausgestellt (DGFG 2020, S. 10).

Mithilfe systemischer Denkweisen können komplexe, geographische Themenbereiche verstanden werden (z. B. SENGE 1990; SWEENEY, STERMAN 2007; MEADOWS 2008). Jedoch herrscht Uneinigkeit, wie genau systemisches Denken definiert wird. Einige AutorInnen verwenden die Begriffe systemisches Denken und Systemkompetenz synonym (BROCKMÜLLER 2019). Im Folgenden werden einige Definitionen betrachtet und diese in Bezug zum Konstrukt System gebracht[1].

„[Im Rahmen des] systemische[n] Denken[s] [werden] Erklärungen [genutzt], die sich aus der Systemtheorie ableiten lassen. [...] An die Stelle gradlinig-kausaler treten zirkuläre Erklärungen, und statt isolierter Objekte werden die Relationen zwischen ihnen betrachtet" (SIMON 2017, S. 12f). Im weiteren Verlauf bezieht er das systemgerechte Handeln ein (SIMON 2017). Diese Definition bezieht sich explizit auf Systemtheorien, jedoch bleibt diffus, auf welchen systemtheoretischen Ansatz er rekurriert[2]. Des Weiteren stellt das Zitat eine Entwicklung von einem explizit nicht-systemischen Denken zu einem systemischen Denken dar. Dabei wird die Vernetzungsart, wie die Elemente in Verbindung zueinanderstehen (vgl. MEADOWS 2008), thematisiert. Allerdings fehlt der Aspekt der Systemdynamik.

Hingegen untergliedert OSSIMITZ (2000) das systemische Denken in vier zentrale Bereiche: das vernetzte Denken, das dynamische Denken, das Denken in Modellen und das systemgerechte Handeln. Der Bereich vernetztes Denken ähnelt der Definition von SIMON (2017), da es überwiegend Rückkopplungen umfasst. Zudem werden die Systemdynamiken und der Systemverlauf im dynamischen Denken aufgegriffen, somit nähert er sich der Systemdefinition von EGNER und RATTER (2008) an. Im Diskurs „Ontologie – Epistemologie" positioniert OSSIMITZ das systemische Denken auf einer epistemologisch-konstruktivistischen Seite, da er systemisches Denken als Denken in Modellen versteht. Dabei sollen nicht nur mentale Modelle, sondern ebenfalls bewusst wahrgenommene Modelle genutzt werden (OSSIMITZ 2000; vgl. auch BROCKMÜLLER 2019). Dieser Diskurs wird auch in den Systemtheorien geführt (LIEHR et al. 2006). Wie SIMON (2017) nennt OSSIMITZ (2000) das systemgerechte Handeln als Teil des systemischen Denkens. Das Handeln, welches nicht intuitiv, sondern fundiert ist, basiert auf dem systemischen Denkprozess (OSSIMITZ 2000).

---

[1] Ähnlich gehen auch ARNOLD, WADE (2015) vor. Sie vergleichen unterschiedliche Definitionen mithilfe eines Systemtests, da sie überzeugt sind, dass systemisches Denken auch ein System bildet.

[2] Da SIMON (2017) anschließend auf die Kybernetik im Sinne von WIENER (1961) eingeht, könnte er diesen systemtheoretischen Ansatz meinen.

Eine weitere stark verbreitete Definition in der Geographiedidaktik lautet: „Unter Systemkompetenz in der Geographie [werden] die Fähigkeit und Fertigkeit verstanden [.], einen komplexen Wirklichkeitsbereich sozialer und/oder natürlicher Prägung unterschiedlicher Maßstabsgröße in seiner Organisation und seinem Verhalten als erdräumliches System zu erkennen, zu beschreiben und zu modellieren und auf der Basis dieser Modellierung Prognosen und Maßnahmen zur Systemnutzung und -regulation zu treffen" (Mehren et al. 2016). Auch hier wird eine konstruktivistische Sichtweise deutlich, da das System modelliert und auf dieser Basis reguliert wird. Außerdem besitzt diese Definition einen integrativen Charakter, welcher auf das sozial-ökologische Systemverständnis zurückzuführen ist. Diese Systemtheorie betrachtet natürliche Systeme, soziale Systeme und vor allem die Beziehungen zwischen diesen beiden Systemen (Becker, Jahn 2006). Wie Simon (2017) und Ossimitz (2000) enthält auch diese Definition eine Handlungsebene.
Die wesentlichen Elemente der drei ausgewählten Definitionen zum systemischen Denken zeigen, dass eine Modellierungs- sowie eine Handlungsebene existieren. Dabei wird bei der Modellierung einerseits auf die Systemstruktur, also die Elemente und die Verbindungen zwischen den Elementen, andererseits auf die Systemdynamik, also das Systemverhalten über die Zeit hinweg, geachtet. Somit steht die Definition des systemischen Denkens bzw. der Systemkompetenz in Relation zu systemtheoretischen Ansätzen. Aufgrund des konstatierten integrativen Charakters der Geographiedidaktik (Rempfler 2018) wird in diesem Artikel die Definition von Mehren et al. (2016), die auf einem sozial-ökologischen Systemverständnis (Becker, Jahn 2006) basiert, verwendet.

2.2 Empirische Erkenntnisse zum systemischen Denken

Lernende können nicht grundsätzlich systemisch denken, da Menschen evolutiv in Tat-Folge-Zusammenhängen denken. Das Gehirn ist auf ein kurzfristiges Handeln im Nahraum und schlechter für langfristiges Handeln in der Ferne ausgerichtet (Mehren et al. 2014). In einer Interviewstudie zeigen sowohl Lehrkräfte als auch Kinder im Alter von 10 bis 12 Jahren, dass sie wenig systemisch denken. 15 Prozent der Kinder und 32 Prozent der Lehrkräfte erkennen Rückkopplungsschleifen, vereinzelte Personen identifizieren ein nicht-lineares Wachstum und sehr selten werden Systemverläufe genannt (Sweeney, Sterman 2007). Jedoch sind genau das langfristige, überlegte Handeln und die dafür benötigten Systemmerkmale, wie Nicht-Linearität oder Zeitverzögerungen, wichtig. Auch wird immer wieder im Kontext der BNE-Debatte das systemische Denken als fachdidaktische Basis herausgestellt (Ohl 2013; Riess 2013; Brockmüller 2019).
Sowohl internationale als auch nationale Studien zeigen, dass Lernende durch gezielte Interventionen ihr systemisches Denken verbessern (Ben-Zvi Assaraf, Orion 2005; Plate 2006; Bollmann-Zuberbühler 2008). Die Interventionen enthalten Aspekte des forschend-entdeckenden Lernens mit außerschulischen Lernorten und

Laborarbeiten (Ben-Zvi Assaraf, Orion 2005), eines systemorientierten Unterrichts, welcher durch Mapping-Methoden evaluiert wird (Plate 2006) und zentraler Systemmerkmale, wie Ursachen-Wirkungs-Beziehungen, Systemgrenzen, Rückkopplungen, etc. (Bollmann-Zuberbühler 2008). Außerdem zeigen unterschiedliche Studien, dass systemisches Denken bereits ab der Grundschule erlernt wird (Sommer 2005; Ben-Zvi Assaraf, Orion 2010). Jedoch besitzen Lernende ohne adäquate Förderung nur selten eine hohe Systemkompetenz (Sweeney, Sterman 2007; Meister 2019). Für die Prä- und Post-Testung werden häufig Concept Maps oder Wirkungsgefüge eingesetzt (Ben-Zvi Assaraf, Orion 2005; Plate 2006; Bollmann-Zuberbühler 2008). Folglich kann systemisches Denken durch gezielte Interventionen ab der Grundschule gefördert werden.

2.3 Habits of a System Thinker zur vertieften Entwicklung des systemischen Denkens

Verschiedene Studien ziehen Rückschlüsse auf eine Gestaltung der Interventionen bzw. des Unterrichts. Unter anderem sollte das systemische Denken nicht isoliert vom Fachinhalt erlernt werden. Sowohl die Modellierungsebene als auch die Handlungsebene (siehe Kap. 2.1) sollten in den Unterricht einbezogen werden. Des Weiteren verbessert sich das systemische Denken durch die Integration von metakognitiven Strategien in den Unterricht (Mehren, Rempfler 2022). Dabei hat die gemeinnützige Organisation *Waters Center For Systems Thinking* „Habits of a System Thinker" entwickelt, die Gewohnheiten oder Strategien darstellen, welche gute Systemdenkende anwenden (Benson, Marlin 2017). Sie stellen in didaktisch vereinfachter Weise prozessuale Denkweisen systemtheoretischer Aspekte und Elemente des systemischen Denkens dar (Frischknecht-Tobler et al. 2008). In einigen empirischen Studien wurden sie bereits angewendet (Nagel et al. 2008; Meister 2019). Meister (2019) identifiziert die Strategien in Lernprozessen bei Lernenden während der Mystery-Methode. Ähnliche Strategien werden auch in anderen Studien zur Mystery-Methode entdeckt (Hempowicz 2021; Karkdijk et al. 2021). Nagel et al. (2008) verwenden sie bei einer explorativen Fallstudie mit Lehrenden. Dabei stießen die Habits durch ihre kurzen einprägsamen Merksätze und visuellen Hilfen auf positive Resonanz. Somit können die Habits einerseits bei Lehrenden, andererseits bei Lernenden eingesetzt werden, um systemisches Denken tiefer zu verstehen und anzuwenden.

Dies vorliegende Studie verwendet ebenfalls die „Habits of a System Thinker" in leicht adaptierter Form, indem sechs von 14 Strategien ausgewählt, ins Deutsche übersetzt und sprachlich angepasst werden. Diese Strategien können den beiden Kompetenzdimensionen (Mehren et al. 2016) zugeordnet werden (siehe Abb. 1). Eine Strategie (Habit 3) wird in beiden Dimensionen eingeordnet. Die Habits beinhalten auch die in der Definition zum systemischen Denken enthaltene Systemstruktur und das Systemverhalten. Die Systemstruktur wird durch das Herstellen sinnvoller Verbindungen und das Bilden von Sub-Systemen abgebildet (vgl. Habit 1). Das Systemverhalten zeigt sich durch die Funktion des Systems und damit einhergehende emergente Strukturen, die nur durch einen Überblick über das System gelingt (vgl. Habit 2). Die zeitlichen Aspekte wie Sprünge und Überraschungen werden in diesen sechs Habits nur in der zweiten Dimension durch das Habit 5 abgebildet. In diesem werden unbeabsichtigte Folgen berücksichtigt, die durch Nicht-Linearitäten und Überraschungen schwer vorhersagbar sind. Andere zeitliche Aspekte können durch qualitative Zugänge wie Concept Maps unzureichend behandelt werden. Den letzten Aspekt des integrativen Charakters der Geographie erfüllen die Habits, da sie sehr allgemein formuliert sind. Sie können bei natürlichen und/oder sozialen Wirklichkeitsbereichen eingesetzt werden (vgl. Mehren et al. 2016). Eine ausführliche Erklärung sowie Herleitung mithilfe von Theorie und Empirie der genannten Strategien erfolgt in der Studie von Koch (in Vorbereitung).

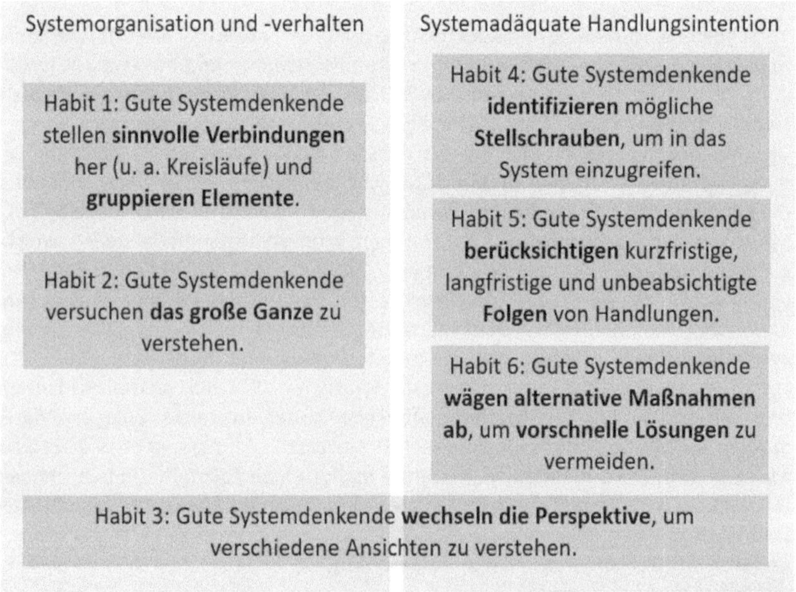

Abb. 1 I Zuordnung der Habits of a System Thinker zu den beiden Kompetenzdimensionen des GeoSysKo-Modells (eigene Darstellung, angelehnt an Benson, Marlin 2017 und Mehren, Rempfler 2022)

2.4 Prozessdiagnostische Fähigkeiten bei Lehrkräften

Um Lernende im Bereich des systemischen Denkens mittels der Habits adäquat fördern zu können, benötigen Lehrende Lernstandsdiagnosen, um den individuellen Kenntnisstand der Lernenden einzuschätzen, da „Förderung ohne vorangehende Diagnose [...] in der Regel unspezifisch [erfolgt und], Diagnose ohne darauf aufbauende Förderung [...] häufig wirkungslos [bleibt]“ (HUßMANN, SELTER 2013, S. 16). Dabei wirken sich die Diagnoseleistungen der Lehrkräfte und die Unterrichtsqualität auf den Lernerfolg der Lernenden aus (HORSTKEMPER 2004; LEUDERS et al. 2018). Somit hängt die Förderung des systemischen Denkens mit der Diagnosekompetenz der Lehrenden zusammen.

In allen Ansätzen zur professionellen Kompetenz von Lehrenden wird der Kompetenzbegriff nach WEINERT (2001) verwendet. Jedoch kann dieses abstrakte Begriffsverständnis auf jegliche Kompetenz angewendet werden, daher haben unterschiedliche AutorInnen die professionelle Kompetenz ausdifferenziert (SHULMAN 1987; BAUMERT, KUNTER 2006; BROMME 2008; SHULMAN 2013). SHULMAN's Untergliederung ist weitverbreitet: Dabei wird zwischen *content knowledge* (= CK), *Pedagogical content knowledge* (= PCK) und *curricular knowledge* unterschieden (SHULMAN 2013). Das CK stellt ein konzeptionelles Verständnis vom Fach dar (SHULMAN 2013), d.h. eine Lehrkraft versteht die geographischen Basiskonzepte (hier: Systemkonzept) und kann diese auf unterschiedliche Themen anwenden. Das PCK umfasst Wissensbestände zur Vermittlung von geographischen Themen und Konzepten (SHULMAN 2013). Beispielsweise stellen metakognitive Strategien ein geeignetes Förderinstrument für die adäquate Vermittlung von systemischem Denken dar (siehe Kap. 2.2). Zudem enthält es empirische Erkenntnisse über Präkonzepte und Lernschwierigkeiten bei Lernenden. So kann eine Lehrkraft davon ausgehen, dass nur wenige Lernende bereits auf einem hohen Kompetenzniveau systemisch denken können (siehe Kap. 2.2). Im curricularen Wissen sind fachspezifische und fachübergreifende Lehrplanthemen enthalten (SHULMAN 2013).

Die von SHULMAN entwickelten Konzepte des professionellen Wissens wurden in verschiedenen Ansätzen weiterentwickelt. So differenzieren BAUMERT und KUNTER (2006) vor allem das *pedagogical knowledge* (= PK) aus. Dabei fällt die diagnostische Kompetenz unter diesen Wissensbereich. Sie stützen sich auf Definitionen von SCHRADER (2011) und HELMKE (2017), die Diagnostik als adäquate Beschreibung von Merkmalsausprägung der Lernenden erklären. Hingegen sprechen die Sonderpädagogin MOSER OPITZ (2022) und die Arbeitsgruppe um die Fachdidaktikerin v. AUFSCHNAITER (2020) der Diagnostik eine Förderabsicht zu, sodass davon ausgegangen wird, dass die diagnostische Kompetenz domänenspezifisch ist. Lehrkräfte greifen so immer wieder auf ihr PCK zurück, um diagnostische Situationen zu planen, Daten zu beurteilen und didaktische Entscheidungen abzuleiten (MOSER OPITZ 2022).

In Anlehnung an die Arbeitsgruppe v. Aufschnaiter (2015; 2018) wird diagnostische Kompetenz in der vorliegende Studie als eine Form der Analyse von (fachlichen) Kompetenzständen und -entwicklungen von Lernenden, welche auf Förderung abzielt, definiert[4]. Um Kompetenzstände und -entwicklungen analysieren zu können, müssen unterschiedliche Daten erhoben werden. So werden Kompetenzstände durch mündliche und schriftliche Schülerprodukte an einem bestimmten Zeitpunkt erkannt (Statusdiagnostik). Zudem können Bearbeitungsprozesse von Lernenden zu einem bestimmten Zeitpunkt genutzt werden (Prozessdiagnostik). Die Prozessdiagnostik besitzt dabei den entscheidenden Vorteil, dass differenziert erklärt wird, wie die Lernenden zu dem Produkt gelangt sind und so spezifischere Fördermaßnahmen ergriffen werden (v. Aufschnaiter et al. 2018). Kompetenzentwicklungen werden durch Verlaufs- oder Veränderungsdiagnostiken erfasst (v. Aufschnaiter et al. 2020).
Bei allen Arten von Diagnostik (Status-, Prozess-, Verlaufs- oder Veränderungsdiagnostik) verläuft die Vorgehensweise gleich, sodass durch den Diagnosezyklus ein Förderinstrument für Lehramtsstudierende entwickelt worden ist (v. Aufschnaiter et al. 2015; 2018; 2020). Hier wird zunächst die zu analysierende Kompetenz festgelegt. Anschließend werden Daten erhoben, die sich je nach Diagnosearten unterscheiden (z. B. Schülerprodukte oder Arbeitsprozesse). Nachdem die Daten betrachtet wurden, werden die relevanten Situationen für die zu analysierende Kompetenz beschrieben, die folglich theoriegeleitet gedeutet werden. Dabei sollten sowohl Schwächen als auch Stärken der Lernenden bei einer guten Deutung thematisiert werden, da insbesondere die Stärken Ansatzpunkte für die Förderung bieten. Auch das Ableiten von möglichen Ursachen trägt zu einer adäquaten Förderung bei, da es unterschiedliche Gründe für die Entwicklung einer bestimmten Lösung oder Verhaltensweise geben kann. Es wird zwischen lernerspezifischen, situationsspezifischen und sachspezifischen Ursachen unterschieden. Das Ziehen von Konsequenzen für die Förderung ist eine weitere Komponente beim Diagnostizieren (v. Aufschnaiter et al. 2020). Einerseits können den Lernenden ihre Schwächen konstruktiv zurückgemeldet werden. Konstruktive Rückmeldung erfolgt durch drei Bestandteile: Feedback, Feedup und Feedforward (Hattie 2010). Andererseits adaptiert die Lehrkraft die Lernumgebung so, dass der Lernende implizit auf bestimmte Verhaltensweisen oder Ideen hingewiesen wird. Insgesamt stellt der Diagnosezyklus (Abb. 2) einen iterativen Prozess dar, wobei die einzelnen Komponenten in unterschiedlicher Reihenfolge durchlaufen werden können (v. Aufschnaiter et al. 2020).

[4] Eine Abgrenzung zu den Konstrukten Reflexion und Evaluation, welche auch Analyseformen sind und häufig mit Diagnostik in Zusammenhang gebracht werden (z. B. Schrader 2011), erfolgt in den Studien von Luber (in Vorbereitung) und Koch (in Vorbereitung).

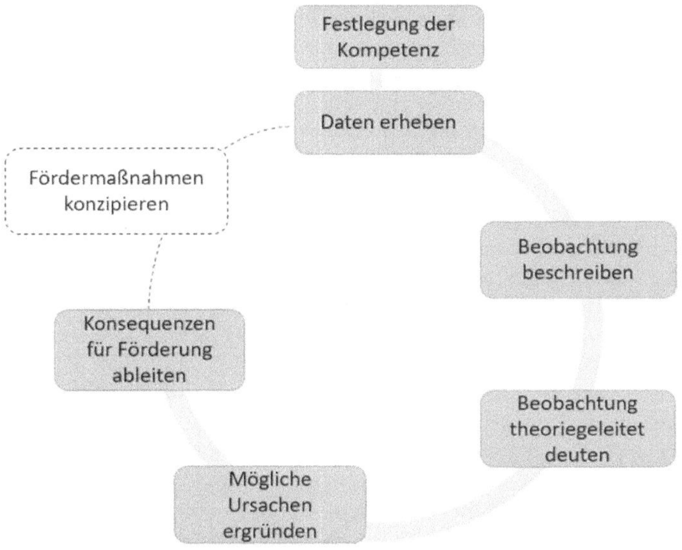

Abb. 2 I Der Diagnosezyklus (eigene Darstellung nach v. AUFSCHNAITER et al. 2018)

BERETZ (2021) und MÜNSTER (2021) wenden bereits in ihren Dissertationen den Diagnosezyklus als Interventionsinstrument bei Physik- und Mathematiklehramtsstudierenden an. Dabei finden die beiden heraus, dass Lehramtsstudierende alle Komponenten des Diagnosezyklus anwenden können, jedoch häufen sich die einzelnen Komponenten unterschiedlich. Deutungen werden deutlich häufiger als Beschreibungen genutzt. Die Ursachen und Konsequenzen stellen eher eine Herausforderung dar, da sie anspruchsvoller sind (BERETZ 2021). Eine ideale Diagnose mit vielen Relationen zwischen den Komponenten fällt eher gering aus, jedoch wird sie mithilfe von Videoanalysen etwas häufiger als mit Textvignetten erzielt. Dabei vermutet die Autorin soziale Effekte als Ursache, da die Videovignetten in Partnerarbeit analysiert werden (BERETZ 2021). Des Weiteren stellt MÜNSTER (2021) fest, dass Studierende vor allem die fachliche Kompetenz von Lernenden fokussieren und ihre Diagnosen durch situationsgebundene Daten belegen. Ein Rückgriff auf externe oder situationsübergreifende Daten wird kaum festgestellt, da dies anspruchsvoller ist. BERETZ (2021) empfiehlt eine weitere Überprüfung des Diagnosevorgehens bei anderen Personengruppen, wie Lehramtsstudierenden anderer Fächer, Lehrkräften im Vorbereitungsdienst oder ausgebildeten Lehrkräften.
In der Geographiedidaktik wurde bereits in verschiedenen Studien das Konstrukt der professionellen Unterrichtswahrnehmung bei Lehramtsstudierenden und

Lehrkräften erforscht (MEUREL, HEMMER 2020a; SCHOLTEN et al. 2020; STREITBERGER, OHL 2020). Dabei wird die professionelle Unterrichtswahrnehmung eher als eine Ad-hoc-Analyse substanziiert, wodurch sie sich in dem hier zugrunde liegenden Verständnis von Diagnostik unterscheidet.

3. Forschungsfragen

Enthält die Diagnostik eine Förderabsicht (siehe Kap. 2.3), ist sie domänenspezifisch. Demnach sind die Studienergebnisse aus der Mathematik- und Physikdidaktik nur eingeschränkt auf die Geographiedidaktik übertragbar. Bisherige Studien in der (inter-)nationalen Geographiedidaktik untersuchen entweder ähnliche Konstrukte wie die professionelle Unterrichtswahrnehmung oder andere Stichproben wie Lehramtsstudierende. Daher verfolgt diese Studie das Erkenntnisinteresse, die diagnostischen Fähigkeiten der Geographielehrkräfte im für die Geographie prominenten Bereich des systemischen Denkens mithilfe folgender Forschungsfragen zu analysieren:

1) Auf *was* achten Lehrkräfte beim Diagnostizieren im Bereich des systemischen Denkens?
2) *Wie* gelangen Lehrkräfte zu ihrem diagnostischen Urteil?
3) Welche *Qualität* (Stärken und Defizite) weist das diagnostische Urteil von Lehrkräften im Kontext des systemischen Denkens auf?
4) Inwieweit *verändert* ein theoretischer Prompt das diagnostische Urteil von Lehrkräften?
5) Welche *Erkläransätze* können zu Unterschieden von diagnostischen Urteilen generiert werden (Hinweise auf potenzielle Einflussfaktoren)?

Die Forschungsfragen deuten bereits auf einige Designentscheidungen der Studie hin.

4. Forschungsdesign

Anhand der bereits dargelegten schwachen empirischen Studienlage zu den diagnostischen Fähigkeiten von Geographielehrkräften zielt diese Studie auf einen qualitativ-explorativen Ansatz ab. Im Kontinuum zwischen Labor- und Feldstudie siedelt sich die Studie eher im Bereich einer Laborstudie an (vgl. DÖRING, BORTZ 2016). Sie findet in einem kontrollierten Setting mit mehreren Prompts (Hinweisreize) statt, und die Lehrkräfte befinden sich außerhalb ihres normalen Handlungsfeldes. Ähnlichkeiten zu Feldstudien besitzt die Studie durch die Videovignetten, die alltägliche Bearbeitungsprozesse einer beliebten Methode (Mystery) zeigen und die Instruktionen der erhebenden Person feldähnliche Eigenschaften.
Durch den explorativen Charakter umfasst die Stichprobe 22 ProbandInnen, die unterschiedliche Berufserfahrungen besitzen, an verschiedene Schulformen (Realschule oder Gymnasium) unterrichten und divergente Erfahrungen mit der

Mystery-Methode haben. Im Verlauf der Erhebung finden die ProbandInnen sich in Paaren zusammen. Dabei erfolgt die Zusammensetzung auf einer freiwilligen, sympathienbasierenden Entscheidung. Dies fördert eine vertrauliche und sichere Umgebung, damit auch Unsicherheiten beim Diagnostizieren kommuniziert werden.

Einen Schwerpunkt des Forschungsdesigns bilden die Videovignetten, die als Erhebungsanlass fungieren (Scholten et al. 2020; Bienert 2021). Sie bestehen aus Videodaten einer Vorläuferstudie, die sich unter anderem mit den Habits von Lernenden bei der Bearbeitung eines Mysterys befasst (Meister 2019). Die Auswahl der Videosequenzen erfolgt ähnlich wie bei Meurel und Hemmer (2020a, 2020b) durch ein Event-Sampling-Verfahren. In den Videosequenzen wird darauf geachtet, dass unterschiedliche Kompetenzniveaus, beide Kompetenzdimensionen (die Modellierungs- und Handlungsebene, vgl. Abb. 1) und möglichst viele der sechs Habits dargestellt werden. Zudem wird die inhaltliche Angemessenheit der Videos durch Pilotierungen (N = 2 und N = 58) und Expertenratings (N = 2, N = 13, N = 8 und N = 10) erhöht.

Die Abbildung 3 zeigt den Verlauf der drei Erhebungen. Zuerst findet ein kurzer fachlicher (und fachdidaktischer) Input im Plenum statt, welcher den Sachgegenstand mittels des Unterrichtsmaterials vermittelt. So wird das Fachwissen und das fachdidaktische Wissen der Lehrkräfte für den folgenden 1. Erhebungszeitpunkt (T1) aktiviert. Die Lehrkräfte formieren sich in T1 in dyadische Settings, sodass die diagnostischen Fähigkeiten in einem kommunikativen Aushandlungsprozess offengelegt werden (Beretz 2021; Bienert 2021; Münster 2021). Eine erhebende Person kontextualisiert die Videosequenzen als unterrichtsübliche Situation und fordert die Lehrkräfte auf, die Lernenden zu diagnostizieren und zu fördern. Zusätzlich zur mündlichen Aufforderung erhalten die Lehrkräfte dies schriftlich. Die erhebende Person zieht sich zurück, bleibt aber als Beobachter im Raum. Die Lehrkräfte entwickeln nun eine Förderdiagnose zum Video. Nachdem die ProbandInnen das Ende der Diagnose signalisieren, finden Prompts zu den Ursachen und Konsequenzen statt, da sie anspruchsvoller als andere Komponenten des Diagnostizierens sind (Beretz 2021; Münster 2021). Daraufhin wird eine zweite Videosequenz mit einer anderen Kompetenzausprägung gezeigt, da die Modellierungs- und Handlungsebene unterschiedliche Strategien und Prozesse zeigen (vgl. Abb. 1). Im Anschluss findet ein 20-minütiger fachdidaktischer Prompt zu den Konstrukten Systemisches Denken und Diagnostik statt, indem die *Habits of a System Thinker* und der Diagnosezyklus vermittelt werden. Dieser soll die Lehrkräfte auf die zu diagnostizierende Kompetenz fokussieren und gewährleisten, dass das Konstruktverständnis von Forschenden und Beforschten ähnlich ist (vgl. Beretz 2021). Anschließend durchlaufen die gleichen Paare den zweiten Erhebungszeitpunkt (T2) kongruent. Jedoch werden neue Videovignetten verwendet und die Materialien des Prompts zur Verfügung gestellt.

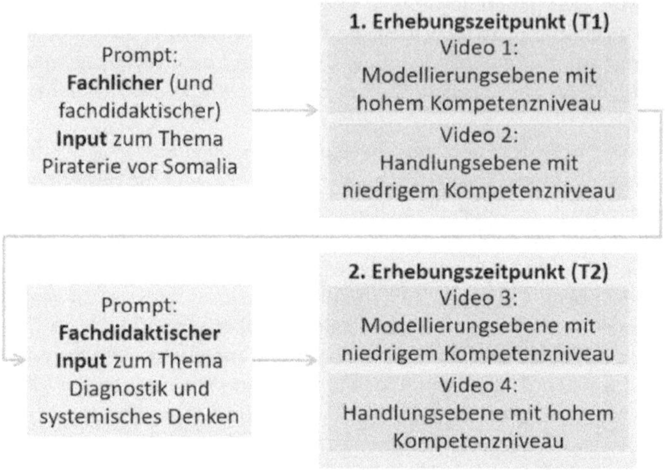

Abb. 3 I Erhebungsablauf (eigene Darstellung)

Die Datenauswertung erfolgt mithilfe der Qualitativen Inhaltsanalyse (QiA) nach KUCKARTZ und RÄDIKER (2022). Es wird eine inhaltlich-strukturierende QiA mit inhaltlichen, analysierenden und skalierenden Kategorien durchgeführt. Dabei entstehen alle Kategorien durch einen iterativen deduktiv-induktiven Prozess. Zudem geht die Auswertung sowohl kategorienbasiert als auch fallspezifisch vor (KUCKARTZ, RÄDIKER 2022).

5. Erste Ergebnisse zum Erhebungszeitpunkt T1[5]

Die folgenden Ergebnisse zeigen interindividuelle Unterschiede in T1. Aufgrund der Fachspezifität des Artikels werden vor allem fachdidaktische Aspekte fokussiert. Somit werden vordergründig die Fragestellungen, worauf Lehrkräfte achten, und welche Qualität der Diagnostik existiert, thematisiert. Die ex post Strukturierung der inhaltlichen Kategorien der Fälle lehnt sich an den Ansatz von SHULMAN (2013) an (siehe Abb. 4 und Kap. 2.3).

[5] Die Auswertung der Daten ist zu dem Zeitpunkt des Verfassens des Artikels noch nicht beendet, daher werden hier ausgewählte erste Ergebnisse präsentiert.

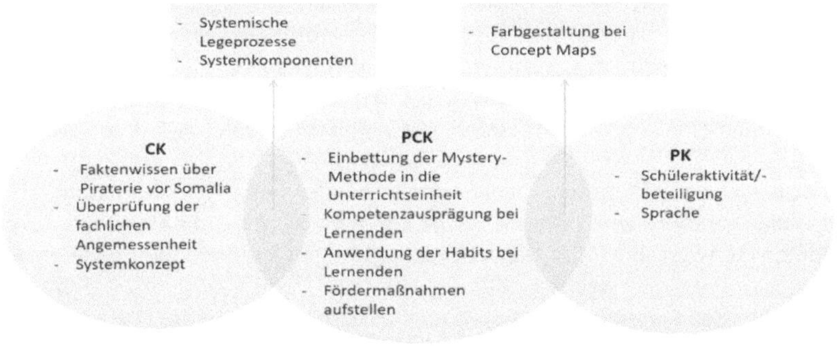

Abb. 4 I Einteilung von beispielhaften inhaltlichen Kategorien (eigene Darstellung angelehnt an SHULMAN 2013)

Insgesamt wird bei allen Fällen eine holistische Sichtweise auf die Videosequenzen festgestellt. So achten alle ProbandInnen auf unterschiedliche Aspekte im PK, PCK und CK. Jedoch unterscheiden sich die Fälle in ihrer Schwerpunktsetzung. Einige Fälle konzentrieren sich eher auf das PK, indem sie bspw. die Beteiligung („die Rechte war ja sehr aktiv, die Mittlere eher weniger"; F2_T1, Pos. 79) oder die Diskussionsbereitschaft („Also was ich gut fand [...] dass die da diskutiert haben und auch begründet haben, warum sie der Meinung sind"; F1_T1, Pos. 155) der Lernenden thematisieren. Andere Fälle wiederum stellen das PCK heraus. Hierbei achten die ProbandInnen auf unterschiedliche Aspekte. Manche Lehrkräfte betrachten die Daten aus einer planerischen Perspektive, indem sie Überlegungen zur unterrichtlichen Einbettung der Mystery-Methode tätigen. Andere treffen Aussagen über das Verständnis der Lernenden. Dabei werden fachliche, im Sinne von Faktenwissen, aber auch systemkonzeptionelle und methodische Verständnisse betrachtet. K stellt Folgendes fest: „die in der Mitte, die (L: Ja) also hatte am wenigsten (L: Ja) Plan von dem @(.)@, was da entstehen soll" (F6_T1, Pos. 92). Hier zielt Lehrkraft K auf das Verständnis ab, wobei unklar ist, ob der Lernenden systemkonzeptionelles oder methodisches Verständnis fehlt. Interpretativ könnte vermutet werden, dass K das methodische Verständnis meint, da anschließend die Umsetzung der Methode thematisiert wird (F6_T1, Pos. 92).
Häufig werden die Aussagen der ProbandInnen nicht näher expliziert, zum Beispiel „Jaja, die hat es überhaupt nicht gecheckt" (F10_T1, Pos. 88). Der Lernenden wird fehlendes Verständnis unterstellt, da die Lehrkraft nicht erklärt, was genau nicht verstanden wird und inwieweit sie dies beobachtet hat. Laut v. AUFSCHNAITER (2020) ist dieses Urteil eine Spekulation, da sie weder durch die Videodaten noch durch fachdidaktische Theorie erklärt wird. Insgesamt werden in den Daten viele Speku-

lationen identifiziert, da die meisten Lehrkräfte ihre Aussagen nicht näher erläutern. Außerdem enthalten viele Gespräche dichotome Urteile, wie z. B. im vorherigen Transkriptsegment („nicht gecheckt"). Jedoch sollten die Lernenden durch Stärken und Schwächen differenziert analysiert werden (siehe Kap. 2.3). So könnte eine Fehleinschätzung der Lernenden, wie in diesem Beispiel, zu keiner Förderung führen.

Es wird auch das systemische Denken der Lernenden behandelt (PCK). Dabei sprechen die Lehrkräfte einerseits die Systemkomponenten, wie die Elemente, die gebildeten Sub-Systeme oder die Vernetzungsart, andererseits den Legeprozess, bspw. den Perspektivwechsel oder die sukzessive Annäherung, an. Die folgende Aussage zu den Systemkomponenten zeigt eine, orientiert auf das Schülerprodukt, statische Perspektive, wobei durch die Videovignetten eine Prozessdiagnostik evoziert werden sollte: „Also so wie sich's angehört hat, haben sie es so aufgeschrieben [...], auf dem Blatt als lineare Abfolge, also A führt zu B führt zu C führt zu D. [...] dann haben sie aber auch keine Rückkopplung erkannt" (F9_T1, Pos. 90). Probandin S erklärt zunächst, welche Art der Vernetzung („lineare Abfolge") die Lernenden in ihrer Concept Map darstellen. Anschließend achtet S auf die Abwesenheit einer Systemkomponente („keine Rückkopplung"), sodass S auf das Professionswissen vom Systemkonzept (CK: Welche Eigenschaften hat ein System?) zurückgreifen muss. Dieses Beispiel zeigt das Verschwimmen der Professionswissensbereiche. Die Lehrkraft muss sowohl auf ihr CK als auch PCK zugreifen, um einen Lernprozess von Lernenden fachadäquat (CK) diagnostizieren zu können (PCK). Im Anschluss an S's Aussage fokussiert Probandin R den Entstehungsprozess der linearen Abfolge: „Dass sie es zwar in der Abfolge versucht haben zu machen, dass aber irgendwie manchmal wo Lücken waren oder sowas. Und wo sie dann gemerkt haben, ach das könnte man ja auch noch da reinbringen, [...] dass sie erstmal das gesetzt haben, was ihnen logisch erschien und dass sie dann irgendwie die Lücken noch gefüllt haben" (F9_T1, Pos. 91). R deutet den systemischen Legeprozess der Lernenden. Dabei erklärt R, dass die Lernenden zunächst für sie logische Verbindungen ziehen. Hier kann eine Intention („was ihnen logisch erschien") identifiziert werden, da die Lernenden dies nicht explizit aussprechen. Die Lehrkraft verwendet in ihren Aussagen implizit die Habits, indem sie zunächst das Herstellen von Verbindungen (Habit 1: „Dass sie erstmal das gesetzt haben") und anschließend die sukzessive Annäherung[6] („dass sie dann irgendwie die Lücken noch gefüllt haben") thematisiert. Bei den Probandinnen S und R zeigt sich eine deutliche Fokussierung auf das systemische Denken und die Videosequenz. Dabei wird das Video bei Unsicherheiten teilweise erneut angeschaut. Im Kontrast dazu nutzen einige andere ProbandInnen eher eine Streuung auf verschiedene pädagogische und fachdidaktische Aspekte. Somit ergibt sich zwischen den ProbandInnen ein Kontinuum in Bezug auf den Detaillierungsgrad.

---

[6] Es handelt sich um ein weiteres Habit, welches nicht Teil des Artikels ist.

Obwohl die Lehrkräfte durch mündliche und schriftliche Prompts auf Förderempfehlungen hingewiesen werden (siehe Kap. 4), gehen einige Lehrkräfte darauf nicht ein und werden im Nachhinein mithilfe von Rückfragen darauf hingewiesen. Einige Fälle entscheiden sich trotz leistungsstarken Lernenden für eine komplexitätsreduzierende Fördermaßnahme, da beispielsweise die Diskussionshaltung über mögliche Pfeilbeschriftungen der Lernenden als Unsicherheit gedeutet wird: „[...] Formulierungshilfen, genau. Ich glaube die könnten sie unter Umständen echt gebrauchen“ (F3_T1.1, Pos. 291). Außerdem kann bei der Förderung eine Diskrepanz zwischen der Fördermaßnahme und der vorherigen Diagnostik festgestellt werden. Die ProbandInnen gehen teilweise nicht auf ihre Diagnostik ein und stellen unspezifische Unterstützungsmaßnahmen auf, z. B. „Dass man ihnen, wenn sie halt nicht darauf kommen, dass es so verschiedene Ebenen sind, die zusammenspielen, dass man dann irgendwann sagt, okay schreibt doch hier mal Wirtschaft hin, hier Klima, hier die Menschen, das Kriegerische“ (F8_T1, Pos. 162). Hier wird deutlich, dass die Lehrkraft in der Situation ad hoc entscheiden und keine individuelle Förderung vornehmen würde. Die Förderung enthält zudem eine Erleichterungslogik, indem die Lehrkraft die Lernenden nach einiger Zeit auf die Lösung (Bilden von Sub-Systemen) hinweist. Andere Lehrkräfte thematisieren unterschiedliche Inhalte in der Förderung und in der Diagnostik. Beispielsweise sprechen E und F über das Verständnis der Lernenden im Allgemeinen und die Schülerbeteiligung. Anschließend stellen sie eine komplexitätsreduzierende Förderung zu den irrelevanten Informationen in der Mystery-Methode dar, welche für die vorherige Diagnostik unpassend ist (F3_T1.1, Pos. 83). Wiederum andere Diagnosen und Fördermaßnahmen von weiteren Fällen sind angemessen. Insgesamt zeigt sich, dass zwischen den verschiedenen Fällen Unterschiede hinsichtlich der angesprochenen Themen sowie der Qualität der Diagnostik und Förderung existiert.

Zusammenfassung der Ergebnisse hinsichtlich Diagnoseinhalt (FF 1):

- Alle Fälle weisen eine holistische Sichtweise auf, da sie PK, CK und PCK beachten.
- Jedoch fokussieren sich einige Fälle eher auf das PK, wohingegen andere wiederum das PCK herausstellen.
- Des Weiteren achten Fälle, die auf das PCK verweisen, auf unterschiedliche Aspekte des PCKs (z. B. Mystery-Methode, Verstehen der Lernenden, systemisches Denken gegliedert in Legeablauf der Concept Map und Systembestandteile, etc.).
- Obwohl das Erhebungsdesign die Lehrkräfte hinsichtlich der Verbalisierung von Förderempfehlungen mithilfe eines Arbeitsauftrages prompted, thematisieren einige Lehrkräfte diese nur auf explizite Rückfrage der InterviewerIn.

Zusammenfassung der Ergebnisse hinsichtlich Qualität der Diagnostik (FF 3):

- In einigen Fällen weisen die Diagnostik und die Fördermaßnahmen Diskrepanzen auf.
- In den Daten werden unterschiedliche Detaillierungsgrade in der Diagnostik und Förderung erkannt (Fokussierung versus Streuung).
- Häufig werden Spekulationen oder Intentionen in den Daten identifiziert.

6. Limitationen und Ausblick

Summa summarum bildet die Studie in T1 unterschiedliche diagnostische Fähigkeiten von Lehrkräften im Bereich des systemischen Denkens ab. Dabei diagnostizieren und fördern einige Fälle kompetenzorientiert das systemische Denken. Sie achten sogar teilweise implizit auf die *Habits of a System Thinker*. Andere Fälle konzentrieren sich auf andere unterrichtliche Aspekte, wie das CK oder das PK. Somit entfällt eine Kompetenzfokussierung.

Einschränkend muss erwähnt werden, dass die Strukturierung mittels SHULMAN's Ansatz nicht passgenau ist, da kein deklaratives Wissen in Form eines Paper-Pencil-Tests abgefragt wird. Die Aussagen der Lehrkräfte zu den Videovignetten werden dem jeweiligen Wissensbereich (CK, PCK und PK) zugeordnet. Es kann nur vermutet werden, an welche Wissensbestände die Lehrkräfte anknüpfen. So unterliegen die Zuordnungen einer gewissen Unsicherheit. Teilweise können sie nicht vollständig in einen Wissensbereich eingeteilt werden (siehe Überlappungen in Abb. 4). Nichtsdestotrotz sprechen die Lehrkräfte unterschiedliche fachliche, pädagogische und fachdidaktische Aspekte in unterschiedlicher Qualität (z. B. im Kontinuum von Fokussierung bis hin zur Streuung) an.

In der noch laufenden Auswertung von KOCH (in Vorbereitung) werden diese Maximalkontraste hinsichtlich der Forschungsfragen vertieft verglichen. Des Weiteren stellt sich die Frage, inwieweit sich die Diagnoseleistungen der Lehrkräfte mithilfe des fachdidaktischen Prompts verändern. Konzentrieren sich alle Fälle in T2 auf das systemische Denken? Stoßen die Habits wie bei NAGEL et al. (2008) auf positive Resonanz? Inwieweit werden die Habits direkt in die Diagnose und Förderung integriert?

7. Literatur

ARNOLD, R. D., WADE, J. P. (2015): A Definition of Systems Thinking: A Systems Approach. In: Procedia Computer Science 44, S. 669-678.

AUFSCHNAITER, C. von, CAPELL, J., DÜBBELDE, G., ENEMOSER, M., MAYER, J., STIENSMEIER-PELSTER, J., STRÄßER, R., WOLGAST, A. (2015): Diagnostische Kompetenz. Theoretische Überlegungen zu einem zentralen Konstrukt der Lehrerbildung. In: Zeitschrift für Pädagogik 61, Heft 5, S. 738-758.

AUFSCHNAITER, C. von, MÜNSTER, C., BERETZ, A.-K. (2018): Zielgerichtet und differenziert diagnostizieren. In: Mathematische und naturwissenschaftliche Unterricht 71, Heft 6, S. 382-386.

AUFSCHNAITER, C. von, THEYẞEN, H., KRABBE, H. (2020): Diagnostik und Leistungsbeurteilung im Unterricht. In: KIRCHER, E., GIRWIDZ, R., FISCHER, H. E. (Hrsg.): Physikdidaktik – Grundlagen. Berlin, Heidelberg, 529-571.

BAUMERT, J., KUNTER, M. (2006): Stichwort: Professionelle Kompetenz von Lehrkräften. In: Zeitschrift für Erziehungswissenschaft 9, Heft 4, S. 469-520.

BECKER, E., JAHN, T. (Hrsg.) (2006): Soziale Ökologie. Grundzüge einer Wissenschaft von den gesellschaftlichen Naturverhältnissen. Frankfurt, New York.

BENSON, T., MARLIN, S. (2017): The Habit-Forming Guide to becoming a Systems Thinker. Pittsburgh.

BEN-ZVI ASSARAF, O., ORION, N. (2005): Development of System Thinking Skills in the Context of Earth System Education. In: Journal of Research in Science Teaching 42, Heft 5, S. 518-560.

BEN-ZVI ASSARAF, O., ORION, N. (2010): System Thinking Skills at the Elementary School Level. In: Journal of Research in Science Teaching 47, Heft 5, 540-563.

BERETZ, A.-K. (2021): Diagnostische Prozesse von Studierenden des Lehramts.Dissertation. Gießen, Justus-Liebig-Universität Gießen.

BIENERT, N. (2021): Videogestützte Lernprozessanalyse der Anbahnung basiskonzeptionellen Denkens am Beispiel des erweiterten Raumverständnisses. Dissertation. Gießen, Justus-Liebig-Universität Gießen.

BOLLMANN-ZUBERBÜHLER, B. (2008): Lernwirksamkeitsstudie zum systemischen Denken an der Sekundarstufe I. In: FRISCHKNECHT-TOBLER, U. (Hrsg.): Systemdenken. Wie Kinder und Jugendliche komplexe Systeme verstehen lernen. Zürich, S. 99-118.

BROCKMÜLLER, S. (2019): Erfassung und Entwicklung von Systemkompetenz. Empirische Befunde zu Kompetenzstruktur und Förderbarkeit durch den Einsatz analoger und digitaler Modelle im Kontext raumwirksamer Mensch-Umwelt-Beziehungen. Dissertation. Heidelberg, Pädagogische Hochschule Heidelberg.

BROMME, R. (2008): Lehrerexpertise. In: SCHNEIDER, W., HASSELHORN, M. (Hrsg.): Handbuch der Pädagogischen Psychologie. Göttingen, 159-167.

DGFG - DEUTSCHE GESELLSCHAFT FÜR GEOGRAPHIE (2020): Bildungsstandards im Fach Geographie für den Mittleren Schulabschluss. Mit Aufgabenbeispielen. Bonn.

DÖRING, N., BORTZ, J. (2016): Forschungsmethoden und Evaluation in den Sozial- und Humanwissenschaften. Berlin, Heidelberg.

EGNER, H., RATTER, B. M. W. (2008): Einleitung: Wozu Systemtheorie(n)? In: EGNER, H., RATTER, B. M. W., DIKAU, R. (Hrsg.): Umwelt als System - System als Umwelt? Systemtheorien auf dem Prüfstand. München, S. 9-19.

FRISCHKNECHT-TOBLER, U., KUNZ, P., NAGEL, U. (2008): Systemdenken – Begriffe, Konzepte und Definitionen. In: FRISCHKNECHT-TOBLER, U. (Hrsg.): Systemdenken. Wie Kinder und Jugendliche komplexe Systeme verstehen lernen. Zürich, S. 11-31.

HATTIE, J. (2010): Visible Learning. A Synthesis of over 800 Meta-Analyses relating to achievement. London.

HELMKE, A. (2017): Unterrichtsqualität und Lehrerprofessionalität. Diagnose, Evaluation und Verbesserung des Unterrichts. Seelze-Velber.

HEMPOWICZ, J. (2021): Systemorganisationskompetenz im Geographieunterricht. Dissertation. Halle-Wittenberg, Martin-Luther-Universität.

HORSTKEMPER, M. (2004): Diagnosekompetenz als Teil Pädagogischer Professionalität. In: Neue Sammlung: Vierteljahres-Zeitschrift für Erziehung und Gesellschaft 44, Heft 2, S. 201-214.

HUßMANN, S., SELTER, C. (2013): Das Projekt dortMINT. In: HUßMANN, S., SELTER, C. (Hrsg.): Diagnose und individuelle Förderung in der MINT-Lehrerbildung. Das Projekt dortMINT. Münster, München, Berlin, S. 15-25.

KARKDIJK, J., VAN DER SCHEE, J., ADMIRAAL, W. (2021): Strategies used by Small Student Groups to understand a Geographical Mystery. In: J-Reading Journal of Research and Didactics in Geography 1, S. 5-21.

KOCH, A. (in Vorbereitung): Erfassung diagnostischer Fähigkeiten von Geographielehrkräften im Bereich des systemischen Denkens. Eine qualitative Analyse auf Basis von Videovignetten. Dissertation. Münster, Westfälische Wilhelms-Universität Münster.

KUCKARTZ, U., RÄDIKER, S. (2022): Qualitative Inhaltsanalyse. Methoden, Praxis, Computerunterstützung: Grundlagentexte Methoden. Weinheim, Basel.

LEUDERS, T., DÖRFLER, T., LEUDERS, J., PHILIPP, K. (2018): Diagnostic Competence of Mathematics Teachers: Unpacking a Complex Construct. In: LEUDERS, T., PHILIPP, K., LEUDERS, J. (Hrsg.): Diagnostic Competence of Mathematics Teachers. Cham, S. 3-31.

LIEHR, S., BECKER, E., KEIL, E. (2006): Systemdynamiken. In: BECKER, E., JAHN, T. (Hrsg.): Soziale Ökologie. Grundzüge einer Wissenschaft von den gesellschaftlichen Naturverhältnissen. Frankfurt, New York, S. 267-283.

LUBER (in Vorbereitung): Entwicklung der reflexiv-analytischen Praxis von angehenden Geographielehrkräften in der zweiten Phase der Lehrkräftebildung. Eine qualitative Längsschnittuntersuchung (vorläufiger Titel). Dissertation. Gießen, Justus-Liebig-Universität Gießen.

MEADOWS, D. H. (2008): Thinking in Systems. A Primer. White River Junction, Vermont.

MEHREN, R., REMPFLER, A. (2022): Assessing Systems Thinking in Geography. In: BOURKE, T., MILLS, R., LANE, R. (Hrsg.): Assessment in Geographical Education: An International Perspective. Cham, S. 31-54.

MEHREN, R., REMPFLER, A., ULRICH-RIEDHAMMER, E. M. (2014): Denken in komplexen Zusammenhängen. Systemkompetenz als Schlüssel zur Steigerung der Eigenkomplexität von Schülern. In: Praxis Geographie 44, Heft 4, S. 4-8.

MEHREN, R., REMPFLER, A., ULRICH-RIEDHAMMER, E. M., BUCHHOLZ, J., HARTIG, J. (2016): Systemkompetenz im Geographieunterricht. Ein theoretisch hergeleitetes und empirisch überprüftes Kompetenzstrukturmodell. In: Zeitschrift für Didaktik der Naturwissenschaften 22, Heft 1, S. 147-163.

MEISTER, J. (2019): Eine videogestützte Prozess- und Produktanalyse der Systemkompetenz – Am Beispiel der Bearbeitung eines Mysterys. Dissertation. Gießen, Justus-Liebig-Universität Gießen.

MEUREL, M., HEMMER, M. (2020a): Geographieunterricht videobasiert analysieren - Konzeption und Evaluation eines videobasierten Lernsettings zur Förderung der professionellen Unterrichtswahrnehmung. In: HAUENSCHILD, K., SCHMIDT-THIEME, B., WOLFF, D., ZOURELIDIS, S. (Hrsg.): Videografie in der Lehrer*innenbildung. Aktuelle Zugänge, Herausforderungen und Potenziale. Hildesheim, S. 106-118.

MEUREL, M., HEMMER, M. (2020b): Videobasiertes Lernsetting zur Förderung der professionellen Unterrichtswahrnehmung bei angehenden Geographielehrkräften – Erste Ergebnisse einer empirischen Studie. In: HEMMER, M. (Hrsg.): Lehrerprofessionalität und Lehrerbildung im Fach Geographie im Fokus von Theorie, Empirie und Praxis. Ausgewählte Tagungsbeiträge zum HGD-Symposium 2018 in Münster. Münster, S. 149-163.

MÖNTER, L. (2011): Die Verknüpfung von natur- und gesellschaftswissenschaftlicher Bildung. Kennzeichen des Geographieunterrichts? In: Geographie und Schule 33, Heft 19, S. 4-10.

Moser Opitz, E. (2022): Diagnostisches und Didaktisches Handeln verbinden: Entwicklung eines Prozessmodells auf der Grundlage von Erkenntnissen aus der Pädagogischen Diagnostik und der Förderdiagnostik. In: Journal für Mathematik-Didaktik 43, Heft 1, S. 205-230.

Münster, C. (2021): Wie diagnostizieren Studierende des Lehramtes physikbezogene Lernprozesse von Schüler*innen? Eine Videostudie zur Mechanik. Dissertation. Gießen, Justus-Liebig-Universität Gießen.

Nagel, U., Frischknecht-Tobler, U., Wilhelm Hamiti, S. (2008): Fallstudien zum Systemlernen bei Kindern und Jugendlichen. In: Frischknecht-Tobler, U. (Hrsg.): Systemdenken. Wie Kinder und Jugendliche komplexe Systeme verstehen lernen. Zürich, S. 77-98.

Ohl, U. (2013): Komplexität und Kontroversität. Herausforderungen des Geographieunterrichts mit hohem Bildungswert. In: Praxis Geographie 3, S. 4-8.

Ossimitz, G. (2000): Entwicklung systemischen Denkens. Theoretische Konzepte und empirische Untersuchungen. München, Wien.

Plate, R. (2006): Assessing the Effectiveness of Systems-oriented Instruction for preparing Students to understand Complexity. Dissertation. Florida, University of Florida.

Rempfler, A. (Hrsg.) (2018): Wirksamer Geographieunterricht. Baltmannsweiler.

Riess, W. (2013): Bildung für nachhaltige Entwicklung (BNE) und Förderung des systemischen Denkens. In: Anliegen Natur 35, S. 55-64.

Scholten, N., Höttecke, D., Sprenger, S. (2020): How do Geography Teachers notice critical incidents during Instruction? In: International Research in Geographical and Environmental Education 29, Heft 2, S. 163-177.

Schrader, F.-W. (2011): Lehrer als Diagnostiker. In: Terhart, E., Bennewitz, H., Rothland, M. (Hrsg.): Handbuch der Forschung zum Lehrerberuf. Münster, S. 683-698.

Senge, P. M. (1990): The Fifth Discipline. The Art and Practice of the Learning Organization. New York.

Shulman, L. S. (1987): Knowledge and Teaching. Foundations of the New Reform. In: Harvard Educational Review 57, Heft 1, S. 1-21.

Shulman, L. S. (2013): Those Who Understand: Knowledge Growth in Teaching. In: Journal of Education 193, Heft 3, S. 1-11.

Simon, F. B. (2017): Einführung in die Systemtheorie und Konstruktivismus. Heidelberg.

SOMMER, C. (2005): Untersuchung der Systemkompetenz von Grundschülern im Bereich Biologie. Dissertation. Kiel, Christian-Albrechts-Universität.

STREITBERGER, S., OHL, U. (2020): Videobasierte Förderung der unterrichtsbezogenen Analysekompetenz – Problemaufriss, Forschungsansatz und erste Ergebnisse einer empirischen Studie mit angehenden Geographielehrkräften. In: HEMMER, M. (Hrsg.): Lehrerprofessionalität und Lehrerbildung im Fach Geographie im Fokus von Theorie, Empirie und Praxis. Ausgewählte Tagungsbeiträge zum HGD-Symposium 2018 in Münster. Münster, S. 137-148.

SWEENEY, L. B., STERMAN, J. D. (2007): Thinking about Systems: Student and Teacher Conceptions of Natural and Social Systems. In: System Dynamics Review 23, 2-3, S. 285-311.

WARDENGA, U., WEICHHART, P. (2006): Sozialökologische Interaktionsmodelle und Systemtheorien – Ansätze einer theoretischen Begründung integrativer Projekte in der Geographie? In: Mitteilungen der Österreichischen Geographischen Gesellschaft, Heft 148, S. 9-31.

WEINERT, F. E. (2001): Concept of Competence: A Conceptual Clarification. In: RYCHEN, D. S., SALGANIK, L. H. (Hrsg.): Defining and Selecting Key Competencies. Seattle, S. 45-65.

WIENER, N. (1961): Cybernetics: Or Control and Communication in the Animal and the Machine. New York.

Eva Marie Ulrich-Riedhammer, Stefan Applis und Rainer Mehren

Die Integration der doppelten Komplexität in einen lösungsorientierten Ansatz – Theoretische Fundierung und erste empirische Befunde

1. Einleitung

Der Soziologe ARMIN NASSEHI beschreibt in seinem Werk eine „überforderte Gesellschaft, die in ihrem Unbehagen ihre Problemlösekompetenz zu vergessen droht" (NASSEHI 2019, Einband), bei einem gleichzeitigen Komplexer-Werden unserer Welt (ebd. S. 12). Mit Blick auf seine StudentInnen formuliert er ihre Verzweiflung über die Erfahrung, dass die Gesellschaft fast alles Wissen zur Lösung der globalen Probleme hat und es dennoch so aussieht „als sei genau das nicht möglich, obwohl es doch offenkundig möglich ist" (ebd. S. 19). THOMAS HOFFMANN (2021) beschreibt dieses „Unbehagen" bei den SchülerInnen im Geographieunterricht auf ähnliche Weise und bringt in Folge dessen für die Geographiedidaktik eine lösungsorientierte Didaktik im Kontext einer transformativen Bildung ins Gespräch (HOFFMANN 2018a; 2018b; 2021). Gerade für Themen im Bereich der globalen Herausforderungen scheint der lösungsorientierte Ansatz ein Weg zu sein, das Fach Geographie als Zukunftsfach zu stärken. Der innovative Ansatz der Lösungsorientierung will die SchülerInnen von Anfang an in einen positiven, lösungsorientierten Denkmodus bringen (ebd.) – mit dem Ziel, auch zum Handeln schneller aktivieren zu können.

Empirische Untersuchungen im Kontext BNE/Globales Lernen zeigen jedoch, dass die Handlungsbereitschaft bei SchülerInnen höher ist, die über Strategien im Umgang mit doppelter Komplexität verfügen (APPLIS 2012). Sie sehen als Baustein die Steigerung der Eigenkomplexität (MEHREN et al. 2018; NASSEHI 2019) bei gleichzeitiger empirisch belegter Feststellung, dass die SchülerInnen mit Sorge und Resignation in die Zukunft blicken (HICKS, HOLDEN 2007; REYNIÉ 2011; VODAFONESTIFTUNG 2022). Das Zulassen doppelter Komplexität (MEHREN et al. 2015) ist daher unabdingbar. Aber dieses sollte durch einen lösungsorientierten Ansatz positiv gerahmt werden. SchülerInnen müssen den Menschen im Anthropozän als wirkmächtigen Geofaktor im System Erde verstehen. In einer lösungsorientierten Didaktik geschieht dies durch die im Vordergrund stehende intensive Auseinandersetzung mit vielfältigen Lösungsansätzen, die zur Verbesserung der Situation bereits beigetragen haben bzw. erfolgversprechend sind. Diese Lösungsansätze müssen auf unterschiedlichen Maßstabsebenen (von individuell bis global) angesiedelt sein, um SchülerInnen darin zu stärken, sich persönlich zu engagieren und so zur Lösung der anstehenden Herausforderungen beizutragen. In diesem Beitrag wird die Kombination von doppelter Komplexität und lösungsorientiertem Ansatz in ihrer Umsetzung gezeigt und empirisch untersucht. Der Ansatz der Lösungsorientierung in der Geographiedidaktik selbst ist dabei noch nicht theoretisch und empirisch umfassend fundiert.

2. Problemstellung und Zielsetzung

Ziel des Beitrags ist es einerseits zu klären, wie die doppelte, d.h. die faktische (MEHREN et al. 2018) und ethische Komplexität, die für den Geographieunterricht gefordert wird (DGFG 2020; MEHREN et al. 2015; MEHREN, ULRICH-RIEDHAMMER 2021), in einen lösungsorientierten Ansatz integriert werden kann, und andererseits zu analysieren, wie dieser Ansatz in Lehrerfortbildungen diskutiert wird. Es wird der Ansatz der Lösungsorientierung somit in Hinblick auf eine Integration der doppelten Komplexität nicht nur theoretisch ausgeschärft, sondern auch empirisch befragt. Daraus ergibt sich eine dreigeteilte Fragestellung:

1) Wie kann die doppelte Komplexität theoretisch in einen lösungsorientierten Ansatz integriert werden und warum ist dies wichtig? (Theorie)
2) Wie kann die faktische und ethische Komplexität in den lösungsorientierten Ansatz integriert und in der Praxis konkret umgesetzt werden? (Best Practice)
3) Welche empirischen Ergebnisse zeigen sich in der Auswertung von Gruppendiskussionen von LehrerInnen nach einer Fortbildung, die sich mit der Frage 2 beschäftigt? (Empirie)

Der Beitrag stellt in Hinblick auf diese Fragestellungen erste Ergebnisse des von der Deutschen Bundesstiftung Umwelt geförderten Projektes ESD for 2030: *„The Future We Want*: Nachhaltigkeitsdilemmata im Kontext einer lösungsorientierten Didaktik – Ein Distance Learning-basiertes Aus- und Fortbildungskonzept“ vor.

2.1 Lösungsorientierung und doppelte Komplexität – Theoretische Platzierung

Zunächst erscheint der innovative Ansatz der Lösungsorientierung in der Geographiedidaktik vielen „grundplausibel“, da er in diesen krisenhaften Zeiten erst positive Bilder hervorruft und damit kein düsteres Bild der Zukunft zeichnen will. Der Ansatz soll Hoffnung statt Resignation wecken und einen kreativen Denkmodus anstoßen (HOFMANN 2018a; 2018b) – mit dem Ziel, auch zum Handeln schneller aktivieren zu können. HOFFMANN hat diesen Ansatz etabliert und in vielen Bereichen diskutiert, indem von Lösungsansätzen ausgehend das Problem betrachtet wird, um anschließend abermals nach adäquaten Lösungsansätzen zu fragen, wobei gilt, dass sich ein „lösungsorientierte(r) Modus“ (ebd. 2021, S. 38) im Denken durch den gesamten Unterricht zieht. Abbildung 1 zeigt den Ansatz in Gegenüberstellung mit dem problemlösungsorientierten Ansatz.

Problemlösungsorientierter Ansatz				
Problem-Bild (negativ)	Problem-Ursachen	Problem-Dimensionen	Problem-Folgen	Mögliche Lösung
Lösungsorientierter Ansatz				
Zukunfts-Bild (positiv)	Lösungsansätze Global-lokal	Problemkomplex Faktisch und ethisch	(ethische) Reflexion der Nachhaltigkeit	Lösungsansätze

Abb. 1 | Der lösungsorientierte Ansatz nach HOFFMANN (eigene Abbildung; vgl. HOFFMANN 2021, S. 39)

Der Ansatz von THOMAS HOFFMANN wird in Abbildung 1 im dritten Schritt durch eine Integration der doppelten Komplexität erweitert. Auch die im Vergleich zu HOFFMANN's Schema (ebd. 2021, S. 39) als eigenen Schritt angesetzte Reflexion über Nachhaltigkeit orientiert sich am Prinzip einer doppelten Komplexität. Warum aber die doppelte Komplexität und die Lösungsorientierung zu kombinieren wichtig ist und wie „doppelte Komplexität" hier definiert wird, soll im Folgenden geklärt werden.

„Die Umwelt ist stets komplexer als das eine Eigenkomplexität aufbauende System" (NASSEHI 2021, S. 145). Anders drückt es LUHMANN aus, wenn er sagt: „Den Systemen fehlt die *‹requisite variety›* […], die erforderlich wäre, um auf jeden Zustand der Umwelt reagieren bzw. die Umwelt genau systemadäquat einrichten zu können. Es gibt, mit anderen Worten, keine Punkt-für-Punkt-Übereinstimmung zwischen System und Umwelt" (LUHMANN 1984, S. 47). „Das ‚Fehlen' hört sich fast wie ein Nachteil an, ist aber zugleich die Bedingung der Möglichkeit des Aufbaus einer eigenen Komplexität" (NASSEHI 2021, S. 145), so beschreibt es der Soziologe ARMIN NASSEHI in seiner „Theorie der überforderten Gesellschaft", indem er fragt, wie und ob die Gesellschaft Krisen wie den Klimawandel zu lösen vermag und woraus ihre Überforderung resultiert. Seine pointierte Beschreibung sieht in der Steigerung der Eigenkomplexität selbst einen Lösungsansatz, den die Gesellschaft geht, der aber nur in der Sachdimension „handhabbar" (ebd.) ist, in der Sozialdimension jedoch, d.h. in der Zusammenarbeit der Menschen auf ein Ziel hin, scheint dies nach NASSEHI nicht mehr zu funktionieren.

Die Steigerung der Eigenkomplexität in der Sachdimension wird in der Geographiedidaktik nun über den Begriff des Systemischen Denkens aufgegriffen und angegangen. Es wird mit Blick auf empirische Studien festgestellt, dass SchülerInnen in wenig angemessener Weise mit komplexen Sachverhalten umgehen (u.a. MEHREN et al. 2018). Faktisch-komplexe Sachlagen erweisen sich jedoch keinesfalls als objektive Größe, Komplexität liegt stets im Auge des Betrachters. SchülerInnen

können lernen, mit komplexen Herausforderungen umzugehen. Die Zielsetzung dieser Herausforderung besteht darin, die Eigenkomplexität der SchülerInnen zu steigern, sie also in die Lage zu versetzen, mit komplexeren Sachlagen umzugehen. Komplexe DenkerInnen zeichnen sich allgemein gesprochen dadurch aus, dass sie mehr kognitive Entscheidungen pro Handlung treffen (= „mehr Nachdenken und weniger Machen"; DÖRNER 2000, S. 30), sie demnach Ursachen und deren Ursachen oder Folgen und Folgen der Folgen usw. im Kopf durchspielen. Sie hüten sich vor vorschnellen Lösungsstrategien, können möglicherweise – so eine noch nicht belegte Vermutung – umgekehrt auch Lösungsansätze in der Frage, wie sie Probleme angehen, komplexer betrachten. Oder, anders formuliert, können sie Lösungen für komplexe Probleme angemessen beurteilen. Systemisches Denken ist also gewissermaßen selbst ein Lösungsansatz, um komplexe Probleme anzugehen. Der systemische Ansatz dient dazu, der Komplexität der Welt nachzuspüren, (Rück-)Wirkungen überhaupt erst einmal und dann so differenziert wie möglich zu erfassen, um so räumliche wie zeitliche Fernwirkungen verstehen zu können (vgl. im Detail zur Modellierung der Systemkompetenz u.a. MEHREN et al. 2018). Dies ist aber gerade auch mit Blick auf Lösungsansätze für komplexe Probleme wichtig, um überhaupt fragen zu können, wo die Lösungsansätze an dem Problemkomplex ansetzen und wie sie funktionieren – die zentrale Frage des Ansatzes der Lösungsorientierung.
Die Sozialdimension, die NASSEHI (2021) benennt, ist im Vergleich ungleich schwieriger zu fassen oder zu strukturieren, weil das „Grundproblem, vor dem wir hier stehen, ist, dass niemand in einer komplexen Gesellschaft sich in einfachen Handlungssituationen befindet. Der Milchkunde ist sowohl ein ökonomischer als auch ein politischer und (wahrscheinlich noch viel stärker) ein moralischer Akteur" (NASSEHI 2017, S. 14). Dies ist vermutlich mit ein Grund, dass der als ethische Komplexität benannte zweite Teil der Komplexität in der Geographiedidaktik noch nicht ausdefiniert ist. Denn es ist ungleich schwerer zu fassen, was genau betrachtet wird, wenn ethische Komplexität gemeint ist. Gemeinhin gilt dort zunächst, dass SchülerInnen im Geographieunterricht „ihre Sach- und Fachurteile mit geographisch relevanten Werten und Normen [...] verbinden und so zu fachlich begründeten Werturteilen [...] gelangen" sollen (DGFG 2020, S. 24). Als Kriterien für Beurteilungs- und Bewertungsprozesse nennen die Bildungsstandards z. B. die Menschenrechte und den Schutz der Umwelt. Ergänzt werden können die Forderung nach Gerechtigkeit im Ausgleich zwischen gegenwärtigen und zukünftigen Generationen und die Berücksichtigung der ökologischen, ökonomischen und sozialen Bedürfnisse der Beteiligten unter Anerkennung ihrer Grundbedürfnisse sowie die Frage der Verantwortung. Diese ethisch-normativen Setzungen innerhalb der Bildungsstandards entspringen der Anerkennung der Agenda 2030 und den Vorläuferdokumenten. Doch diese Setzungen werfen erst einmal Fragen auf, und zwar Fragen nach dem richtigen Handeln, Fragen, was Gerechtigkeit in dem oder dem Fall heißt oder was ethisch vertretbarer Umweltschutz überhaupt ist.

Wegkommend von moralischer Wertbildung wird in diesem Beitrag (vgl. ULRICH-RIEDHAMMER 2017) davon ausgegangen, dass zunächst einmal die ethischen Fragen, die der Unterricht ohnehin aufwirft, aufgegriffen werden (z. B. Was sollen wir tun?, Inwiefern ist diese Maßnahme – etwa des Flächenverbrauchs – ethisch vertretbar?).
Mit den Lösungsansätzen als konkrete Handlungen kommen in der Folge ethische Fragen nach dem richtigen Handeln automatisch dazu. Zentral ist dabei, dass die ethische Betrachtung der Lösungsansätze – in einen schulischen Operator umgesetzt – nicht bedeuten muss, ich *beurteile* die Lösungsansätze auch ethisch, sondern genauso bedeuten kann, ich verstehe und *erkläre*, worin das ethische Problem besteht. Es geht also darum, sowohl das faktische als auch das ethische Problem der Sachlage zu verstehen und zu erklären und erst einmal nicht zu beurteilen. Abbildung 2 zeigt, wie im lösungsorientierten Grundschema „Lösungsansätze → Problem → Lösungsansätze" die ethischen Fragen sowohl beurteilend als auch erklärend verortet werden können.

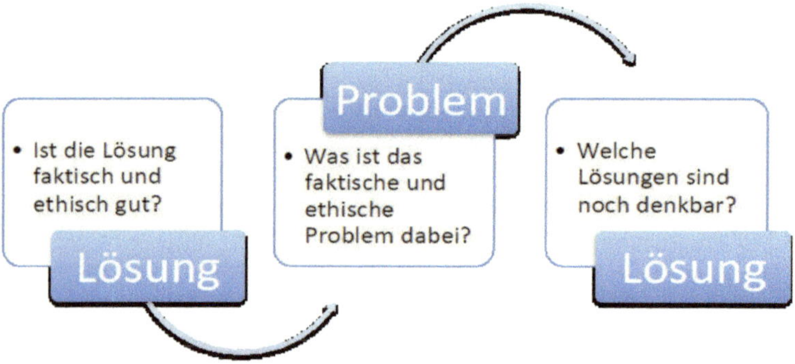

Abb. 2 I Verortung ethischen Nachfragens in einer lösungsorientierten Didaktik
(eigene Abb. aus: https://doinggeoandethics.com/2021/06/21/ethisches-fragen-losungsorientiert-und-konkret/)

Jedoch lassen sich in dem Schema zum Ablauf der Lösungsorientierung (s. Abb. 1) im Grunde bei jedem Schritt auch ethische Fragen stellen, wenn man im Blick hat, dass die „Ethik [nicht sagt], was das Gute ist, sondern wie man dazu kommt, etwas als gut zu beurteilen" (PIEPER 2007, S. 23). Zentral erscheint das ethische Fragen und Verstehen in Bezug auf Lösungsansätze nicht zuletzt deswegen, weil die Kernfrage nach dem richtigen Handeln per se ethisch bzw. (in einem allgemeinen Sprachgebrauch) ethisch komplex, weil kontrovers, ist.

2.2 Best practice – ein Beispiel für die Unter- oder Mittelstufe

Die Integration der doppelten Komplexität in den Ansatz der Lösungsorientierung soll an einem Beispiel gezeigt werden, um Kapitel 2.1 noch besser nachvollziehen zu können. Im Rahmen eines DBU-Projektes wurde eine Unterrichtsreihe entwickelt, die sich explizit an die Unterstufe oder die untere Mittelstufe richtet. Für diese Stufe liegt bisher noch kein lösungsorientiertes Material vor, und bestehendes Material wurde vor allem für die Oberstufe ausgearbeitet (vgl. u.a. HOFFMANN 2018a). Für die sechsstündige Unterrichtssequenz wurde das Thema „Plastik im Meer" gewählt, da es sich in mehreren Bundesländern im Lehrplan der Unterstufe wiederfindet und sich aufgrund der Lösungsvielfalt dafür eignet. Tabelle 1 gibt einen ersten Überblick über die Reihe.

Tab. 1 | Überblick über die Unterrichtssequenz
(eigene Tabelle aus: https://doinggeoandethics.com/2022/03/14/saubere-meere-das-heft-zur-unterrichts-reihe/)

	Erste Doppelstunde	Zweite Doppelstunde	Dritte Doppelstunde
Thema	**„Plastik aus Meeren und Flüssen fischen"**	**„Die Gefährdung des Ökosystems Meer – ein Problem doppelter Komplexität"**	**„Schmuck aus alten Fischernetzen"**
Schritt im löstungsorientierten Ansatz	**Zukunftswünsche und Lösungsansätze** →Hoffnung und Neugierde wecken, Nachfragen stellen	**Problemkomplex** →die faktische und ethische Komplexität verstehen	**Weitere Lösungsansätze** →mit Blick auf das Konzept der Nachhaltigkeit und die doppelte Komplexität vertiefend reflektieren
Vorgehen	**a) Zukunftsvision:** Zukunftsvorstellungen entwickeln und artikulieren **b) Ermutigende Lösungsansätze:** zwei Lösungsansätze von unterschiedlichen Maßstabsebenen (global-lokal) mit Blick auf die Vernetzung der globalen Herausforderungen kennenlernen	**c) Entfaltung der faktischen und ethischen Komplexität:** das faktische Problem in seiner systemischen Vernetzung mit anderen Problemen und die ethischen Fragen darin verstehen	**d) Konzept der Nachhaltigkeit:** verschiedene Nachhaltigkeitsstrategien an einem Lösungsansatz reflektieren **c) Weitere (Teil-)Lösungsansätze:** mit Blick auf das Konzept der Nachhaltigkeit und die Vernetzung der globalen Herausforderungen bewerten
Faktische und ethische Fragestellungen	Wie funktioniert der Lösungsansatz? Welche Probleme werden damit gelöst? Löst die Lösung das Problem im Sinne einer guten, gemeinsamen Zukunft?	Was genau ist das Problem? Wie hängt es mir anderen Problemen zusammen? Inwiefern muss man das Problem lösen/die Meere schützen?	Wo setzen die Lösungsansätze an? Wie kann man diese mit Blick auf das Konzept der Nachhaltigkeit bewerten? Wer trägt wie viel Verantwortung und wo stehe ich?

Der Ablauf kann folgendermaßen beschrieben werden:

1) Im ersten Schritt werden ein globaler (das Unternehmen *everwave*) und ein lokaler Lösungsansatz (Handeln von SchülerInnen; eine Schülerin entwickelt einen Mikroplastikfilter für Waschmaschinen) betrachtet, um verschiedene Maßstabsebenen zu berücksichtigen. Es wird gefragt: Wie funk-

tionieren die Lösungsansätze? Warum sind die Ansätze erfolgreich? Inwiefern wird damit der Problemkomplex ansatzweise gelöst? Eingebunden wird dieses Fragen von Anfang an in die Thematisierung der SDGs, der Ziele nachhaltiger Entwicklung der Agenda 2030.
→ Mit diesem Schritt wird Neugierde geweckt und ein positiv, kreativer Denkmodus angestoßen.

2) Im zweiten Schritt wird der Problemkomplex in seiner faktischen und ethischen Komplexität analysiert. Es wird gefragt: Wie ist das Problem (auch in ethischer Hinsicht) strukturiert und was sind seine Folgen? Wie hängt es mit anderen Problemen zusammen?
→ Mit diesem Schritt wird die Erhöhung der Eigenkomplexität der SchülerInnen angestrebt, um mit komplexen Herausforderungen angemessen umgehen zu können.
3) Im dritten Schritt geht es um eine Reflexion des Konzepts der Nachhaltigkeit. Es wird gefragt: Was heißt eigentlich nachhaltig? Wie ergänzen sich die verschiedene Nachhaltigkeitsstrategien der Suffizienz, Effizienz und Konsistenz? Welche ethischen Kriterien muss ich abwägen?
→ Mit diesem Schritt wird das Hinterfragen der Lösungsansätze auf eine andere Ebene gehoben, indem Kriterien reflektiert werden.
4) Im vierten Schritt werden abschließend weitere Lösungsansätze bewertet. Es wird gefragt: Wie lassen sich die noch nicht gelösten Teile des Problems lösen? Wo setzen die Lösungsansätze an? Wie kann man diese mit Blick auf Schritt 2 und 3 und damit im Sinne der doppelten Komplexität verstehen und bewerten?
→ Mit diesem Schritt wird der positive Denkmodus abermals angestoßen und das Hinterfragen der Lösungsansätze im Sinne der doppelten Komplexität vertieft.

Im Folgenden werden aus erprobten Unterrichtsstunden zwei Beispiele (Abb. 3 und Abb. 4) angeführt, die zeigen, wie die doppelte Komplexität lösungsorientiert umgesetzt wurde.
In Abbildung 3 wird der Lösungsansatz des Projektes bzw. Unternehmens *Everwave* in eine Concept Map integriert. Das Unternehmen haben die SchülerInnen vorher kennengelernt. Die Concept Map dient der Sicherung. Es kann dabei gelten, dass Lösungsansätze immer versuchte Antworten auf Probleme sind. In ihnen spiegeln sich die Fragestellungen der Probleme wider, nur eben in einem positiven Licht. Sie verdecken das Problem nicht, sondern im Gegenteil, sie thematisieren das Problem explorativ. Je nachdem, wo die Lösungen ansetzen, stehen dabei eher die Ursachen oder die Folgen im Mittelpunkt. Aber in jeder Lösungsbeschreibung ist die Beschreibung des Problems soweit enthalten. Im Kennenlernen des Unternehmens *Everwave* lernen die Kinder zu verstehen, warum das Unternehmen

seine Ansatzpunkte immer wieder verändert hat. Sie verorten den Lösungsansatz damit bereits im Problemkomplex und betrachten ihn systemisch.

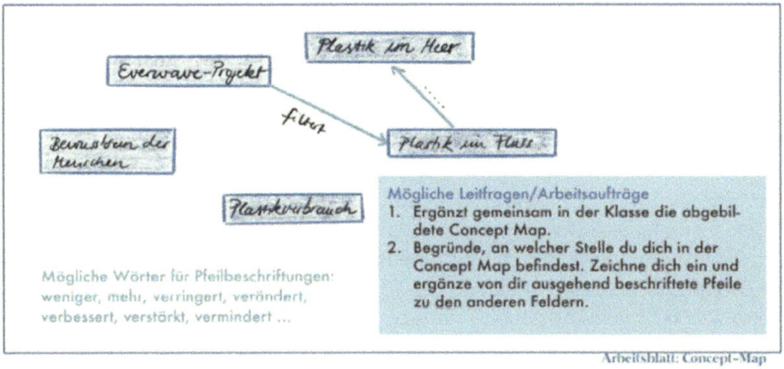

Abb. 3 | Faktische Komplexität angebunden an die Idee der Lösungsorientierung
(eigene Abb. aus: https://doinggeoandethics.com/2022/03/14/saubere-meere-das-heft-zur-unterrichtsreihe/)

Ähnlich kann dies mit der Integration ethischer Fragen an bestimmten Punkten geschehen. Das Beispiel in Abb. 4 zeigt, wie die Concept Map am Ende der Unterrichtseinheit hinsichtlich der ethischen Fragen erweitert wird, indem als Akteur die SchülerInnen selbst ins Spiel kommen und sich mit Blick auf die unterschiedliche Verantwortlichkeit im System einordnen müssen.

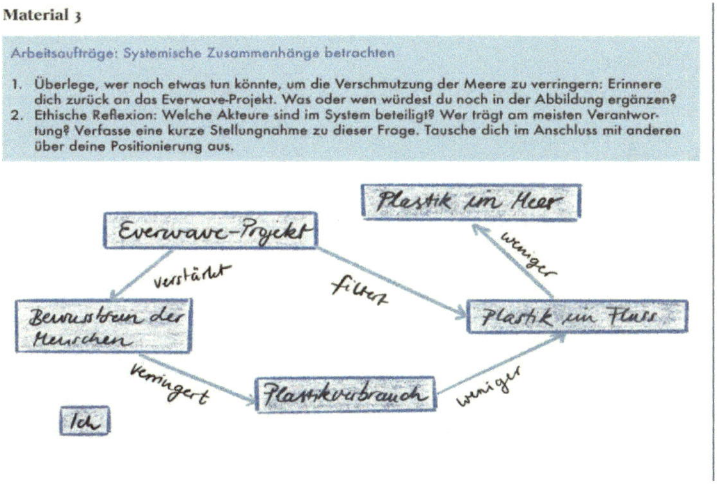

Abb. 4 | Doppelte Komplexität angebunden an die Idee der Lösungsorientierung
(eigene Abb. aus: https://doinggeoandethics.com/2022/03/14/saubere-meere-das-heft-zur-unterrichtsreihe/)

Insgesamt wird die doppelte Komplexität in das Betrachten von Lösungsansätzen und damit in ein positives Narrativ integriert. Dieses Material wurde nach Erstellung erprobt und für Lehrerfortbildungen eingesetzt.

2.3 Methodische Herangehensweise und Ergebnisse (Empirie)

Die dritte Frage des Beitrags bezieht sich auf die empirische Analyse. Es wird gefragt, wie LehrerInnen in Fortbildungen diesen Ansatz diskutieren. Dazu wurden auf Basis theoriebasierter Unterrichtseinheiten (vgl. 2.1) und deren unterrichtlicher Erprobung (vgl. 2.2) Lehrerfortbildungen entwickelt und durchgeführt. In dem Zusammenhang wurden in drei Gymnasien nach den Lehrerfortbildungen zur Lösungsorientierung und doppelter Komplexität mit Geographie- und Ethiklehrkräften Gruppendiskussionen geführt. Die Fortbildungen wurden mittels des qualitativen Forschungsansatzes der Dokumentarischen Methode (BOHNSACK 2014) empirisch untersucht und in einem ersten Schritt ausgewertet. Die Lehrerfortbildungen richteten sich an erfahrene Lehrkräfte und ReferendarInnen der Fächer Ethik und Geographie.

2.3.1 Grundlegende methodische Aspekte

Von einer genauen Einführung in die Methodik und Methodologie wird aufgrund der mittlerweile in der Geographiedidaktik etablierten Methode hier abgesehen. Im Folgenden stehen dagegen erste Auswertungsergebnisse im Vordergrund. Nur folgende Aspekte seien hinsichtlich der Methode genannt:

- In den Gruppendiskussionen geht es um die „Initiierung von Selbstläufigkeit" (BOHNSACK 2014, S. 228) der Diskurse. Fragen des Moderators werden erst am Ende gestellt.
- Die Gruppendiskussionen werden nach bestimmten Richtlinien transkribiert. Ziel ist es, das Gespräch so wirklichkeitsgetreu wie möglich wiederzugeben.
- Die Dokumentarische Methode folgt einer bestimmten Abfolge von Schritten: Formulierende Interpretation (Transkription, thematischer Verlauf, Auswahl relevanter Textpassagen, formulierende Interpretation), Reflektierende Interpretation, Diskursbeschreibung und Sinngenetische Typenbildung.
- Die Auswahl der später auch für die reflektierende Interpretation wichtigen Passagen orientiert sich am Kriterium der interaktiven und metaphorischen Dichte.
- Insgesamt geht es an dieser Stelle um die Ebene des „immanenten Sinngehalts" (BOHNSACK 2014, S. 136), also dem Was des Gesagten. Es handelt sich bei den gezeigten formulierenden Interpretationen um eine strukturierte Textzusammenfassung, in der Ober- und Unterthemen identifiziert wer-

den, wobei gilt, dass dem immanenten Sinngehalt gerade in didaktischer Forschung auch ein großer Stellenwert beigemessen wird (vgl. ULRICH-RIEDHAMMER 2017). Der dokumentarische Sinngehalt, also das Wie des Gesagten, wird zunächst noch vernachlässigt.

2.3.2 Einblicke in die formulierende Interpretation

Im Folgenden werden Einblicke in die formulierende Interpretation der Gruppendiskussionen der Gruppen Annapurna 1 (Geographielehrkräfte) und Annapurna 2 (Ethiklehrkräfte) gegeben. Die Codierung wurde im Sinne des Datenschutzes vorgenommen. Die Kleinbuchstaben m und w stehen für die Angabe des von den TeilnehmerInnen formulierten Geschlechts. Die drei Themen ergeben sich als Ergebnis der Prüfung von interaktiver und metaphorischer Dichte. Der sich anschließende Einblick zeigt zum einen das originale Transkript wie die dazu vorgenommene formulierende Interpretation.

1) Motivation und die Suche nach den Unbekannten

Bm: Ja ich, also ich muss auch sagen, ich bin ganz angetan, dass man mal den Unterricht andersherum denkt sozusagen, als wir ihn bissle so auch von der Uni und so von seiner Ausbildung her, ehm kennengelernt hat und (..) und manchmal fährt, fahren sich ja so Strukturen auch so ein und natürlich ist man manchmal auch deswegen so eingefahren, weil so viele andere Herausforderungen einem im Alltag begegnen, aber da ist, hat mir, bin ich jetzt wieder motiviert doch einmal auch im Kleinen, also das muss ja nicht gleich ne sechs Stundeneinheit sein, sondern im Kleinen, wirklich mal einfach andersherum, wenn man bewusst sich über Lösungsansätze Gedanken macht die Lösungsansätze so zu prüfen, ob sie denn auch für den Einstieg taugen würden //Aw: Mhm (bejahend).// das haben wir ja vorhin gesagt, dass sich nicht jeder Lösungsansatz wirklich auch eignet, aber wenn ich aber dann bei Lösungsansätzen auf einen stoße, wo ich sage, der ist so innovativ jetzt versuche ich mal andersherum und das hat mir heute bisschen so die Augen geöffnet, darüber habe ich noch nie so rüber nachgedacht den auch mal am Anfang zu stellen, das gebe ich ganz offen zu und das fand ich sehr sehr spannend. Also und dann natürlich auch nochmal auch, das habe ich schon gemacht, ähm, diese Einheit mit dem Plastik im Meer 7. Klasse war ja schon online, bisschen, und da habe ich schon Teile daraus genommen und da habe ich jetzt einfach nochmal Lust auf Grund deinen tollen Impulses heute das nochmal bisschen genauer //Mhm (bejahend).// nochmal, mit dem Wissen jetzt nochmal anders anzugehen, aber das motiviert mich, aber (...) wie gesagt die Frage wird noch sein, in welchen Jahrgangsstufen zu welchen Themen (..) und, aber da haben auch die angeregtesten Diskussion schon dazu beigetragen sofort schon auch Probleme mitzudenken und des fand ich heute so toll an der Fortbildung oder an dem Input, [...]

Em: Also ich denk aus rein motivationaler Sicht ist wahrscheinlich das was die meisten Fragen offen hält das Motivierende und Spannende für die Schüler. //Mhm (bejahend)// Das kann die Lösung sein, //Mhm (bejahend)// aber das kann auch die Lösung //Mhm (bejahend)// sein. #00:21:11-1#

Bm: Das ist gut. Mhm (bejahend)#00:21:11-1#

Em: Kann ich mir vorstellen. Also so diese, dieses Hochhaus, dieses bewachsene Hochhaus finde ich zum Beispiel total spannend und Schüler bestimmt auch //Mhm (bejahend), Mhm (bejahend), Mhm (bejahend)// ähm ja und dann da machts dann wahrscheinlich auch Sinn von der Lösung aus die Motivation zu steuern. Ähm und bei anderen Dingen ist es vielleicht, also keine Ahnung irgendwelche Bilder von Recyclinganlagen oder so wäre vielleicht langweilig. Da wären dann vielleicht so Bilder von Plastik im Meer spannender oder wie auch immer. Also dass man das halt von der, von, von, von unbekannten her sieht wo ist der, wo ist der Informationsgewinn am größten. #00:21:44-9#

Dw: Das fand ich auch mit dem Bild von diesem Recycling von dem Altfett, ääh super spannend also ich kenns ja hier aus Erlangen aber das find ich auch, ich glaube nicht alle Schüler gehen so mit offenen Augen durch die Welt und haben das schon mal gesehen und das fand ich auch, ähm (lacht) 22:00-22:12 (unv.). Ne und das fand ich äh total spannend oder dann äh eröffnet man ja auch den Schülern die Perspektive, dass das dann auch möglich ist aus so alltäglichen Dingen die eben wieder zu verwerten und dann auf das Problem. Also das fand ich echt sehr sehr cooles Beispiel. #00:22:26-9#

Abb. 5 | Ausschnitte aus einer Gruppendiskussion Annapurna 1 (eigene Abbildung)

(1) Formulierende Interpretation

Das erste Thema der Lehrkräfte, bei dem sich eine metaphorische Dichte zeigt, ist die Frage nach dem motivationalen Aspekt, den THOMAS HOFFMANN als wesentliche Begründung für den lösungsorientierten Ansatz beschreibt (HOFFMANN 2018b). Die Grundfrage, die von LehrerInnen im ersten Ausschnitt gestellt wird und die sie elaborieren, lautet: Was motiviert die SchülerInnen bei den immer wieder diskutierten Problemen noch oder überhaupt? Der Begriff der „Motivation" steht im Fokus dieser Diskussion, die hier nur in Ausschnitten gezeigt wird. Darin wird das Ziel des lösungsorientierten Ansatzes festgemacht. Gekoppelt wird der Begriff an das Adjektiv „spannend". Es geht darum, was die SchülerInnen (noch) packt und fesselt. Der Gegenhorizont ist das, was langweilig ist, also das, was schon bekannt ist. Dahinter liegt die Gegenüberstellung von Bekanntem und Unbekanntem. Es werden hier demnach nicht Problem und Lösung zu Gegenpolen, sondern spannende (HOFFMANN spricht von faszinierenden) und weniger spannende Unterrichtsgegenstände. Weniger spannende Unterrichtsgegenstände können aber auch Lösungen sein, von denen die SchülerInnen schon mehrfach gehört haben. Die Recyclinganlage fungiert als Beispiel für einen Lösungsansatz, der nicht (mehr) motivierend ist.

Es geht also weniger um das Positive der Lösung, sondern um das Neue, das außerdem noch neue Informationen vermittelt.
Zu diesem Komplex kommt ein weiterer dominierender metaphorischer Ausdruck hinzu, der auch einen Hinweis auf das Kriterium der metaphorischen Dichte gibt: Es ist die Begrifflichkeit des Offenen und des Eröffnens. Dabei changiert die Bedeutung zwischen den eigenen Augen des Lehrers, die geöffnet werden, und dem Gegenstand, der offen ist, und den SchülerInnen, die die Augen offen halten sollen. Die Lehrkräfte beschäftigt dies im Zusammenhang mit dem hier nur gedachten Gegenhorizont des Geschlossenen bzw. des abgeschlossenen Problems, das keine Fragen und kein Suchen nach einer Lösung mehr offenlässt. Das Langweilige, Nicht-Offene bzw. Nicht-Augen-Öffnende steht im Gegensatz zu dem Spannenden, Offenen und Motivierenden, das in besonderen Lösungsansätzen gesehen wird, jedoch *nicht* in Lösungen im Allgemeinen.
Im weiteren Verlauf der Diskussion wird dann deutlich, dass auch noch weniger bekannte Probleme motivierend sein können. Wichtig ist den Lehrkräften damit primär, dass etwas spannend ist, das muss aber *nicht* ein Lösungsansatz sein. Damit wird die Motivation des Unterrichtsgegenstandes hier losgelöst von einem positiven Denkmodus, einer zentralen Idee der Lösungsorientierung. Im Zentrum steht dagegen das, was spannend ist: *eine spannende Lösung oder ein spannendes Problem.*

2) Umgang mit Normativität und Wertungen

> Em: [...] Genau was ich noch sagen will, ähm, ich fands äh sehr interessant heut mal so nen Ansatz zu sehen, ähm ich seh da auch einen gewissen Idealismus dahinter. Also (unv.) und deswegen mache ich mir jetzt schon Gedanken irgendwie zu, also es geht ja um die Lösung und ne Lösung als Einstieg oder als als als Haupt- als als Hauptinhalt äh Lösung ist auch immer noch was gutes oder was positives, das Problem ist, dass das negative so jetzt ist die Frage, ich mache mir jetzt selber mal schon so nen bissle Gedanken was ist denn meine Rolle als Lehrer (...) sollte ich das als positives auch verkaufen oder, oder ist ja auch eine Frage wie stellt man die Dinge dar, wie konnotiert man sie. Ähm und ob das das meine Aufgabe ist die Dinge positiv darzustellen, ob das vielleicht nicht einfach auch die Einsicht der Schüler sein muss, und ob ich net einfach, vielleicht versuchen sollte oder müsste, einen neutralen Zugang erstmal zu finden. Also das ist so ne Grundsatzdiskussion letztendlich. Ähm, wo ich mir jetzt nicht sicher bin. Trotzdem möchte ich das gern ausprobieren, ähm ich denk, man kann ja auch Lösungen präsentieren, indem man sie einfach als Sachverhalt darstellt und dann kommen ja die Schüler von selber darauf, dass das vielleicht eine Lösung ist, die der der ein Problem zugrunde liegt. Da muss man vielleicht selber bisschen gucken, dass man da nicht so viel steuert vielleicht von vorne herein. #00:06:36-1[...]

Bm: Or, ich glaub das geht, also ich, also ne, also, auch, ich, so hab ich den Ansatz auch verstanden, dass die Lösung ja auch erstmal einfach präsentiert wird. Also ohne Wertung. Aber natürlich dadurch, dass man sie ausgesucht hat (lacht) //Em: Ist ja schon eine Wertung drin.// Bm: Ist schon eine Wertung drin (lacht). Ok, ja, ja und hier, hier habe ich mich wieder ertappt, alles klar (lachend). Aber es ist nur eine und am Schluss das hat mich auch, das hat mich auch nochmal bisschen, das habe ich auch dir gesagt Sebastian vorhin, das fand ich toll, dass am Schluss nochmal nochmal vier weitere Lösungen, dann ähm nach so einem Konzept, ähm, dargestellt werden, sodass man dann über das Problem nochmal zu weiteren Überlegungen kommt und vielleicht sogar die erste Lösung dann wieder ad acta legt, weil man sagt: aha das waren ja nur die Anfänge, aber wir sind jetzt in hier schon an einem anderen Punkt angekommen. #00:07:28-0#

Aw: Bei der Bewertung, ähm //Bm: Ja.// kommt jetzt wieder bei mir äh diese Wertung quasi mit rein

Abb. 6 | Ausschnitte aus einer Gruppendiskussion Annapurna 1 (eigene Abbildung)

(2) Formulierende Interpretation

Das Oberthema, das sich in der ausgewählten Passage manifestiert, ist die Frage nach dem Umgang mit Wertungen, didaktisch formuliert nach der Frage mit dem Umgang von Normativität. Das Ziel der Lösungsorientierung besteht darin, einen positiven Denkmodus zu erreichen. Nun ordnet Em das Verhältnis von positiv und negativ bzw. versucht den Begriff der Lösung in diesem Verhältnis genauer zu bestimmen. Er sieht dieses Thema dabei als Grundsatzdiskussion. In seiner Elaboration steckt die Frage danach, ob nicht viele Lösungsansätze kritisch zu sehen und zu reflektieren sind – eine Überlegung, die sich auch in anderen Gruppendiskussionen (hier noch nicht angeführt; fallvergleichend) zeigt. Em überlegt, ob lösungsorientiert nur sein kann, wenn er eine Lösung als positiv präsentiert, obwohl er diese möglicherweise als negativ oder zumindest kritisch empfindet. Tiefergehend zu analysieren wäre hier der Begriff des Präsentierens und der Zusammenhang mit der Rolle der Lehrkraft mit Blick auf den Begriff der Wertungen, auf die Em im Anschluss zu sprechen kommt. Er fragt insgesamt danach, wie normativ offen (Stichwort „neutral") der Unterricht sein darf oder muss und welche Rolle der Lehrkraft und welche Rolle aber auch den SchülerInnen hier zukommt.

Bm greift den Begriff der Wertung und des Präsentierens auf, den er im Folgenden elaboriert. Es geht ihm ähnlich um einen sozusagen wertneutralen Zugang, der also weder positiv noch negativ ist und stellt fest, dass es keinen normativ völlig offenen Unterricht geben kann, da immer in irgendeiner Form eine Wertung vorliegt, was er durch das Lachen – wie dies hier zu verstehen ist, ist noch eine weitere Frage – unterstreicht. Er betont darüber hinaus, dass ihm an dem Ansatz das abermalige Analysieren von Lösungen am Ende der Unterrichtseinheit zusagt, da allein durch die weitere Analyse von Lösungsansätzen am Ende der Unterrichtseinheit ein kritischer Blick auf die ersten Lösungsansätze entstehen kann, ohne dass diese

Kritik aber von vornherein vorgegeben wäre. Aw greift im Folgenden das Thema Wertung auf, wendet dieses dann aber im nicht mehr abgedruckten Teil auf die Bewertung bzw. Benotung der SchülerInnen, was eine interessante Wendung des Gesprächs darstellt.

3) Inspirierendes Narrativ und Handlungsorientierung

Aw: Ich find das positive, also das geht mir schon die ganze Zeit durch den Kopf, dass man einfach irgendwie so'n game changing (.) Ding hat, ähm, wo man von diesem permanenten 'ich gucke nur auf Probleme und finde das völlig deprimierend', ähm kommt man in diese Anteilnahmslosigkeit, weil man ja eh nichts machen kann, weil irgendwie nur Probleme in der Welt sind zu so ehm ner inspirierenden so zu nem inspirierenden Narrativ, wo es irgendwie darum geht auf Lösungen zu schauen und das find ich irgendwie total spannend (.). Ähm, weil ich das selber bei mir auch immer merke, wenn, weiß nicht ob ihr das kennt, aber wenn man noch so Dokus guckt über ethische Fragestellungen oder so ist ja am Ende immer, okay, der Mensch hat alles kaputt gemacht und es ist alles zum Scheitern verurteilt und irgendwie nur Probleme und deshalb (.) lange Rede, kurzer Sinn, ähm glaub ich, dass es wichtig ist für die Jugend (.) irgendwie positivere Sachen mitzukriegen. (.) Mhm (bejahend) #00:02:37-5#

Bw: Ich find auch, dass es was schön ist, wenn wir als Lehrkräfte es schaffen, dass die Schülerinnen und Schüler wirklich eher lösungsorientiert denken, nicht sehen ja wir haben die, die und die Probleme und dann eben so'n bissen einse- öhm ja dann quasi nicht wissen ,was sie machen sollen, bisschen verzweifeln, sondern immer auch so'n bisschen das positive sehen oder was können wir machen, was ist unser Ziel und nicht nur das ganze negative sehen, sondern auch so an die Zukunft denken //Aw: Mhm (bejahend).//

Abb. 7 | Ausschnitte aus einer Gruppendiskussion Annapurna 2 (eigene Abbildung)

(3) Formulierende Interpretation

Die Vergleichsgruppe der Ethiklehrkräfte fokussiert in diesem Abschnitt auf die Zielsetzung des Ansatzes. Im Zentrum ihrer Betrachtung steht die Gegenüberstellung von der emotionalen Ausgangslage, die sich durch den Fokus auf Probleme ergibt: „verzweifeln“, „völlig deprimierend“, „Anteilnahmslosigkeit“, „scheitern verurteilt“. Darin enthalten ist aber neben der emotionalen Lage auch die Frage nach dem Handeln-Können, die Bw dann am Ende explizit äußert. Interessant ist, dass hier der Begriff des Wissens mit hineinkommt, dass es nicht direkt um das Handeln geht, sondern um das Wissen, wie man handeln kann, das sie im lösungsorientierten Ansatz erkennen. Dabei beziehen die GesprächsteilnehmerInnen diese Fragestellung einerseits auf sich selbst und andererseits auf die SchülerInnen. Schon vorgreifend auf die weiteren methodischen Schritte des Fallvergleichs mit anderen Gruppen kann festgestellt werden, dass auch in der Gruppe Annapurna 2 das Spannende, das Inspirierende im Vordergrund steht. Ebenso wird der eingeschränkte, nicht offene Blick („ich gucke nur...“) kritisiert, eben der alleinige Fokus auf Probleme.

Fazit

Zusammenfassend kann festgestellt werden, dass die Lehrkräfte Themen ansprechen, die offene Fragen des Ansatzes darstellen und in diesem Sinne auch weiter zu analysieren sind. Insgesamt zeigt sich, dass die Integration der doppelten Komplexität auf expliziter Ebene nicht im Vordergrund steht, sondern, dass sich Lehrkräfte zunächst an ihrer Positionierung im Umgang mit Lösungsansätzen und der indirekten oder direkten Forderung nach einem positiven Denken abarbeiten. Implizit aber zeigt sich auf dieser ersten Ebene der Interpretation eine positive Orientierung an einem komplexen Umgang mit Lösungsansätzen fern einer Schönfärberei und einer Vereinfachung, möglicherweise auch fern einer zu vereinfachten binären Einteilung in positiv und negativ. Es zeigt sich darin der Wunsch nach einer komplexen Bewertung der Lösungsansätze.

3. Kritische Anknüpfungspunkte

Die Ergebnisse stellen nur erste Schritte im Forschungsprozess dar und sind noch nicht umfassend und vor allem nicht fallvergleichend methodisch analysiert. Daher sollen hier keine didaktischen Schlussfolgerungen gezogen werden. Stattdessen sollen die Diskurse der LehrerInnen mit den didaktischen Diskussionen verknüpft werden, wobei sich vor allem auf das 2. Thema, die Frage nach den Wertungen, konzentriert wird. Denn die Frage, die hier gestellt wird, wird ebenso in den Diskussionen um eine kritisch-reflexive BNE laut (u.a. PETTIG 2021). Sie kann folgendermaßen formuliert werden: Darf im Sinne einer kritisch-reflexiven BNE eine Lösung als positive Lösung präsentiert werden[1] oder gelten, bzw. ist das in diesem Kontext überhaupt möglich oder schließen sich beide Ansätze (Lösungsorientierung und kritisch-reflexive BNE) aus? Daran knüpft sich mit Blick auf die Lösungsorientierung die Frage an, inwiefern ein *von vornherein kritischer* Zugang mit Blick auf die Lösungsansätze nicht dem positiven Denkmodus widerspricht.

Zu hinterfragen ist aber, ob diese Fragen nicht überhaupt nur gestellt werden, da der Begriff der Lösung störend ist bzw. missverständlich oder unterschiedlich verstanden wird, zumal dieser das Problem der Normativität, das im Kontext von BNE und Transformativem Lernen diskutiert wird, neu zu befeuern scheint. Daher muss erörtert werden, ob eine in der Diskussion der Tagung argumentierte mögliche Unvereinbarkeit von kritischer Reflexion und positiver Lösungsorientierung nicht ursächlich in einem unterschiedlichen Verständnis des Begriffs Lösung und des Ansatzes selbst liegt. In den verschiedenen Lehrerfortbildungen konnte auf expliziter Ebene immer wieder beobachtet werden, dass eine anfänglich kritische Haltung zur Lösungsorientierung tatsächlich meist eine begriffliche Sache war.

Von Lösungsansätzen zu sprechen mag da ein erster Schritt sein, um eine Abschwächung des Begriffs der Lösung zu erreichen und eine Vereinbarkeit von

[1] Hier wäre auch zu diskutieren, wie der Begriff der Präsentation zu verstehen ist.

kritischer Reflexion und Lösungsorientierung, die HOFFMANN sieht und wünscht (HOFFMANN 2021), im Sinne des positiven Denkmodus anzustreben.
Eine Lehrkraft in der 2. Gruppendiskussion (s. Abb. 6) sieht die Auflösung der Unvereinbarkeit darüber hinaus durch den Ansatz selbst gegeben, zumal dieser Ansatz nicht eine Lösung als die Lösung zeigt bzw. präsentiert, sondern am Ende weitere Lösungsansätze betrachtet. Man könnte nun, dieser Lehrkraft folgend, sagen, dass allein durch diese abermalige Betrachtung die Lösungsansätze der ersten Stunde perspektiviert und damit auch kritisch-reflexiv betrachtet werden, ohne dass die Betrachtung von vornherein kritisch ist. Hier sind allerdings noch einige Fragen offen, wenngleich sich auch empirisch zeigt, dass SchülerInnen das Normativitätsproblem eher in unrealistischen Lösungen (die sie als idealistisch bezeichnen; vgl. ähnlich Em in Abbildung 6) sehen und sich realistische, konkret umgesetzte Lösungen im Unterricht wünschen (ULRICH-RIEDHAMMER 2017).
Dies leitet zu der ersten Frage der Lehrkräfte über: Welche konkreten Lösungsansätze sind (noch) motivierend und spannend, dabei aber nicht zu kritisch? Dies ist eine zentrale Frage, die weiter zu diskutieren ist. So kommt es letzten Endes vielleicht doch besonders darauf an, welche Kriterien Lösungsansätze zu geeigneten Lösungsansätzen machen und was geeignet heißt. Schließlich ist es etwas kategorial Anderes, wenn ein aus Meerplastik recycelter Schuh betrachtet wird, ein 3-D-Drucker, der aus altem Plastik medizinische Artikel druckt, oder eine politische Maßnahme wie das Verbot mancher Plastikprodukte. Den Fragen gilt es weiter nachzugehen.

4. Literatur

APPLIS, S. (2012): Wertorientierter Geographieunterricht im Kontext Globales Lernen. Theoretische Fundierung und empirische Untersuchung mit Hilfe der dokumentarischen Methode. Weingarten.

BOHNSACK, R. (2014): Rekonstruktive Sozialforschung. Einführung in qualitative Methoden. 9. Überarbeitete und erweiterte Auflage. Opladen & Toronto.

DGFG – DEUTSCHE GESELLSCHAFT FÜR GEOGRAPHIE (2020): Bildungsstandards für den mittleren Schulabschluss im Fach Geographie. Bonn.

DÖRNER, D. (2000): Die Logik des Mißlingens. Strategisches Denken in komplexen Situationen. Hamburg.

HICKS, D., HOLDEN C. (2007): Remembering the Future: What do children think? In: Environmental Education Research 13, Heft 4, S. 501-512.

HOFFMANN, T. (2018a): TERRA Globale Herausforderungen 1. Die Zukunft, die wir wollen. Stuttgart.

HOFFMANN, T. (2018b): Gerüstet für die Zukunft. Aufgaben des Geographieunterrichts. In: Praxis Geographie 1, S. 4-9.

HOFFMANN, T. (2021): Globale Herausforderungen und SDGs – ein strikt lösungsorientierter Unterrichtsansatz. In: EBERTH, A., MEYER, C. (Hrsg.): Didaktische Ansätze und Bildungsangebote zu den Sustainable Development Goals. (Hannoversche Materialien zur Didaktik der Geographie, Band 11). Hannover, S. 33-41.

LUHMANN, N. (1984): Soziale Systeme. Grundriß einer allgemeinen Theorie. Frankfurt/M.

MEHREN, M., MEHREN, R., OHL, U., RESENBERGER, C. (2015): Die doppelte Komplexität geographischer Themen – eine Herausforderung für Schüler und Lehrer. In: Geographie und Schule, Heft 216, S. 4-11.

MEHREN, R., REMPFLER, A., BUCHHOLZ, J., HARTIG, J., ULRICH-RIEDHAMMER, E. (2018): System competence modelling: Theoretical foundation and empirical validation of a model involving natural, social, and human-environment systems. In: Journal of Research in Science Teaching 55, Heft 5, S. 685-711.

MEHREN, R., ULRICH-RIEDHAMMER, E. M. (2021): Der Kampf ums Ackerland. Faktische und ethische Komplexität im Kontext der Nachhaltigkeit. Sekundarstufe II. In: Praxis Geographie, 3, Heft 21, S. 20-25.

NASSEHI, A. (2017): Die letzte Stunde der Wahrheit. Kritik der komplexitätsvergessenen Vernunft. kursbuch-edition. Hamburg.

NASSEHI, A. (2021): Unbehagen. Theorie der überforderten Gesellschaft. München.

PETTIG, F. (2021): Transformative Lernangebote kritisch-reflexiv gestalten. Fachdidaktische Orientierungen einer emanzipatorischen BNE. In: GW-Unterricht 34, Heft 2, S. 15-17.

PIEPER, A. (2007): Einführung in die Ethik. Sechste, überarbeitete und aktualisierte Auflage. Tübingen.

REYNIÉ, D. (2011): World Youth: A worldwide survey. Fondation pour L'Innovation Politique.

ULRICH-RIEDHAMMER, E. M. (2017): Ethisches Urteilen im Geographieunterricht. Theoretische Reflexionen und empirisch-rekonstruktive Unterrichtsbetrachtung zum Thema „Globalisierung. Münster.

VODAFONESTIFTUNG (2022): Hört uns zu! Wie junge Menschen die Politik und die Vertretung ihrer Interessen wahrnehmen. Eine Befragung im Auftrag der Vodafone Stiftung Deutschland. www.vodafone-stiftung.de/wp-content/uploads/2022/04/Jugendstudie-2022_Vodafone-Stiftung.pdf.

Georg Gudat

Denken in, über und jenseits von Systemen – zum Potenzial dialektischen Denkens im Geographieunterricht

1. Einleitung

Die Welt, in der wir leben, ist von zahlreichen Herausforderungen geprägt, wie dem Klimawandel, dem Verlust von Artenvielfalt, sozialen Ungleichheiten oder Konflikten um Ressourcen. Diese Herausforderungen sind global und komplex und erfordern ein umfassendes Verständnis von räumlichen Zusammenhängen, sozialen und ökologischen Prozessen sowie deren Wechselwirkungen. Geographieunterricht leistet einen Beitrag, Schülerinnen und Schüler für diese Herausforderungen zu sensibilisieren, ihr räumliches Denken zu fördern und ihnen zu vermitteln, wie sie aktiv etwa zum Schutz der Umwelt und zur Verbesserung sozialer Bedingungen beitragen können. Aus fachdidaktischer Perspektive stellt sich die Frage, was es im Geographieunterricht braucht, um Schülerinnen und Schüler in die Lage zu versetzen, sich reflektiert mit aktuellen Herausforderungen auseinanderzusetzen, auf Grundlage vernünftiger Einsichten eigenständig und verantwortungsvoll zu entscheiden, zu handeln und an der Gestaltung einer gemeinsamen Welt, eines guten Zusammenlebens, mitzuwirken. Als eine wichtige Voraussetzung, um ein umfassendes Verständnis der komplexen Zusammenhänge in der Welt zu erlangen, wird derzeit die Förderung systemischen Denkens von Schülerinnen und Schülern im Geographieunterricht angesehen. Birgt das systemische Denken vordergründig großes Potenzial für den Geographieunterricht, müssen in Anbetracht kritischer Bildungsambitionen, d.h. Schülerinnen und Schüler zu befähigen, kritisch zu denken, ihre Meinungen und Überzeugungen zu hinterfragen sowie ihre Handlungen auf Grundlage eigener Werteentscheidungen zu reflektieren, auch die Grenzen bzw. Fallstricke des Systemdenkens reflektiert werden. Systemisches Denken ist kein Allheilmittel, sondern muss als ein Baustein unter anderen verstanden werden, damit ‚Bildung' im emphatischen Sinne im Geographieunterricht gelingt. Während die Förderung systemischen Denkens als ein wesentliches Ziel von Geographieunterricht weithin anerkannt ist, gibt es eine alternative Denkweise, die oft unberücksichtigt bleibt und in kritischem Verhältnis zum Systemdenken steht: das dialektische Denken.

Anliegen meines Beitrags ist es, die derzeitige Diskussion um das (systemische) Denken im Geographieunterricht um einen Ansatz zu bereichern, der mit Bezug auf die kritische Theorie des Philosophen Theodor W. Adorno (1966; 2003; 2017; 2022) als dialektisches Denken bezeichnet werden kann. Mein Beitrag geht der

Frage nach, was dialektisches Denken ist, in welchem Verhältnis dieses zum systemischen Denken steht, und warum es als eine wertvolle, gar notwendige Ergänzung für einen bildsamen Geographieunterricht verstanden werden muss.
Um diesen Fragen nachzugehen, ist der Beitrag wie folgt gegliedert: In einem ersten Schritt beziehe ich mich auf das systemische Denken und unternehme einen Versuch, den Bedeutungsgehalt der Komposition ‚systemisches Denken' auf begrifflicher Ebene zu explizieren. Explikation meint hierbei eine Technik begrifflicher Präzisierung, die der Aufschlüsselung eines undeutlichen (Vagheit) bzw. mehrdeutigen (Ambivalenz) Begriffs dient. Dem liegt die Annahme zugrunde, dass Begriffe nicht in festen Definitionen aufgehen, sondern einen permanenten Aufforderungscharakter besitzen, sie zu verstehen. Mit dem Anspruch, eine größere Bedeutungsklarheit zu gewinnen und um Missverständnisse zu vermeiden, erweitere ich die im Kontext der Geographiedidaktik gebräuchliche Bedeutung systemischen Denkens um ein epistemologisches Begriffsverständnis. Dieses bildet, wie sich im Verlauf des Beitrags zeigen wird, eine argumentative Brücke vom systemischen Denken hin zum dialektischen Denken in der Philosophie ADORNO. In einem zweiten Schritt skizziere ich die sehr komplexe Idee des dialektischen Denkens in Grundzügen und gehe dabei in gebotener Kürze auf einige zentrale Aspekte ADORNO's Philosophie in ihren erkenntnis- bzw. begriffskritischen Elementen ein. Dabei beziehe ich mich auf die Problematisierung des – wie ADORNO es bezeichnet – traditionellen systemischen Denkens und stelle dieser Art zu denken ADORNO's Gegenentwurf eines dialektischen Denkens gegenüber. In einem dritten Schritt zeige ich auf, inwiefern uns dialektisches Denken helfen kann, eine Antwort auf die didaktisch relevante Frage nach der Möglichkeit eines kritisch-reflektierten geographischen Weltzugangs zu orientieren. Abschließend befrage ich die Ausführungen hinsichtlich einiger zentraler Implikationen für das Denken im Geographieunterricht.

2. Zum Bedeutungsgehalt systemischen Denkens

Das systemische Denken besitzt in aktuellen Fachdiskussionen (vgl. Themenstellungen HGD-Symposium 2022; DKG 2023) sowie fachlichen Orientierungsrahmen (vgl. DGfG 2020, S. 6), aber auch administrativen Vorgaben (vgl. THÜRINGER MINISTERIUM FÜR BILDUNG, WISSENSCHAFT UND KULTUR 2012, S. 5), einen hohen Stellenwert. Angesichts dieser zugeschriebenen Bedeutung stellt sich mir zunächst die Frage, was unter dem Konzept ‚systemisches Denken' verstanden werden kann und welche Sinn- und Bedeutungsschichten sich aufdecken lassen, wenn wir den Versuch unternehmen, uns die begriffliche Komposition zu erschließen.

2.1 … als ein Denken in Systemen

Von zentraler Bedeutung für das Verständnis dessen, was ‚systemisches Denken' meint, ist der Begriff des Systems. Die Bildungsstandards weisen das Fach Geographie als eine „Systemwissenschaft“ (DGfG 2020, S. 10) aus und bestimmen das „Hauptbasiskonzept des Faches“ als „Systemkonzept“. Diese fundamentale Bedeutung des Systembegriffs für das Selbstverständnis der Geographie muss aus der disziplingeschichtlichen Entwicklung des Faches heraus begriffen werden. Die Geographie hat im Laufe ihrer Geschichte mehrere „Weltbildwechsel“ (Schlottmann, Wintzer 2019) erfahren, die mit der komplexen Entwicklung des Systembegriffs im Zusammenhang stehen.

Die Geschichte der Geographie sowie des Begriffs ‚System‘ reichen bis in das antike Griechenland zurück, wo bereits Philosophen wie Herodot, Eratosthenes oder Strabon sich mit der Beschreibung, Erklärung und Einordnung von geographischen Phänomenen befassten (Schlottmann, Wintzer 2019, S. 43f). Der Begriff ‚System‘ stand hier „in der Bedeutung eines Ganzen, welches aus Teilen oder Gliedern besteht und Ergebnis einer ‘Zusammenstellung‘ ist“ (Hager, Strub 2017, o.S.). In der antiken (Natur-)Philosophie wurde der Begriff System verwendet, um natürliche Gegebenheiten zu ordnen und in ihren Zusammenhängen zu beschreiben. Systembildung hatte jedoch nicht den wissenschaftlichen Anspruch, wie wir ihn heute kennen, sondern bedeutete im antiken Weltbild vorrangig, die Lebenswelt der Menschen durch mythologische Vorstellungen und religiöse Überzeugungen begreiflich zu machen. Im Verlauf zunehmender Rationalisierung und Entmythisierung des Weltbildes im Prozess der Aufklärung, „im umfassendsten Sinn fortschreitenden Denkens“ (Horkheimer, Adorno 2017, S. 10) kam es zu einer zunehmenden Angleichung zwischen Systembildung und dem, was beispielsweise erst im geozentrischen, danach im heliozentrischen Weltbild, als die Objektivität der Natur angenommen wurde. Der Wille, die Vielzahl der Naturerscheinungen in einen logischen Zusammenhang zu bringen, gipfelte im 17. Jahrhundert in dem Newtonschen Weltbild, das die Welt als eine Art Maschine betrachtet, in der alle Bewegungen durch physikalische Gesetze erklärt werden können (Schlottmann, Wintzer 2019, S. 167ff).

Mit dem Anspruch, eine Ordnung (*systema)* in der physischen sowie menschlichen Welt zu finden, etablierte sich im 19. Jahrhundert die traditionelle Geographie als eigenständige Wissenschaftsdisziplin. Die Beschreibung und Erklärung der physisch-geographischen sowie humangeographischen Phänomene der Welt in ihrem systematischen Zusammenhang wurde vorrangig mit einem kausalmechanistischen Systembegriff geleistet. Diesem Verständnis nach besteht ein System aus verschiedenen Komponenten, die miteinander verbunden sind und eine stabile und vorhersagbare Funktionsweise aufweisen. Die Teile des Systems werden als getrennte und voneinander unabhängige Einheiten betrachtet, die sich in ihrer Gesamtheit wie eine Maschine verhalten, d.h. in Form linearer Kausalitäten in einem deterministischen Verhältnis zueinanderstehen. Lineare Kausalität bedeutet, dass eine Veränderung in einem Teil des Systems eine vorhersagbare Veränderung in einem anderen Teil auslöst (Hager, Strub 2017). In der traditionellen Geographie führte diese Denkweise in Bezug auf das Mensch-Natur-Verhältnis zur problematischen Weltanschauung des Geodeterminismus, der „menschliche Kulturen und Gesellschaften als Ausdruck natürlicher Bedingungen" (SCHLOTTMANN, WINTZER 2019, S. 162) begriff und ursächlich (bzw. kausal) auf diese zurückzuführen versuchte. Die mechanistische Auffassung von Systemen war vor allem in der physischen Geographie und der Landschaftsökologie, in der eine Landschaft als Ergebnis eines kausalen Wirkungsgefüges der Geofaktoren analysiert wurde, verbreitet (ebd. S. 276f).

In der zweiten Hälfte des 20. Jahrhunderts setzte ein Wandel ein, der als Reaktion auf die Kritik am damals vorherrschenden Determinismus und Positivismus zu einem breiteren und dynamischeren Verständnis von Systemen führte. Statt Systeme als statische und abgeschlossene Einheiten zu betrachten, rückte das Verständnis von Systemen als offene und dynamische Prozesse in den Vordergrund. Dabei werden Systeme als komplexe Beziehungsgeflechte verstanden, in denen Elemente miteinander interagieren und dadurch Veränderungen und Entwicklungen hervorrufen können. In Bezug auf das sozial-ökologische Systemverständnis arbeiteten unter anderen MEHREN et al. (2016) eine komplexe und sehr reflektierte theoretische Grundlegung des Systembegriffs heraus (vgl. dazu auch MEHREN et al. 2017; FÖGELE et al. 2020), das derzeit eine wesentliche Grundlage für didaktische Forschung im Kontext des systemischen Denkens bildet. Mit dem sozial-ökologischen Systemverständnis ist die Ambition verbunden, die Dichotomie zwischen Natur- und Sozialsystem zugunsten eines Gesamtzusammenhanges von Gesellschaft und Natur zu überwinden. Dieses anspruchsvolle Systemverständnis unterscheidet sich von einem mechanistischen bzw. reduktionistischen Systemverständnis durch die Prinzipien der Offenheit, Autopoiese, Komplexität, Nicht-Linearität, Dynamik, Emergenz, selbstorganisierte Kritikalität sowie eine eingeschränkte Vorhersagbarkeit (ebd.).

Diese kurze Einlassung zum Zusammenhang von Systembegriff und Fachgeschichte zeigt, dass das Bilden von Systemen als Ordnung geographischer Zusammenhänge und deren Analyse sehr eng mit dem Selbstverständnis des Faches Geographie verknüpft ist. In Bezug auf dieses Wissenschaftsverständnis der Geographie als Systemwissenschaft ist die Forderung der Bildungsstandards zu begreifen, dass im Geographieunterricht Räume in Bezug auf einen reflektierten und umfassenden Systembegriff „stets als System" (DGFG 2020, S. 10) zu betrachten sind. Die Bildungsstandards stehen noch in der Tradition der Geographie, in der zwischen humangeographischen und naturgeographischen Subsystemen unterschieden wird. Systeme bilden damit einen zentralen Gegenstandsbereich der Geographie und des Geographieunterrichts: Sprechen wir von natürlichen Systemen, so können wir beispielsweise den Nährstoffkreislauf im tropischen Regenwald in den Blick nehmen. Ist die Rede von einem sozialen, kulturellen oder wirtschaftlichen System, so schauen wir uns beispielsweise an, was die Menschen in einem bestimmten Raumausschnitt tun, wie sie ihr Zusammenleben organisieren oder durch Arbeit ihre Umwelt gestalten. Wir können aber auch von technischen

Systemen sprechen, indem wir beispielsweise die Funktionsweise einer Kläranlage nachvollziehen. Das sozial-ökologische-Systemverständnis hingegen umfasst dem eigenen Anspruch nach immer den hoch komplexen Gesamtzusammenhang von Natur und Gesellschaft, wie er sich etwa am Beispiel der Brandrohdung im Regenwald oder der Entstehung einer Kulturlandschaft aufzeigen lässt.

Wenn wir hinsichtlich des Geographieunterrichts von ‚Systemischem Denken' sprechen, so bezieht sich der erste Teil der Komposition auf das System im Sinne eines in unterschiedlich komplexer Weise gerahmten Ausschnitt unserer Welt bzw. Wirklichkeit. Das System ist gleichsam der zentrale Objektbezug, auf den sich das Denken in der Konzeption des systemischen Denkens bezieht. Nehmen wir nun den zweiten Teil der Komposition systemischen Denkens in den Blick: das Denken. Wie auch der Systembegriff ist der Begriff des Denkens durch eine komplexe Begriffsentwicklung und eine Vielzahl von Bedeutungsweisen gekennzeichnet (EISLER 2002a; MOHR 2008; SOBOLEVA 2016). So gibt es unterschiedliche Konzeptionen von Denken, die sich in verschiedenen Disziplinen (z. B. Philosophie, Psychologie) entwickelt haben. Ein kognitionspsychologisches Verständnis von Denken (FUNKE 2006) bezieht sich auf die mentalen Prozesse, die bei der Informationsverarbeitung und Problemlösung im menschlichen Gehirn ablaufen. Auf theoretischer wie empirischer Ebene wird hierbei den Fragen nachgegangen, wie Informationen aus der Umwelt verarbeitet, interpretiert und analysiert werden, um Probleme zu lösen, Entscheidungen zu treffen, Wissen zu erwerben und neue Ideen zu generieren. Im besonderen Bezug auf den Aspekt der Informationsverarbeitung bezieht sich systemisches Denken in geographiedidaktischen Auseinandersetzungen auf die Fähigkeit, komplexe geographische Phänomene und Prozesse als Teil von Systemen zu betrachten und zu analysieren (MEHREN et al. 2016; MEHREN et al. 2017). In dieser Hinsicht lässt sich systemischen Denken als eine geistige Aktivität mit einem geographischen Sachverhalt bezeichnen, bei der wir Ideen, Vorstellungen, Gedanken und Konzepte hervorbringen, verarbeiten und miteinander verknüpfen. Systemisches Denken kann sich dabei in zwei Formen vollziehen: Im analytischen Denken geht es darum, komplexe Sachverhalte oder Problemlagen in Form von Systemen in ihre einzelnen Bestandteile oder Elemente zu zerlegen, um sie so besser zu verstehen. Wenn wir hingegen synthetisierend denken, können wir im Zuge von Systembildung einzelne lose Informationen zu einem geographischen Sachverhalt in einer Weise zu einem Ganzen zusammenfügen bzw. integrieren, um eine neue Idee oder ein neues Verständnis dieses Zusammenhangs zu schaffen. Während das analytische Denken also auf die Zerlegung und Untersuchung von Teilen abzielt, fokussiert das synthetische Denken auf die Zusammenstellung von Teilen zu einem größeren Ganzen.

Unberücksichtigt weiterer möglicher Konzeptionsformen des Denkens (z. B. problemlösendes Denken, kreatives Denken, etc.), besteht der Dreh und Angelpunkt systemischen Denkens zentral im Objektbezug des Systems oder der mentalen Leistung des Systematisierens von Etwas, das diesen Objektbezug (das System)

herstellt. Systemisches Denken ist die denkende Auseinandersetzung mit einem bestimmten Sachverhalt in Form eines Systems, in dessen Vollzug wir ein zunehmend kognitiv tiefgründiges und adäquates Verständnis unserer geographischen (Lebens-)Welt erlangen.
Dieses Verständnis systemischen Denkens möchte ich im Folgenden zum Zweck der Unterscheidung, durch den charakterisierenden Objektbezug des Denkens in Form eines Systems, als ein ‚Denken in Systemen' bezeichnen. Das Denken in Systemen umfasst dabei den Prozess des Erfassens bzw. des Erstellens sowie der Analyse eines konkreten Weltausschnitts in Form eines Systems. Das System bezieht sich hier als eine Form der Repräsentation immer auf einen in irgendeiner Weise inhaltlich gefassten Weltausschnitt. Er ist damit objektbezogen und setzt folglich die Existenz eines – wie auch immer konstituierten – Objekts, das in Form eines Systems zu begreifen wäre, voraus. Hierbei stellt sich die (herausfordernde) Frage nach dem ontologischen Status des Systems. Also die Frage, ob das System in der Realität existiert, ob es real ist oder nur eine Idee oder Vorstellung, ob es objektiv existiert oder subjektiv wahrgenommen wird. Verstünden wir ein System als Abbild der Wirklichkeit, säßen wir einem (naiven) Realismus auf. Diese Position wird heute außer in kleinen Teilen der Naturwissenschaft nicht mehr vertreten (MOHR 2008). Systeme gelten vielmehr als Modelle, die keinesfalls als Abbilder der Wirklichkeit verstanden werden können, sondern als Abbilder der Denk- und Ordnungssysteme der Wissenschaft. Dieses konstruktivistische Verständnis führt jedoch in die Problematik, mit welchem Wahrheitsgehalt wir einen Zusammenhang (z. B. Klimawandel) systemisch begreifen können (vgl. GUDAT 2020).

2.2 … als das System im Denken

Von dem dargestellten Verständnis systemischen Denkens als einem ‚Denken in Systemen' lässt sich ein Verständnis abheben, das ich im Folgenden als ‚System im Denken' bezeichne. Der Begriff System bezieht sich hierbei nicht auf das Objekt des Denkens (als Repräsentationsform einer Ordnung in der Welt), sondern charakterisiert das Denken selbst. Im philosophischen Verständnis wird Denken als komplexe kulturelle und sprachliche Praxis betrachtet, die das menschliche Handeln und Wissen konstituiert und auf den Bereich der Erkenntnistheorie verweist. Systemisches Denken in der Bedeutung eines Systems im Denken verweist auf die Voraussetzung sowie Art und Weise unseres denkenden Zugriffs auf Welt im Allgemeinen – es ist in dieser Hinsicht ein (Nach-)Denken über das Denken (SOBOLEVA 2016).
Das Verhältnis von Sprache und Denken stellt eine alte philosophische Frage dar. Aus einer Position heraus, die heute als „Lingualismus" (DEMMERLING 2016, S. 39) bezeichnet wird, besteht die Annahme, dass das Denken von der Sprache ontologisch abhängt. Diese radikale Sichtweise geht von einem Determinismus aus, dass es ohne Sprache kein Denken gebe. Es mag sein, dass diese Annahme zu weit führt.

In jeden Fall muss jedoch das Denken als eine aktive Funktion unseres Verstandes begriffen werden, dessen Voraussetzung in der Sprache liegt. So bezeichnete etwa Wilhelm von Humboldt die Sprache in Rückbindung an Platon als „Organon des Denkens", also als ein Werkzeug, das das Denken wesentlich bestimmt. In seiner Schrift "Über die Verschiedenheit des menschlichen Sprachbaus und ihren Einfluss auf die geistige Entwicklung des Menschengeschlechts" stellte er seine Idee der Sprachrelativität vor, wonach die Sprache die Art und Weise beeinflusst, wie wir die Welt wahrnehmen und verstehen (Humboldt 1998). Spätestens seit dem *„Linguistic Turn"* (Schlottmann, Wintzer 2019, S. 267) besteht in der Geographie ein Bewusstsein dafür, dass Sprache keinesfalls bloß ein Mittel zur Verständigung darstellt, sondern jede Auffassung von Dingen und Sachverhalten in der Welt per se schon sprachlich, genauer genommen begrifflich, strukturiert ist. Wir erschließen die Welt mit Hilfe begrifflicher Fähigkeiten. „Sprachliche Begriffe können als Ausdruck eines expliziten, artikulierten Verständnisses der Welt gelten" (Demmerling 2016, S. 57).
Diese Einsicht ist zentral für die Philosophie Kants, der die Funktion des Denkens primär darin bestimmt, sich die wahrnehmbaren Sachverhalte in der Welt durch Begriffe vorstellen zu können (Eisler 2002a). Das Vermögen, denken zu können, bildet bei Kant der ‚Verstand'. Mit Kant ist die grundlegende Einsicht verbunden, dass der Mensch im Denken die Dinge erzeugt, wie sie ihm dann erscheinen. Daraus resultiert, dass wir eigentlich nie die Wirklichkeit, wie sie ‚an sich' ist, erkennen, sondern nur die Wirklichkeit, wie wir sie ‚für uns' entwerfen. Wir machen uns die Welt zu eigen, indem wir sie durch Begriffe und Kategorien erschließen. ‚Denken' meint in dieser Hinsicht, die „begriffliche Bestimmung des Gegebenen" (ebd., o.S.), mittels dessen wir uns die Welt in einer fortschreitenden Denkbewegung erschließen. Das Bilden von Begriffen im Denken lässt sich als eine Notwendigkeit menschlicher Existenz begreifen, durch die wir Ordnung und Orientierung in der Welt erlangen. Indem wir Begriffe bilden, besteht überhaupt erst die Möglichkeit, vom Konkreten und Einzelnen zu abstrahieren, sich über etwas zu verständigen und damit auch über etwas zu verfügen (z. B.: „Dieser Wald gehört mir."). Die Begriffe sind jedoch nicht einfach da, sondern das Denken schafft die Begriffe, indem es „eine Bestimmung im Unbestimmten" setzt. Das Denken formt einen Vorstellungsinhalt zu Gebilden und gliedert diese in einer Weise, in der „die Wirklichkeit, das Sein der Objekte zum (symbolischen) Ausdruck kommt" (ebd.).
Der Zusammenhang der Begriffe ist dabei nicht beliebig, sondern steht in einem systematischen Zusammenhang. So begreift Kant den menschlichen Denkapparat als „architektonisch" (Eisler 2002b, o.S.), indem die „Vernunft" auf die systematische Einheit aller Erfahrungserkenntnis zielt. Die Vernunft sei selbst als ein Begriffssystem zu begreifen, das auf Erfahrung zurückführt. Mit Kant wird die vernunftgeleitete systematische Suche nach der Einheit der Erkenntnis als Wissenschaft begriffen. Wissenschaft ist somit Systembildung im Sinne eines nach Prinzipien geordnetem Ganzen der Erkenntnis. Neben dem Selbstverständnis der Geo-

graphie als ‚Systemwissenschaft' ist der Systemgedanke also schon für den ‚wissenschaftlichen' Anspruch der Geographie von zentraler Relevanz.
Diese Unterscheidung systemischen Denkens bildet nun die Brücke, die uns in die Philosophie Adornos führt. Das ‚Denken in Systemen' bezieht sich darauf, komplexe Zusammenhänge in der Welt durch die Betrachtung von Beziehungen und Wechselwirkungen in Form eines Systems zu erkennen. Dabei geht es etwa um die Fähigkeit, ein Problem im Kontext eines Systems zu betrachten und zu verstehen, wie die verschiedenen Teile miteinander interagieren. Das ‚System im Denken' hingegen bezieht sich auf das Denken selbst, die Art und Weise, wie wir mittels einer begrifflichen Ordnung deren Bildung und Relationierung denken. Das ‚Denken in Systemen' und das ‚System im Denken' sind miteinander verbunden, da die Fähigkeit, in Systemen zu denken, erst durch das System im Denken ermöglicht wird. Das System im Denken ist also eine Voraussetzung für das Denken in Systemen. Damit komme ich nun zu Adornos Problematisierung des traditionellen, wie er es gelegentlich bezeichnet, systemischen Denkens beziehungsweise des Systemdenkens, die er in der Ausformulierung seiner Erkenntnis- bzw. Begriffstheorie unternimmt.

3. Adornos Problematisierung systemischen Denkens

Der Philosoph THEODOR W. ADORNO hat sich im Laufe seiner Arbeit kritisch mit dem Denken in Philosophie und Wissenschaft auseinandergesetzt. Geographie als (System-)Wissenschaft ist durch das zuvor charakterisierte ‚System im Denken' sowie das ‚Denken in Systemen' konstituiert. Dieses Denken bezeichnet ADORNO als „traditionelles Denken", das ein Bezugssystem [erfordert], ein *frame of reference*, in dem alles seine Stelle finde" (ADORNO 1966, S. 43). Mit dem traditionellen Denken, das auch weite Teile der Wissenschaft kennzeichnet, gehe der Anspruch einher, die komplexe Wirklichkeit in begrifflicher Weise in einen objektiv gültigen systematischen Zusammenhang zu fassen, in dem alles bündig aufeinander aufbaut. So identifizieren wir beispielsweise eine Gegebenheit unserer natürlichen Umwelt als einen Baum. Wir sehen etwas genauer hin und erkennen den Baum als einen Laubbaum, genauer als eine Buche, letztlich als Rotbuche. Unser Erkenntnisapparat strebe nach Systembildung, in der es darum gehe, dass alle Einzeldinge in der Welt im Gesamtsystem ihren festen Platz finden. Im Denken bilden wir eine Ordnung in der komplexen Welt, deren Vervollständigung im Aufgabenbereich der einzelnen Wissenschaftsdisziplinen liegt. Dem traditionellen wissenschaftlichen Denken gehe es darum, Ordnungsschemata bzw. Systeme herauszubilden, die daran gemessen werden, „dass es möglich sein soll, alles mit ihnen einzufangen, ohne dass irgendetwas draußen bliebe, dass irgendetwas vorkäme, was nicht in ihnen sein Schubfach fände" (ADORNO 2022, S. 251).
Die Kritik am systemischen Denken und die Kritik am impliziten Positivismus der Wissenschaft stehen bei ADORNO eng beisammen. ADORNO vertritt die Position, dass es ein illusorisches bzw. naives Unterfangen sei, die Welt aus einem System von

Begriffen heraus erschließen zu wollen, in dem alles bündig aufeinander aufbaut. Der Anspruch, die Welt aus einem möglichst detailreichen System von Begriffen heraus restlos erschließen zu können, wird als reduktionistisch und abstrakt kritisiert. Reduktionistisch ist der Anspruch, da das Denken per se nicht in der Lage sei, die Vielschichtigkeit und Komplexität der Welt restlos begrifflich einzufangen und abstrakt, da das in Begriffen gefasste Denken nicht die Objektivität der Dinge treffen könne, sondern an dieser vorbeiführe. Im Kontext des sogenannten ‚Positivismusstreits' verweist ADORNO auf die Problematik, dass positivistische Wissenschaft dazu neigt, das System im Denken mit der unbestimmbaren Realität zu verwechseln und das gemachte System zur Wahrheit zu verklären (ADORNO et al. 1991).
Die Grundproblematik des Systemdenkens liegt bei ADORNO auf der Ebene des Begriffs. Die Grundlinie seiner Kritik findet sich bereits bei FRIEDRICH NIETZSCHE, der ausführt, dass man „die Nötigung Begriffe [...] zu bilden (›eine Welt der identischen Fälle‹) nicht so verstehen [dürfe], als ob wir damit die wahre Welt zu fixieren imstande wären, sondern als Nötigung, uns eine Welt zurecht zu machen, bei der unsere Existenz ermöglicht wird: – wir schaffen damit eine Welt, die berechenbar, vereinfacht, verständlich usw. für uns ist" (NIETZSCHE zit. n. BIEMÜLLER 2022, S. 74).
ADORNO's Kritik am systemischen Denken lässt sich auch im Kontext seines kritischen Projekts einer ‚Negativen Dialektik' (ADORNO 1966) sehen. Zentral steht hierbei der Modus des sogenannten ‚identifizierenden Denkens' in der Kritik. Eigentlich können wir gar nicht anders, als identifizierend zu denken. Also die Dinge, die uns umgeben, mit Begriffen zu belegen, sie mittels eines Begriffs zu identifizieren. Darauf verweist ADORNO, wenn er schreibt: „Denken heißt identifizieren" (ADORNO 1966, S. 17). Mit der Kritik am identifizierenden Denken ist die These einer Diskrepanz zwischen der allgemeinen Bezeichnungsfunktion der Begriffe und der Individualität des von ihnen Bezeichneten verbunden. Das identifizierende Denken reduziere die Komplexität und Vielschichtigkeit der Welt bzw. einer konkreten Sache auf einen an ihm identifizierten Aspekt und müsse damit per se als reduktionistisch verstanden werden. Indem wir eine einzelne Sache unter einen Begriff subsumieren, machen wir sie mit all den anderen Dingen gleich, die auch unter diesen Begriff fallen, was zum Verlust der Differenz führt. So grenzt beispielsweise die Aussage „das ist eine Rotbuche" alles aus, was der Baum noch ist, und ihn von anderen Rotbuchen unterscheidet: seine Höhe, Breite, Beschaffenheit, Funktion, seinen Wert und vor allem all das Unbekannte an der Sache, wofür es gar keine Begriffe gibt: das sogenannte ‚Nichtbegriffliche' (ADORNO 1966, S. 123).
ADORNO führt aus, dass sich das unter einen Begriff subsumierende Denken über die vielfältige Wirklichkeit der Dinge schiebt und so eine angemessene Erkenntnis verunmögliche. Er spricht hierbei von einem „Scheincharakter" (ADORNO 1966, S. 235) begrifflicher Erkenntnis, der zur verzerrten und verdinglichten Auffassung des Wirklichen führt. Konkrete Begriffe (z. B. das ist eine Rotbuche) schaffen Ordnung, sie bergen aber auch erhebliches Gefahrenpotenzial, wenn etwa „in vollendeter Abstraktion Menschen unter willkürliche Begriffe subsumiert und danach behandelt" (ebd.) werden, wie „in der faschistischen Praxis, die von blindem Schein, der

Zugehörigkeit oder Nichtzugehörigkeit zu einer designierten Rasse, abhängig machte, wer umgebracht werden sollte" (ebd.).

Das System in unserem Denken, also die allgemeinen Subsumtions- und Klassifikationsschemata, mit denen wir unsere Welt begreifen, birgt allgemein die Gefahr, dass sie zu Zwängen im Denken führen. Ein starres und festes System im Denken führt dazu, dass die Welt in einem „negativen Sinn von den Menschen als eine geschlossene erfahren" (ADORNO 2022, S. 252) wird. Durch starres, unbeirrbares Systemdenken erleben wir die Welt, als „eine Welt der Erfahrung, [...] in der es nichts Unerfasstes mehr gibt, in der vorweg alles von den Menschen als ein schon Vorgeordnetes überhaupt wahrgenommen wird" (ebd.). Damit ist ein Denken gemeint, das keine Alternativen kennt, das die Dinge für „Unveränderlich [hält], mit dem, was ein für allemal so ist" (ADORNO 2022, S. 21). In Bezug auf das positivistische Wissenschaftsverständnis kritisiert ADORNO, dass das als ‚wissenschaftlich' verstandene systemische Denken dazu neige, die menschliche Erfahrung und Subjektivität zugunsten scheinbarer Objektivität zu missachten. Die systemorientierte Wissenschaft konzentriere sich auf die Analyse von (scheinbar) objektiven Beziehungen und Strukturen, während sie die erkenntnistragende Rolle von Subjektivität bzw. individueller Erfahrung vernachlässige. ADORNO moniert, dass wissenschaftliches Denken und Systembildung die Welt auf eine bloße Ansammlung von Fakten und Daten reduziere und dabei die Vielfalt und Ambivalenz der menschlichen Erfahrung ausblende.

Die Kritik ADORNO's am systemischen Denken lässt sich darin zusammenfassen, dass dieses dazu neigt, die Wirklichkeit zu vereinfachen und auf ein statisches und geschlossenes System zu reduzieren. Indem die Wirklichkeit auf eine einheitliche Struktur und vorhersagbare Entwicklung reduziert wird, ist sie beherrschbar. (HORKHEIMER, ADORNO 2017, S. 13ff). Dies ignoriere jedoch die vielfältigen und widersprüchlichen Aspekte der Wirklichkeit, das Zufällige und Unvorhersehbare. ADORNO betont die Bedeutung von Unbestimmtheit und Zerrissenheit, die seiner Meinung nach untrennbar mit der Wirklichkeit verbunden sind. Mit ADORNO lässt sich auf die Gefahren verweisen, wenn wir unser begrifflich gefasstes Denken nicht bloß als eine besondere Perspektive auf Welt verstehen, mit ihren zahlreichen blinden Flecken, sondern der Annahme aufsitzen, dass wir im Denken zu einer „in sich einheitlichen Darstellung der Realität" (ADORNO 2022, S. 21) kämen, wie er es dem Systemdenken bzw. systemischen Denken vorwirft.

4. Dialektisches Denken im Sinne Adornos

Vor diesem Problemhintergrund muss nun ADORNO's Konzeption eines negativ dialektischen Denkens verstanden werden. Mit dialektischem Denken ist das Anliegen verbunden, die im System des Denkens erstarrten Denkmuster bzw. Denkzwänge zu überwinden. Dabei ist jedoch die „Demontage der Systeme und des Systems [...] kein formalerkenntnistheoretischer Akt" (ADORNO 1966, S. 43). Mit anderen Worten, das Zerlegen von Systemen und des Systems selbst hat nichts mit der Erforschung formaler Prinzipien oder Methoden des Wissenserwerbs zu tun. Es ist eher eine Frage der praktischen Anwendung oder des Verständnisses von Systemen, die aus verschiedenen Gründen in ihre Einzelteile zerlegt werden müssen. Denn nicht das System sagt etwas über die Teile aus, sondern die Wahrheit ist im Konkreten zu suchen. Entgegen eines vorschnellen Einordnens in gewohnte Zusammenhänge „nötigt das Denken, vorm kleinsten zu verweilen" (ebd.). Das dialektische Denken ist als Versuch einer Rettung des Individuellen und des Einzelnen zu begreifen, angesichts der Gewalt des identifizierenden Denkens, der Totalität des Begrifflichen in Form eindeutiger Definitionen und eingeschliffener begriffliche Fixierungen. Unabhängig von Systembildung zielt ADORNO's Philosophie auf eine reflektierte Umgangsweise mit Begriffen, die es erlaubt, zwischen einem angemessenen und einem ‚falschen' bzw. ‚verfehlten', das heißt einem der Sache unangemessenen, Verständnis der Begriffe zu unterscheiden.

Dialektik bestimmt er darin, dass sie eine Doppelnatur besitzt: sie sei zugleich eine „bestimmte Struktur der Sache" sowie „Methode des Denkens" (ADORNO 2022, S. 9). Für das Verständnis ADORNO's Konzeption von Dialektik als „Struktur der Sache" ist der Begriff des ‚Nichtidentischen' von zentraler Bedeutung. Damit bezeichnet ADORNO dasjenige, das sich der Identifikation einer Sache mittels eines Begriffs entzieht. Das Nichtidentische scheint da auf, wo das übliche Verständnis des Zusammenhangs von Sache und Begriff plötzlich nicht mehr zu passen scheint. Das Nichtidentische zwischen Begriff und Sache ist uns jedoch unzugänglich. Es ist etwas, das sich uns per se entzieht. Einen Zugang zum Verborgenen, zum durch den Begriff Verschleierten, findet sich nur im Widerspruch, den wir gelegentlich erfahren: So bestimmt ADORNO den Widerspruch als „[...] Index der Unwahrheit von Identität, des Aufgehens des Begriffenen im Begriff" (ADORNO 1966, S. 17). Indem unser Denken immer begrifflich ist, ist es durch eine prinzipielle Widersprüchlichkeit geprägt, die es aufzuspüren gilt. Denn „[d]er Schein der Identität wohnt [...] dem Denken selber seiner puren Form nach inne. Denken heißt identifizieren. Befriedigt schiebt die begriffliche Ordnung sich vor das, was Denken begreifen will. Sein Schein und seine Wahrheit verschränken sich" (ebd.). Im Widerspruch geraten die Ordnungsmuster unseres Denkens in Bewegung. Begriffe verlagern sich und eröffnen neue Weisen des Verstehens. „Der Widerspruch ist das Nichtidentische unter dem Aspekt der Identität [...]. Indem es auf seine Grenzen aufprallt, übersteigt es sich. Dialektik ist das konsequente Bewusstsein von Nichtidentität" (ebd.).

Wenn ADORNO hingegen von Dialektik als „Methode des Denkens" (ADORNO 2022, S. 9) spricht, dann fordert er ein Denken, das nicht vom Allgemeinen, sondern vom Konkreten seinen Ausgang nimmt, ohne dessen Bedeutung vorschnell „auf Kategorien zu bringen" (ADORNO 1966, S. 43). ADORNO tritt also für ein Denken ein, das sich vom starren Rahmen, in dem alles seinen festen Platz hat, befreit. Damit sitzt er zugleich nicht der Illusion einer Autarkie des Denkens auf (ebd., S. 44), eines Denkens, dass ins Bodenlose führt, sondern fordert ein Denken, das sich selbstkritisch und damit rationalitätskritisch an den konkreten Gegebenheiten schult. ADORNO's dialektisches Denken ist ein Plädoyer für das Denken selbst: denn „nur

Gehirnakrobatik hat noch Beziehung zu der Sache“ (ebd.) und so sei selbst das Banalste bzw. Selbstverständlichste es wert, es zu reflektieren. Dialektisches Denken setzt also dem Absolutismus des Systemdenkens kein bodenloses d.h. relativistisches Denken gegenüber (ebd., S. 46). Vielmehr bildet das dialektische Denken eine „mittlere Position zwischen beiden“ (ebd.), das um die Schranken um Objektivität weiß, und sich dennoch nicht dem Relativismus hingibt. Insofern basiert auch dialektisches Denken auf Kategorien und ist demnach ‚systemisch‘ im Sinne eines Systems im Denken. Die Kategorien und Begriffe – und das ist entscheidend – sind jedoch nicht starr und fest, sondern werden gedacht als entsprungene, sich aufhebende, invariante Strukturen, deren Dynamik sich nicht in einem Positiven aufheben lässt, sondern im Modus des Negativen beständig am Laufen ist (ebd. S. 48). „Etwas so empfangen, wie es jeweils sich darbietet, unter Verzicht auf Reflexion, ist potentiell immer schon: es anerkennen, wie es ist“ (ebd.). Wenn wir hingegen denken, dann „veranlaßt jeder Gedanke [...] zu einer negativen Bewegung“ (ebd.), die den Dingen auf den Grund geht und mit festen Vorstellungen und Vorurteilen bricht.
Diese Ausführungen sind zugegeben sehr theoretisch. Zugleich sind sie jedoch von fundamentaler Relevanz für die Geographiedidaktik, weshalb ich nun dazu überleite, einige Rückschlüsse aus ADORNO‘s Philosophie für das systemische Denken im Geographieunterricht zu ziehen.

5. Implikationen für den Geographieunterricht

ADORNO kritisiert die Vorstellung von festen und unveränderlichen Kategorien und Strukturen, in die das systemische Denken als System im Denken sowie das Denken in Systemen verfangen ist. Er betont die Notwendigkeit, die Kategorien und Strukturen der Wirklichkeit durch die Erfahrung und die kritische Reflexion zu hinterfragen und zu verändern. Systemisches Denken birgt trotz eines reflektierten Systembegriffs per se die Gefahr, dass die Komplexität und die Vielfältigkeit der Wirklichkeit im Rahmen unserer Denkmöglichkeiten auf ein (mehr oder weniger einfaches) Schema reduziert werden. Entgegen der Vorstellung eines Einheitsgedankens des Systems lassen sich mit ADORNO die unauflöslichen Differenzen und Widersprüchlichkeiten der Wirklichkeit betonen.
Aus der Philosophie ADORNO‘s heraus ist es unabdingbar, das System im Denken immer wieder aufs Neue zu durchbrechen, um der Welt, in der wir leben, gerecht zu werden. Wenn wir uns auf ein starres und geschlossenes Denksystem beschränken, werden wir viele Aspekte der Wirklichkeit ignorieren oder falsch interpretieren. Das Durchbrechen unseres Denksystems erfordert, dass wir unsere Annahmen und Überzeugungen hinterfragen und offen für alternative Perspektiven sind. Dies setzt ein stetiges Bemühen voraus, die kulturellen und intellektuellen Grenzen unseres Denkens überschreiten zu wollen und sich auf eine offene und kritische Denkweise, in der nicht alles seinen festen Platz hat, einlassen zu können. Das Durchbrechen unseres Denksystems erfordert daher die Fähigkeit zur Selbst-

reflexion und Selbstkritik. Denn erst indem wir unsere eigenen Vorurteile und blinden Flecken erkennen und bereit sind, die Dinge in ihrer widersprüchlichen Verkehrung nochmal ‚anders' zu betrachten, besteht eine angemessene Umgangsweise mit Sich und mit Welt.
Dialektisches Denken geht davon aus, dass Widersprüche, Konflikte und Ungereimtheiten notwendige Bestandteile eines Denkprozesses sind, der zur Erkenntnisgewinnung beiträgt. ADORNO's Philosophie geht auf die wichtige Frage ein, wie es uns möglich ist, einen der Sache angemessenen Umgang mit den Inhalten im Geographieunterricht zu finden. Von zentraler Bedeutung ist hierbei die Sprache. Die Sprache bzw. Fachsprache im Geographieunterricht ist als ein Medium zu verstehen, dass eine Vielzahl von Sichtweisen auf geographische Sachverhalte eröffnet, aber gleichermaßen auch verstellt und begrenzt. Mit Adorno ist ein Denken verbunden, das „alle Anstrengungen auf sich nimmt, um die eingeprägten Vorstellungen zu überwinden" (ADORNO 2022, S. 11), um ein der Sache angemesseneres Verständnis zu erlangen. Dialektisches Denken ist daher ein Denken, dass sich in kritischer Absicht gegen sich selbst, gegen die eigene Begrenztheit, richtet. Dem dialektischen Denken lässt sich m.E. anhand drei zentraler Aspekte konkret Rechnung tragen:

1) *Das Denken ausgehend von konkreten Beispielen bzw. konkreten Erfahrungsbezügen initiieren.*

Dialektisches Denken im Geographieunterricht findet seinen Ausgang von möglichst konkreten Beispielen (DICKEL, RICHTER 2023 i.E.) und Erfahrungsbezügen. Der irritierenden Erfahrung von SchülerInnen und Schülern ist dabei ein besonderer Stellenwert einzuräumen (MEYER-DRAWE 2004; BÄHR et al. 2019). ADORNO's Erfahrungsbegriff bezieht sich auf Umgangsweisen mit der Wirklichkeit, die unter besonderer Beteiligung der jeweils betroffenen Subjekte relevant werden: Entgegen einer durch Denkzwänge reglementierten Erfahrung strebt ADORNO etwas an, dass er als „inhaltliche Erfahrung von Sachhaltigem" (ADORNO 1966, S. 139) bezeichnet. Für den Geographieunterricht bedeutet dies, dass es keinesfalls eine andauernde Steigerung von fachlicher Komplexität bedarf. Vielmehr bedarf geradezu im Gegensatz zum uns üblichen Wissenschaftsideal die Objektivität dialektischer Erkenntnis eines „Mehr an Subjekt" (ADORNO 1966, S. 50). Im Geographieunterricht gilt es daher den subjektiven Bezug der Schülerinnen und Schüler zur Sache in ihrer rationalen sowie gefühlsmäßigen Gesamtheit ernst zu nehmen, denn sonst verkümmert Erfahrung. Eine der Sache angemessene Vermittlung im Geographieunterricht ist dann als eine Kunst zu verstehen, sich von der Erfahrung irritieren zu lassen. Irritation findet beispielsweise statt, wenn die Muster unseres Denkens und Gefühlseindrucks angesichts einer besonderen Sache in Widerspruch geraten. Dieser Widerspruch zwischen Denken und Fühlen bietet Anlass, die Dinge neu zu bedenken (vgl. dazu GUDAT 2022). Mit der Betonung des Gefühlsmäßigen im Unterricht geht es daher keinesfalls um den Ausstieg aus rationalen Formen der

Selbst- und Welterkenntnis, sondern um eine der Komplexität der Sache angemessene Form der Begegnung mit Welt.

2) *Vorgeordnete Definitionen und Kategorien vermeiden, sondern im induktiven Unterrichtsgang die Gegenstände im konstellativen Denken durchdringen.*

Für den Geographieunterricht bedeutet dialektisches Denken, dass Begriffe nicht als starr, fest und unabänderlich zur Anwendung kommen, sondern immer wieder auf ihr Verhältnis zur Sache hin befragt werden. Im Unterricht sollte daher danach gefragt werden, ob der (geographische) Begriff der Sache tatsächlich angemessen ist. Im Bestreben, die zahlreichen Zwänge und Blockaden im Denken zu überwinden und Bedeutungsvarianten der Begriffe zu reflektieren, schlägt ADORNO eine Weise der Auseinandersetzung mit einer Sache vor, die er als ein Denken in begrifflichen Konstellationen bezeichnet. Im Gegensatz zu einem Lernen mittels fester Definitionen und Konzepte wird man im dialektischen Prozess der gedanklichen Auseinandersetzung mit einer Sache zu Begriffen geleitet, die sich um die Sache versammeln, so dass diese von verschiedener Seite aus sichtbar wird, ohne durch einen Oberbegriff oder eine Definition fixiert zu werden.
Ein geographisches Beispiel für das Denken in Konstellationen könnte der Begriff der ‚Stadt' sein. Im Gegensatz zur Auseinandersetzung mit einschlägigen Definitionen und Klassifikationen kann im Unterricht die Frage aufgeworfen werden, wie sich Stadt aus den je subjektiven Lebenskontexten der Schülerinnen und Schüler konzeptualisieren lässt. Diese Konzeptualisierungen sind keinesfalls als ‚vortheoretisch' oder fachlich belanglos abzuwerten, da in unser begriffliches Denken bereits geschichtlich sedimentierte Bedeutungsweisen eingeschrieben sind, die es aufzudecken gilt. Was ‚Stadt' bedeutet, erschließt sich im konstellativen Denken durch ein mannigfaltiges Beziehungsgefüge aus Begriffen und ist nicht durch eine vorgeordnete Definition bzw. ein vorgeordnetes Klassifikationssystem fixiert. Im Systemdenken lässt sich ‚Stadt' als ein komplexes System von Verbindungen und Beziehungen zwischen Elementen wie Gebäuden, Straßen, Plätzen, Grünflächen, Verkehrsmittel und Menschen betrachten. Indem man diese Elemente in Beziehung setzt, können Schülerinnen und Schüler ein besseres Verständnis der Funktionsweise der Stadt und die Bedeutung verschiedener Orte und Räume gewinnen. Konstellatives Denken verfährt anders, hier wird nach dem je subjektiven Zusammenhang der zentralen Begriffe gefragt, anhand deren der Begriff ‚Stadt' für einen selbst, aber auch intersubjektiv erst Bedeutung gewinnt: z. B. Urbanität <-> Zentralität <-> Größe <-> alternative Lebensformen <-> Diversität <-> Anonymität bzw. Gefühl des in der Masse Verschwindens, usw. Dieser individuelle konstellative Zusammenhang ist dann das Zentrum der denkenden Auseinandersetzung und Ausgangspunkt für fachliche Erkenntnis im Unterricht.

3) Gezieltes Aufsuchen von Widersprüchen innerhalb eines Systems oder einer Argumentation.

Im Unterricht kann das (immer begrifflich gefasste) Verständnis von Welt und der Welt, wie sie sich in der Auseinandersetzung mit einem geographischen Thema zeigt, in Widerspruch geraten. Widersprüche sind der Motor dialektischer Erkenntnis. Sie tragen den Aufforderungscharakter, Welt auf eine neue, gänzlich andere Weise zu verstehen, indem Begriffe angepasst oder gar neu gefunden werden müssen. Um den Widersprüchlichen auf die Spur zu kommen, ist es notwendig, sich vom Einzelnen irritieren zu lassen und diesen Irritationen nachzugehen. Dies ist nicht im Rahmen eines geschlossenen Systems oder einer Theorie möglich, sondern verlangt eine besondere Form der Auseinandersetzung, die von der eigenen subjektiven Erfahrung ihren Ausgang findet, ohne eben diese Erfahrung vorschnell auf fachlich vorgeprägte Begriffe zu bringen.
Ein Beispiel für das gezielte Aufsuchen von Widersprüchen im Geographieunterricht könnte in der Analyse von Stadtentwicklungsplänen bestehen. Diese haben häufig das Ziel, Städte effizienter, nachhaltiger oder insgesamt lebenswerter zu gestalten. Bei genauerer Betrachtung und unter Einbezug der Erfahrungsbezüge der Schülerinnen und Schüler können sich jedoch anhand konkreter Projekte Wirkungen zeigen, die diesen Zielen in ihrer Umsetzung zugleich entgegenwirken bzw. widersprechen. Hier wird nicht bloß ein Bruch zwischen Planung und Realisierung erkannt, sondern Einsicht gewonnen, dass eine Maßnahme nachhaltig und zugleich nicht-nachhaltig sein kann. Aus der Widersprüchlichkeit der Sache lassen sich erkenntnisträchtige Fragen aufwerfen, was etwa unter einer lebenswerten oder einer nachhaltigen Stadt überhaupt verstanden werden kann. Indem man solche Widersprüche innerhalb des Systems der Stadtentwicklungspläne aufdeckt und untersucht, können Schülerinnen und Schüler ein besseres fachliches Verständnis für die Komplexität und Herausforderungen gewinnen, die die Frage nach der Gestaltung von Stadt betreffen.
Ich komme zum Schluss: Wir leben nicht in einer Welt, in der alles logisch und bündig aufeinander aufbaut, sondern in einer Welt voller Widersprüche. Für den Geographieunterricht ist daher eine Weise des Denkens notwendig, die der Widersprüchlichkeit der Welt gerecht wird. Systemisches Denken, wie wir es aktuell im Fach diskutieren und dialektisches Denken im Sinne ADORNO's schließen sich nicht aus. Die Brücke bildet das Bewusstsein, um die Problematik des Begrifflichen, ein Bewusstsein um Nichtidentität. Systemisches Denken kommt nicht umhin, seine eigenen begrifflichen Voraussetzungen im Prozess der Systembildung in den Blick zu nehmen. Dialektik ist etwas, dass sich im konkreten Denken realisiert. Ein Denken, in dessen Vollzug wir Welt und uns selbst immer wieder in einer neuartigen Weise erfahren. Wir kommen den Dingen nicht auf die Spur, in dem wir sie in einen systematischen Zusammenhang bringen bzw. mit den Mitteln unserer Denkgewohnheiten ordnen. Der zu erkennenden Sache gerecht zu werden bzw. den geographischen Sachverhalt nach bester Möglichkeit zu begreifen, setzt voraus, die

eigenen Denkgewohnheiten, also Begriff und Kategorien immer wieder zu hinterfragen, beständig zu brechen und damit in Bewegung zu halten.

6. Literatur

ADORNO, T. W. (1966): Negative Dialektik. Frankfurt am Main.

ADORNO, T. W. (2003): Gesammelte Schriften in 20 Bänden. Frankfurt am Main.

ADORNO, T. W. (2017): Erziehung zur Mündigkeit. Vorträge und Gespräche mit Hellmut Becker 1959-1969. Frankfurt.

ADORNO, T. W. (2022): »Einführung in die Dialektik« (1958). Berlin.

ADORNO, T. W., ALBERT, H., DAHRENDORF, R., HABERMAS, J., PILOT, H., POPPER, K. R. (Hrsg.) (1991): Der Positivismusstreit in der deutschen Soziologie. Darmstadt.

BÄHR, I., GEBHARD, U., KRIEGER, C., LÜBKE, B., PFEIFFER, M., REGENBRECHT, T., SABISCH, A., STING, W. (Hrsg.) (2019): Irritation als Chance. Bildung fachdidaktisch denken. Wiesbaden, Germany.

BIEMÜLLER, R. (2022): Das hinzutretende Dritte. Über das Somatische in der Bildungstheorie Theodor W. Adornos. Bielefeld.

DEMMERLING, C. (2016): Sprache, Denken, praktische Begriffe. Überlegungen zur Frage nach der Sprachabhängigkeit des Denkens und Handelns. In: SOBOLEVA, M. (Hrsg.): Das Denken des Denkens. Ein philosophischer Überblick. Bielefeld, S. 39-60.

DGFG (2020): Bildungsstandards im Fach Geographie für den Mittleren Schulabschluss. Mit Aufgabenbeispielen. Berlin.

DICKEL, M., RICHTER, N. (2023 i.E.): Von der Sache zur Phasierung. Der Induktive Unterrichtsgang im Fachunterricht Geographie. In: LAUB, J., DICKEL, M. (Hrsg.): Die Pädagogik der Geographiedidaktik. Pädagogische Grundlagen, Bezüge und Perspektiven der Geographiedidaktischen Forschung und des Geographieunterrichts. Bielefeld.

EISLER, R. (2002a): Denken. In: EISLER, R. (Hrsg.): Kant-Lexikon. Nachschlagewerk zu Kants sämtlichen Schriften, Briefen und handschriftlichem Nachlaß. Hildesheim.

EISLER, R. (2002b): System. In: EISLER, R. (Hrsg.): Kant-Lexikon. Nachschlagewerk zu Kants sämtlichen Schriften, Briefen und handschriftlichem Nachlaß. Hildesheim.

Fögele, J., Mehren, R., Rempfler, A. (2020): Tipping Points – Schlüssel zum tiefgründigen Verständnis komplexer dynamischer Systeme bei Lernenden? In: ZGD 48, Heft 3, S. 83-100.

Funke, J. (2006): Denken: Ansätze und Definitionen. In: Funke, J., Frensch, P. A. (Hrsg.): Handbuch der Allgemeinen Psychologie – Kognition. Erscheinungsort nicht ermittelbar, S. 391-399.

Gudat, G. (2020): Eine Frage der Redlichkeit. Zur Reflexion kritischen Geographieunterrichts im „Postfaktischen Zeitalter". In: OpenSpaces. Zeitschrift für Didaktiken der Geographie, Heft 1, S. 25-35.

Gudat, G. (2022): Der moralische Impuls im Geographieunterricht. In: Dickel, M., Gudat, G., Laub, J. (Hrsg.): Ethik für die Geographiedidaktik. Orientierungen in Forschung und Praxis. Bielefeld, S. 45-64.

Hager, F.-P., Strub, C. (2017): System; Systematik; systematisch. In: Ritter, J., Gründer, K., Gabriel, G. (Hrsg.): Historisches Wörterbuch der Philosophie online. Basel.

Horkheimer, M., Adorno, T. W. (2017): Dialektik der Aufklärung. Philosophische Fragmente. Frankfurt am Main.

Humboldt, W. von (1998): Über die Verschiedenheit des menschlichen Sprachbaues und ihren Einfluß auf die geistige Entwicklung des Menschengeschlechts. Paderborn, München, Wien, Zürich.

Mehren, R., Rempfler, A., Ullrich-Riedhammer, E.-M., Buchholz, J., Hartig, J. (2016): Systemkompetenz im Geographieunterricht. In: Zeitschrift für Didaktik der Naturwissenschaften 22, Heft 1, S. 147-163.

Mehren, R., Rempfler, A., Ulrich-Riedhammer, E. M. (2017): Die Anbahnung von Systemkompetenz im Geographieunterricht. In: Arndt, H. (Hrsg.): Systemisches Denken im Fachunterricht. Erlangen, S. 223-252.

Meyer-Drawe, K. (2004): Lernen als Erfahrung. In: Zeitschrift für Erziehungswissenschaft 6, Heft 4, S. 505-514.

Mohr, H. (2008): Einführung in (natur-)wissenschaftliches Denken. Berlin, Heidelberg.

Schlottmann, A., Wintzer, J. (2019): Weltbildwechsel. Ideengeschichten geographischen Denkens und Handelns.

Soboleva, M. (Hrsg.) (2016): Das Denken des Denkens. Ein philosophischer Überblick. Bielefeld.

THÜRINGER MINISTERIUM FÜR BILDUNG, WISSENSCHAFT UND KULTUR (2012): Thüringer Lehrplan für den Erwerb der allgemeinen Hochschulreife – Geographie. Erfurt.